# 为穷人造房子
## Architecture for the Poor

［埃及］哈桑·法赛（Hassan Fathy） 著

卢健松　包志禹　译

清华大学出版社

北　京

## 内 容 简 介

本书是哈桑·法赛跨越数十年的笔记体自传，讲述谷尔纳新村的设计、建造与反思。20世纪40年代开始，哈桑·法赛在埃及历史的长河中寻找现代住房问题的答案，将现代建筑的力量注入到乡村的发展中，孤独地直面未知的挑战，首倡在地营建的方式，将大量的时间与精力投入到那些难以善终的项目里，身体力行地与工匠、农夫一起开展建造实践，防范洪水，抗击疫情。

北京市版权局著作权合同登记号　图字：01-2021-4875

Licensed by The University of Chicago Press, Chicago, Illinois, U.S.A.
©1973 by The University of Chicago. All rights reserved.

**图书在版编目（CIP）数据**

为穷人造房子 / (埃及) 哈桑·法赛著；卢健松，包志禹译. — 北京：清华大学出版社，2023.1
书名原文：Architecture for the Poor
ISBN 978-7-302-61189-9

Ⅰ.①为…　Ⅱ.①哈…②卢…③包…　Ⅲ.①建筑学－文集　Ⅳ.①TU-53

中国版本图书馆CIP数据核字(2022)第110657号

责任编辑：刘一琳
封面设计：道　辙 @Compus Studio
版式设计：陈国熙
责任校对：欧　洋
责任印制：丛怀宇

出版发行：清华大学出版社
　　　　　网　　址：http://www.tup.com.cn，http://www.wqbook.com
　　　　　地　　址：北京清华大学学研大厦 A 座　邮　　编：100084
　　　　　社 总 机：010-83470000　　　　　　　邮　　购：010-62786544
　　　　　投稿与读者服务：010-62776969，c-service@tup.tsinghua.edu.cn
　　　　　质量反馈：010-62772015，zhiliang@tup.tsinghua.edu.cn
印 装 者：北京博海升彩色印刷有限公司
经　　销：全国新华书店
开　　本：160mm×230mm　　印　　张：29.75　　字　　数：371 千字
版　　次：2023 年 1 月第 1 版　　　　　　　　印　　次：2023 年 1 月第 1 次印刷
定　　价：198.00 元

产品编号：062581-01

# 前言

本书①恳请以一种新的立场对待乡村复兴。可以通过合作建设，提高世界上赤贫农民的生活与文化水平，这涉及解决农村大规模住房问题的新方法。这个方法里面，除了建筑师所关心的纯技术问题外，另有诸多事宜——既有非常复杂微妙的社会、文化和经济问题，还有项目与政府的关系等。没有任何问题可以置之不理，因为它们彼此关联，失之毫厘，谬以千里。因此，全书正文部分所处理的是这个复杂问题的整体。在论述中，除却列入附录的纯技术要点，每一点都各得其所，以便每个读者，无论其资质抑或兴趣，都能从全局把握规划这一命题的整体哲学框架。

我的主张大多事关农民，因此，本书献给他们。我本希望这书专为他们而写，也期待他们很快就能读到并读懂。但目前，必须先将这本书献给那些为农民着想的人——感谢建筑师、规划师、社会学家和人类学家，感谢所有关心住房和农村福利的地方、国家和国际官员，感谢各地的政治家和政府，感谢所有帮助制定农村官方政策的人。

在结束这篇前言之际，我必须对所有帮助成书的人表示感谢。在埃及，有Sarwat Okasha博士、Magdi Wahba博士、Christopher Scott先生、Nawal Hassan小姐、Spiro Diamantis先生和Rowland Ellis博士。在美国，我得到了阿德莱·史蒂文森研究所一项研究基金的资助，并从与该所员工和研究员的交往中获益匪浅。在研究所，我的思想找到了归宿，相信那里体现的精神将促使我将其付诸实践。

哈桑·法赛

---

① 原著副标题"一个埃及乡村实验"。

哈桑·法赛，开罗，1976 年

我们需要一种能让传统合作方式在当今社会中发挥作用的制度。

We need a system that allows the traditional way of cooperation to work in our society.

我们需要一种能让科学与技术服务于穷人和一文不名者的经济。

We must subject technology and science to the economy of the poor and penniless.

——哈桑·法赛

1980年首届"优质生活奖"（Right Livelihood Award）获奖感言

# 目录

第一章

／

序曲：梦想和现实

# 第一节　失乐园——乡村

给你100万英镑，你会怎么花？年轻时，人们总爱问这个问题，它让我们心驰神往，浮想联翩。我有两个备选答案：一个，买艘游艇，雇支乐队，一边听巴赫、舒曼和勃拉姆斯，一边和朋友环游世界；另一个，建一座村庄，在那儿，阿拉伯农民将过上那种我期待他们能过上的日子。

第二个愿望有很深的渊源，可以追溯到我的童年。我一直深爱乡村，但所爱的是一种感觉，而不是我所真正了解的东西。我们从开罗去亚历山大港过暑假时，我从火车窗外看到了农村，那里是阿拉伯农民生活的地方。但在这短暂的经历中，又插入了两幅截然不同的画面，它们分别来自我的父亲和母亲。

父亲对乡村避之唯恐不及，在他眼里，那里蚊蝇满地、污水横流，他不想让自己的孩子与其有任何瓜葛。尽管有几处乡下的地产，但他从不造访，也不会去省会曼苏拉外围的任何乡村。每年，他只去曼苏拉城里见他的庄园管家，收房租。27岁以前，我从来没去过家里的任何一处乡下庄园。

母亲在乡下度过一段童年时光，那是她最美好的回忆，一直到晚年也念念不忘要回乡下。她给我们讲了许多农场里动物的故事，鸽子和小鸡，四下里跟着她的温顺小羊，她怎么和它们交朋友，怎么观察它们度过四季。而我们能近距离观察的为数不多的动物，要么是为古尔邦—拜兰节买来的羊羔，它们刚和我交上朋友就要被宰杀；要么是赶过街道送往屠宰场的成群牛犊。她告诉我们，人们怎样在乡下生产自己的全部所需，除了做衣服的布料，什么也不用买，连做扫帚的灯芯草都沿着农场的沟渠生长。我似乎继承了母亲的未尽夙愿——回到乡村，我认为乡村可以提供一种比城市更简单、更快乐、更无忧的生活。

这两幅画面，在我的脑海里交织成这么一幅景象：乡村是天堂，但头上蚊蝇遮天蔽日，脚下溪水潺潺，转眼泥泞不堪，血吸虫病和疟疾猖狂肆虐。这幅景象一直在我心间萦绕，让我觉得应该做些什么来恢复埃及乡村天堂般的幸福。那时少不更事，想法太单纯；但打那以后，这个问题一直让我牵肠挂肚，这么多年来，它不断冒出来的复杂性只会增强我的信念，思考究竟做点儿什么东西才能解决它。不过，只有在爱的激励下，这种"东西"才能开花结果。要改变乡村面貌的人，不能在开罗的办公室里颐指气使指手画脚；他们要打心眼儿里对农户有感情，愿意和农户一起生活；要安家乡村，将其一生投入实践；要扎根现场，为改善乡村生活而努力。

由于我对农民生活的这种感情，中学毕业后，别人领着我去申请了一所农业院校。不过，报考该校的学生得准备一个入学考试。当时，我的农业实践经验仅限于火车窗外那惊鸿一瞥，但我想可以通过课本上学到的农业知识来弥补自身不足。我认真学习了每一种作物的所有知识，然后就去面见了考官（那是一次面试）。

主考人问："如果你有一块棉花地，想在里面种水稻，你会怎么做？"

"多么愚蠢的问题"，我心里想，随口答道，"很简单。我会拔掉棉花，种上水稻。"

主考人没说什么，只是又问："种玉米要多长时间？"

我答道，"6个月。"当时我记错了，应该是6个星期。

"你确定吗？"主考人问，"7个月差不多吧？"

我搜肠刮肚，火车上曾留意过，玉米地是一大片的，里面从来没见过什么人。收获玉米一定要很长时间。

"是的，"我说，"可能7个月吧。"

"甚至8个月？"

"嗯，是的，我想是的。"

"要不9个月？"

我开始隐隐觉得，他们或许不太尊重我的回答，只是客客气气地把我打发走了。农学院也没录取我。

我转而进入理工学院，选择了建筑学。毕业后的一天，我去埃及托哈督造一所学校。托哈是尼罗河三角洲北部河岸的一座小镇，在曼苏拉对面。校址在城外，过了一两天，我就开始特意绕行，免得穿城。我讨厌穷街陋巷的景象和气味，街上满是泥泞和污秽，各种厨余垃圾——脏水、鱼鳞、腐烂的蔬菜和动物的内脏，随意丢弃；满是气味和苍蝇的街头，外观破烂的几间店面，可怜巴巴的几样货物，一贫如洗的零星的路人。我实在受不了穿过这座小镇。

这座小镇使我心烦意乱，我满心都是农民对其处境的无奈屈从、狭隘而麻木的人生观念，他们对可怕的境遇逆来顺受，他们被迫一辈子屈身于托哈的破房子里苦于生计。他们流露出来的冷漠，扼住了我的喉咙。在这种景象面前，我的无助让我备受煎熬。总能做点儿什么，对吧？

可是，能做些什么呢？农民深陷苦难，难以变革。他们需要像样的房子，但房子很贵。在大城镇，住房的投资回报可以让资本家趋之若鹜，而且公共机构，譬如各个部委、市镇议会等，还经常为城镇居民提供一揽子的住房安置，但资本家和政府好像都不愿承担农民住房的供给，因为资本家得不到租金回报，政治家得不到太多荣耀；双方都对此事不闻不问，农民一如既往地陷于穷厄困顿。你可能会说，自助者天助，但这些农民何以自助呢？他们连盖茅草房的芦苇都买不起，又怎么可能会为造好房子去买钢筋、木头和混凝土呢？他们怎么可能花钱请建筑工人来盖房子呢？不会的。命运与社会都无从眷顾，他们在生养之地，在肮脏和不安中，疾病缠身、命运多舛、苟延残喘。据联合国统计，在埃及，这些人加起来有几百万，而地球上有8亿农民，占地球人口总数的1/3——如今，因缺乏适当的住所[1]而注定早逝。

碰巧，我们家的一个农场就在托哈附近，于是我趁机去看了看。这是一次糟糕的经历。直到那时，我才知道农场里农民的生活是多么的脏、乱、差。我看见一片土制的茅草房，低矮、昏暗、邋遢，没有窗户，没有厕所，没有洁净的水，牲口和人住在同一间房子里；这和我想象中田园牧歌式的乡村大相径庭。这个糟糕的农场里，一切都屈从于经济原理；庄稼一直长到茅屋门槛，这些茅屋在凌乱的农田里挤作一团，尽可能腾出点地来，种上能换几个钱的庄稼；没有树阴，那

---

[1] 此处原文peasants doomed to premature death because of their inadequate housing. 作者哈桑·法赛服务的人群是"心中的客户：经济上的贱民"，他们生活在现金经济之外，属于"因缺乏适当的住所而过早夭亡的全世界数亿人"（Fathy's commitment was to his "ideal clients: the economic untouchables," who live outside the cash economy and to "the billions throughout the world condemned to a premature death for lack of adequate shelter."）。
——译者注

会妨碍棉花的生长；对终其一生在此生活的人，我们袖手旁观，无动于衷。

眼前的画面取代了先前那幅泥土芬芳、溪水潺潺的乡村天堂。然而，也算是某种幸运，这个农场属于我们家，它让我明白自己对乡村是有责任的。我第一次窥见的乡村便是自家农场，而我们对农户的锥心苦难漠然无知。

自然而然地，我敦促父母翻修农场，他们照做了。但抛开农场建筑和农民住房之外，我最想做的是在那里为家人盖一栋房子。我觉得这个农场年久失修的主要原因，是我们谁也没去过，而保持农场良好运营的最佳保证，是让我们家的人尽可能常居于此。幸运的是，那里有一个两房的小屋，我可以动手修缮和改建；虽然父母以为我疯了，可这个过程着实令人愉悦。我哥哥待在那儿，隔三岔五还带客人来，所以几乎没有空置。

## 第二节　泥砖——农村重建的唯一希望

上善若水，
水善利万物而不争。
处众人之所恶，
故几于道。

——老子

在埃及，但凡名下有一亩土地的农民都会有一栋自己的房子，而有一百亩或更多土地的地主却买不起一栋，真是咄咄怪事。只不过，农民的房子是把泥土从地里挖出晒干，用泥土或泥砖来盖的。在这片土地上，在埃及每一间茅舍和破旧的小屋里，都有我问题的答案。这片土地上，多少年来，多少个世纪以来，农民一直在明智地、悄然地开发这种唾手可得的建筑材料，而我们，受现代学校教育观念的浸染，从未想过用泥巴这种可笑的物质来创建房屋这样严肃的东西。但为什么不呢？当然，农民的房子可能会逼仄、昏暗、邋遢、不便，但这并不是泥砖的错。只要有好的设计和一把扫帚，这些问题就可以迎刃而解。为什么不用这种天赐的材料来建造我们的乡村住房呢？为什么不把农民自己的房子搞得更好一些呢？为什么农民的房子和地主的房子非得区别对待呢？两者都用泥砖建造，都好好设计一番，就都能给它们的主人带来美观和舒适。

因此，我开始用泥砖设计乡村住房。我做了很多设计，1937年甚至在曼苏拉举办了一个展览，后来在开罗也办了一次，当时还做了一个关于乡村住房概念的讲座。这堂演讲带来了几个建造的机会。这几栋房子，大多是给有钱的客户设计的，当然跟老城镇风格的乡村住房相比是有进步的，不过很大程度上是因为它们更好看一点。尽管这几栋房子的泥砖墙经济实惠，但跟用传统材料建造的房子相比，它们也便宜不了多少，因为盖屋顶用的木料很贵。

◎ 哈齐普苏特王后制作泥砖

## 第三节　泥制屋顶，埃及巴提姆[①]——试验与出错

不久，战争爆发，所有的建造活动都停了。钢材和木料的供给彻底中断，军队征用了乡村里的现存材料。不过，我仍然痴迷于自己在乡村盖房子的心愿，于是四下奔走解决材料短缺的问题。至少我还有泥砖！我突然想到，纵使除了泥砖之外我一无所有，境况也不比我们的祖先差。埃及并不是一直从比利时进口钢材，从罗马尼亚进口木材，但埃及一直在盖房子。他们是怎么建造的呢？墙，是的。我也可以砌墙，但我没有盖屋顶的东西。难道泥砖不能用来盖屋顶吗？那用拱顶来盖怎么样？

通常，为房间盖上一个拱顶，泥瓦匠会找木匠做一个坚固的木制衬筒，拱顶建好之后，木制衬筒得拆除；这是一个完整的木制拱顶，整个房间都是由通长的木撑支着，那层拱顶的砌体将铺设于其上。

除了要精心制作，还要有特殊的技能，以确保一块块楔形拱石指向曲线的中心，但这种建造方法，超出了农民的能力。这是一种造桥的技术。

那个时候，我想起古人一度造过没有衬筒的拱顶，所以，我们也不妨试试。当时，我应埃及皇家农业协会之邀做些设计，于是就把自己的一些新想法融入这些房子。我向泥瓦匠解释了自己的心愿，他们真就试着在不用衬筒的情况下竖起我的拱顶。拱顶轰然倒塌，猝不及防。

---

① Bahtim，埃及地名。——译者注

后来反复尝试，依然不得其门。显然，如果古人知道怎样建造没有衬筒的拱顶，这个秘密也早已经随其埋葬。

　　当时，我哥哥正好是阿斯旺大坝的一名主管。他知道了我的失败，同情地听着，然后说，努比亚人实际上是在建造的过程中把拱顶竖立起来的，根本不用任何支撑，就这样给他们的住房和清真寺盖上屋顶。我激动至极，也许，终究，古人并没把他们的秘密带入那令我恼火的拱顶坟墓里去。也许我所有问题的答案，能让我在房子的所有部位都用上泥砖的技术，正在努比亚等着我。

# 第四节 努比亚——幸存的古代拱顶技术

1941年2月的一天早晨，我和美术学院一群师生在阿斯旺下了火车。学生正在考察考古遗址，我抓住机会和他们一道看看努比亚有什么值得一瞧的。

我的第一印象是，阿斯旺城里的建筑极其普通。一个小小的省城，看起来就像破旧的乡下版开罗：同样矫揉造作的外立面，同样华而不实的店铺门面，同样稍逊一筹、略显寒酸又自以为是的大都市氛围。还有一座碍眼又扫兴的小建筑，破坏了第二瀑布①动人和壮丽的景色。在阿斯旺，我一无所获；当然，我此番前来寻找传说中的技术，也没有丝毫迹象。我大失所望，差点就想待在旅馆算了。

不过，我还是跨过了尼罗河，因为哥哥告诉我，一定要去看看那个地方的村庄，而不是看阿斯旺市本身。一迈入第一个村庄阿斯旺·加尔卜，我就知道不虚此行。

对我来说，这是一个全新的世界，整个村庄宽敞、迷人、整洁、和谐，房子一栋比一栋漂亮。在埃及，它无与伦比。它是源自梦幻之地的村庄；抑或源自深藏于撒哈拉大沙漠腹地的霍加山地，那里的建筑不受外来风气的侵扰，绵延数个世纪；又或是源自亚特兰蒂斯那样的地方。这里没有埃及村庄惯常的拥挤小气，而是一栋接一栋的房子，高高的，轻松的，砖砌的拱顶盖得干净利落，入口的门洞四周，都装饰有精美的花格工艺（claustra work）——泥制的造型和花纹。

---

① Second Cataract. ——译者注

◎ 努比亚，达哈米特村（Dahmit）

我意识到自己正端详着鲜活的、幸存的埃及建筑传统，凝目一种在地景中自然生发的建造方式，就像这个地区的圆顶棕榈树，是本地景观的一部分。它是建筑礼崩乐坏之前的那一幕，是金钱、产业、贪婪和势利等即将斩落建筑自然之根时的那幅景象。

　　如果说我只是高兴的话，那么画家们则是欣喜若狂。他们坐在各个角落，打开画布，支起画架，拿起画板和画笔，开始画画。他们雀跃、惊叫，指指点点；对艺术工作者来说，这是千载难逢的机会。与此同时，我想找人打听一下，是谁创造了这个村庄，他们住在哪里。这一回，我的运气就没那么好了：所有男人好像都不住这儿，在城里谋生。这里只有妇女和儿童，她们怯生生地不敢说话。姑娘们只是咯咯地笑着跑开，我什么也打听不到。

　　回到阿斯旺，我兴致盎然又意犹未尽，继续寻访那种通晓拱顶建造秘密的泥瓦匠。旅馆里，我无意中和一位侍者聊起自己在打听什么。他告诉我，阿斯旺确实有泥瓦匠，可以帮我联系一下。专做泥砖房的师傅平时几乎没什么事儿做，因为村里的人，不管他平时干什么，都能凭一己之力盖起拱形房子；而泥瓦匠本来就寥寥无几，往往受雇于阿斯旺这种省城的居民，他们早已失去了盖房子的传统之道。况且，泥瓦匠里也只有少数几位造过拱顶。侍者说，会把我介绍给一位名叫博加迪·艾哈迈德·阿里（Boghdadi Ahmed Ali）的穆斯林，他是其中最年长的。

　　第二天，我们一行去阿斯旺的法蒂玛陵。那是一组精致的神祠，建于公元10世纪，全部用泥砖建造，拱顶和穹顶透着浓烈的自信和华丽的风格。

◎ 达哈米特村，带泥饰花格的门头

阿斯旺的不远处，还有一座同时期的科普特建筑——圣西门修道院。它也采用了泥砖穹顶和拱顶，其中蕴含修道院简朴和谦逊的思想，这恰好证明它能很好地把伊斯兰教和基督教对立的灵感兼容并蓄。除此之外，我颇感意外之际，也兴奋地发现，餐厅有一个宽敞的走廊，由一个巧妙的主次拱顶体系支撑起来，避开了拱顶曲面和水平地板之间出现沉重的填充物。这表明，泥砖建筑可以造两层楼高，并且还足够坚固，千年不倒。我对心中的猜测越来越坚定——埃及农民的传统材料和方法更适合现代建筑师来使用，埃及住房问题的答案就在埃及历史的长河中。

尽管这样，我们仍有待于了解当地拱顶是怎么建造的。我约好要和这位泥瓦匠大师傅见上一面，但他一直没露面。直到我们此趟旅程的最后时刻，我们在站台上等火车，蒸汽嘶嘶作响，哨子叮铃喤啷，警卫、乘客和周围的人大呼小叫，火车不耐烦地轰鸣呼啸时，博加迪·艾哈迈德·阿里总算出现了，在我动身前往卢克索（Luxor）之前的那一刻，我们才握手寒暄并互留地址。

对我来说，这就像是一次探寻泥砖拱顶的建筑之旅。离开阿斯旺之后，我们去了卢克索，兴致勃勃地参观了那里的拉美塞姆粮仓——一种长长的拱形仓库，也是用泥砖建成的，有3400年历史。它看上去是一种相当耐久的材料。

从卢克索出来，我们去了图纳·埃尔·加贝尔，在那里我找到了更多的拱顶，它们有2000多年的历史，其中的一个还支撑着一座挺不错的楼梯。

◎ 埃及沙漠里距今约一千六百年的一处建筑

奇妙的是，在这次短暂的旅行中，我虽然亲眼见证了埃及历史上拱形建筑的遍地开花，但从建筑院校学到的知识来看，我或许从未怀疑过，会有人早在罗马人之前就知道怎么建造拱券。考古学家的注意力都集中在支离破碎的陶罐和漫漶不清的碑文上，这些严肃正经的学科会因为发现了一堆金器而不时活跃一下。但对于建筑，他们没有眼光，也无暇顾及。他们可能会错过那些眼皮底下建筑的无言诉说——有些书上说古埃及人造不了穹顶，而我却在吉萨陵地正中的塞尼布陵里见证了古埃及穹顶。毫无疑问，建造拱顶和穹窿的技术，也还是用泥砖，第十二王朝①的埃及人完全了然于心。

---

① 埃及第十二王朝，公元前2000—前1786年。——译者注

◎ 阿斯旺，法蒂玛陵

◎ 阿斯旺，圣西门修道院

◎ 老谷尔纳的拉美塞姆粮仓，埃及第十九王朝

◎ 位于图纳·埃尔·加贝尔的一座由拱顶托起的楼梯，托勒密时代

## 第五节　努比亚工匠出手——第一次成功

一回到开罗，我赶忙写信给阿斯旺市那边，请一些泥瓦匠来。我们不能再浪费时间了，因为我们第一次尝试的拱顶倒塌之后，皇家农业协会的农场仍然没有屋顶。几天后，我见到了来自阿斯旺的泥瓦匠阿卜杜·哈米德和阿卜杜勒·拉希姆·阿布·恩努尔——第二天，他们就开始在农场干活了。从我遇到他们的第一刻起，他们就承诺要开创一个新时代的建筑。当问他们，是愿意按天算工钱呢，还是按工作量算工钱，他们太老实淳朴了，瞧不出这里面有什么不同。如今，普通工人更愿意按日计酬，因为这样就可以经常休息，每隔半小时喝杯咖啡提提神，然后分头干活，这样的话，这份差事将成为他连续几周的收入来源。不过，这些阿斯旺泥瓦匠从来没想过，按照付款方式，完成一项工作可能有两倍工资，他们只是诚实地回答，盖一个屋顶要120皮阿斯特。[1]当问他们要多长时间时，回答是"一天半"。120个皮阿斯特是1.4埃及镑[2]。砖块的价格约1.0埃及镑，两名帮工的酬劳约1.0埃及镑；一共是3.4埃及镑。我们在一天半之内便盖了一个3米×4米的房间。同样大小，采用混凝土的要花费16埃及镑，木头的则要20埃及镑。

其实，开工之后，为一间屋子盖上屋顶，得花整整一天半的时间。按照协议，泥瓦匠们要求我们为他们定制一种盖屋顶的特质砖块。比起普通砖，这种砖加入的稻草更多，分量更轻。砖的尺寸为25

---

① Piaster皮阿斯特，埃及货币单位，100皮阿斯特=1埃及镑。——译者注

② 疑此处原文拼写有误，120皮阿斯特是1.2埃及镑。——译者注

厘米×15厘米×5厘米（10英寸×6英寸×6英寸），最大的那个面上，有两条用手指沿对角线刻划出来的两道平行线。这几道凹槽很有用，可以让砖与泥浆抹面结合得更紧密。于是，我们定制了泥砖，把它们晒干，一周后就运到了工地上。在下山的路上，我注意到除了铲刀[①]，泥瓦匠什么工具也没有。

　　我问："你们的泥刀在哪里？"
　　"我们不需要泥刀，"他们说，"铲刀就够了。"

　　在我们失败的现场，虽然试建的拱顶坍塌了，但墙体依然耸立。每个房间里都有两道侧墙（side wall）[②]，相距3米，还有一道稍高一点的端墙（end wall）[③]，拱顶将靠在这面端墙建起来。泥瓦匠把几块木板搁在两边的侧墙上，尽量贴近端墙，爬上木板，拿起一把泥，把泥抹在端墙上，大致勾勒出一个拱形。他们不测量，也没有仪器，只凭眼睛就能画出一条完美的抛物线，抛物线的两个端点落在两道侧墙上。然后，他们再用铲刀，整饬一下泥灰砂浆，让轮廓更清晰挺括。

　　接着，他们动手砌砖，每人各砌一边。第一块砖的一端竖立在侧墙上，带凹槽的那一面平贴在端墙的泥灰砂浆上，轻轻拍打，把它和泥灰砂浆铺贴密实。然后，泥瓦匠挑一些泥，在砖块的底部抹出一个楔形的填充物，这样下一道砖就会稍稍向端墙倾斜，而不会直上

---

[①]　Adze. Cutting tool with thin arched blade sharpened on concave side and set at right angles to handle. 铲刀。带有拱形薄刀片的刀具，凹面磨尖，做成恰当的手持角度。——参见术语表，译者注

[②]　原文side wall，侧墙。——译者注

[③]　原文end wall，端墙。——译者注

◎ 泥瓦匠用泥浆在山墙上勾勒出一条抛物线

◎ 用铲刀修整泥灰砂浆

直下。为了打破砖和砖之间的通缝，第二道砖从半砖开始砌筑，半砖顶端放一块整砖。因为如果是通缝连接，拱的强度会降低，可能会坍塌。此刻，泥瓦匠需要把更多的泥浆抹在第二道砖墙上，这样第三道砖墙就会在竖直方向倾斜更多。就这样，两个泥瓦匠慢慢地砌出了倾斜的砖墙，每道砖的拱形轮廓都会高出一点点，直到两道弧形的砖线在顶部相交。泥瓦匠在砌筑每一道完整的砖墙时，小心翼翼地在构成砖墙弧形（楔形砖的拱背弧线）的砖块之间的缝隙中，插入石头或陶器碎片之类的干燥填充物。最要紧的是，在每一道砖块工序中，砖块的端部之间不能放泥灰砂浆，因为泥浆体积的收缩可达37%，这种收缩会严重扭曲抛物线，致使拱顶坍塌。砖的两端必须彼此干法相接，切不可用灰浆湿法相接。在这一阶段，刚做好的拱顶底部有6层砖的厚度，顶部只有一层砖的厚度，所以它看起来是以很大的角度斜倚在端墙上。因此，它呈现出一个斜面，后续的砖墙可以铺上去，使得砖块有可靠的支撑；这么大的倾角，哪怕没有两条凹槽，也能防止砖块掉落，像光面砖块立在垂直面上那样。

因此，整个拱顶就可以直接凌空建造，没有支撑、没有衬筒、没有仪器、没有图纸；只有两个泥瓦匠站在一块木板上，一个男孩在下面抛砖，泥瓦匠灵巧地凌空接住砖块，随手把它放在泥浆上，铲刀轻拍使其就位，简单得难以置信。他们手脚麻利，漫不经心，不曾想过他们做的是一件了不起的工程，泥瓦匠凭借非凡的直觉，遵循静力学原理和材料强度科学在做事。泥土做成的砖不能承受弯曲和抵抗剪切，所以拱顶是符合弯矩图的抛物线，以此抵消全部的弯矩，让材料处于完全受压状态。这样，就可以用和墙体相同的土砖建造屋顶。事实上，用泥砖来横跨3米是一项伟大的技术壮举，如同用混凝土跨越30米那样，成就感非凡。

◎ 第一块砖竖立靠在山墙上

◎ 第二道砖墙的第一块是半砖

◎ 第三块砖收住第二道砖墙

◎ 第三道砖墙会比垂直墙面倾斜更多

◎ 更多的泥浆抹在第三道砖墙上

◎ 第四道砖墙

◎ 第五道砖墙砌完了

◎ 砌出了第一道倾斜的弧线

◎ 泥瓦匠在砖块交接缝隙中填充干燥的材料

◎ 砖弧的斜面为后面几道砖提供支撑

这种方法的简单和自然让我着迷。工程师和建筑师为了给大众提供廉价的建造方式，想出各种大费周章的方法来建造拱顶和穹顶。主要的问题是要在结构完成之前保持各个构件到位，采取的解决方案包括异形砖块的排列，这很像三维拼图游戏，还要搭设各种各样的脚手架，甚至还想出了吹出一个穹顶形状的大气球并在其上喷射混凝土这种极端的方案，可我的工匠只需要一把铲刀和一双手。

几天之内，所有的房子统统盖上了屋顶。房间、走廊、长廊都盖上了拱顶和穹顶；泥瓦匠解决了所有让我头疼的问题（甚至还建造了楼梯）。接下来，我要做的就是走出去，去埃及各地推行他们的方法。

恰巧我有一个朋友塔赫·奥马里，他有一个农场，位于费姆沙漠边缘的锡曼特·埃尔·加巴尔。那是一处动人的地方，坐落在高原悬崖上，可以俯瞰巴哈·尤瑟夫运河和尼罗河山谷。不幸的是，那个地方人迹罕至，我的朋友无法经常去照看，导致觊觎木料的当地农民偷走了农场里的所有屋顶。许多房子露天敞开——它们是我的泥瓦匠再次大显身手的完美对象。

既然盖屋顶不贵，那我们就开始自行架设。所需的只是泥浆，这个我们一点也不缺，无须在为房子盖上屋顶这件事情上畏手畏脚。我们为牲口棚、仓库和工人的住房统统扣上了屋顶——我们乐此不疲，很快就为整个农场都盖上了精致的泥顶。塔赫·奥马里开心极了。原本用作仓库的一栋房子也盖上了高耸的穹窿，他十分中意，把它做成了声乐房。所有房屋都赏心悦目。不论是为了驴子，还是为了人，还是仅作为仓库，当我们为之设计了拱顶时，一种心之所往的曲线韵律就会不期而至，这是直线和平屋顶难以产生的。这是有拱顶的泥砖房的第二个长处。不仅价廉，而且物美。它又怎会不美呢，结构决定形状，材料支配尺度，每根线条都遵从应力的分布，建筑形态自然，浑然天成。在泥土这种材料的强度与静力学原理的限定之下，建筑师突然意识到，建造时，他可以自在地塑造空间，围合一处混沌的开敞空间，在人的尺度上具备秩序和意义，这样，他的房子自然不需要事后再去装饰了。结构元素自身提供了无穷的视觉趣味。拱顶、穹顶、帆拱、对角斜拱、拱券和墙壁给了建筑师无限的自由，实现了曲线之间在各个向度上的美妙协同，生成一个维度到另一个维度的和谐曲线。

就在开罗郊外的马尔格，住着我另一个朋友哈米德·赛义德。他是一位艺术家，和妻子住在帐篷里，一方面可以亲近他所钟爱的大自然，另一方面是因为他买不起房子。当他听说皇家农业协会在巴提姆的农场造价很低的时候，他起了浓厚的兴趣，因为他一直想要一间画室。

他去看了那些房子，一眼瞥见拱形凉廊里那奇妙的光影，当即决定为自己打造一条类似的凉廊。他的一些亲戚有个农场，我们在那里盖了一个工作室，里面有一间很大的带穹顶的房间，一个带拱顶的床式壁龛，嵌壁式的橱柜，面向田野的开放式凉廊，连绵起伏的棕榈树一览无余。他让人在现场制砖——土壤是沙质的，所以甚至不需要稻草——泥瓦匠只用了25埃及镑就盖好这栋房子。我们捡了一些很漂亮的旧木格栅做窗户，还有一些旧门做橱柜，这些老物件因为和亮闪闪的欧式家具不太相配，所以原先统统被扔掉了。他总共花了大约50埃及镑，就得到了一间迷人的乡村小工作室。

◎ 埃及巴提姆，一处拱顶托起的楼梯

◎ 埃及巴提姆，农业协会的农场

◎ 位于马尔格（Marg）的哈米德·赛义德（Hamed Said）住宅

◎ 埃及巴提姆农业学会的农场

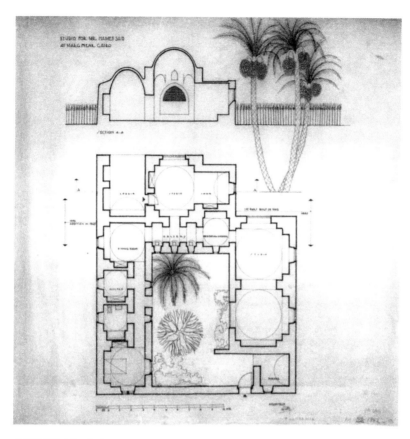

◎ 赛义德住宅兼工作室

## 第六节　埃兹贝特·埃尔·巴里——易卜劣厮在伏击

　　还有一个小村庄，或者更确切地说是小聚落，约摸有25栋房子，坐落在距开罗9英里的米德①城外，名叫埃兹贝特·埃尔·巴里，住着一大帮小偷。实在是老天有眼，一场突如其来的洪水将它洗劫一空；差不多每20年，这里就要发一次洪水；而埃及红新月会则接手为无家可归的家庭重新安置住房。这场洪水最清楚不过地彰显了天意，不但惩罚了那些发不义之财的人，而且归还了受害者的失窃财物。受害者名叫阿敏·鲁斯特姆，他的一对汽车轮胎被偷走了，而在当时，通过正当途径买到轮胎是很难的，如果销赃的话，每个轮胎值80~100埃及镑。他知道罪魁祸首是谁，也知道轮胎就在埃兹贝特·埃尔·巴里，但警方不会采取任何行动。可就在发洪水那天，水面泛起漩涡，阿敏·鲁斯特姆的两个轮胎欢天喜地漂进了警察局，温顺地搁浅在那儿，于是他就捡了回去。

　　红新月会下设一个妇女委员会，它为开罗的太太们提供了一个慈善捐助的渠道，也正是这个委员会负责重建埃兹贝特·埃尔·巴里。我通过会长西里帕夏②夫人为这个项目服务。我察看了那个毁坏的村庄，它原本是用泥砖建造的，但很不牢靠。这些房子的底层平面只有一堵一砖厚的泥土墙，自然不能指望它挡住洪水。墙一倒，房子也就

---

① Meadi，埃及城市名。——译者注

② 帕夏（Pasha），是敬语，伊斯兰教国家高级官吏称谓，其义与阿拉伯语"埃米尔"（amir）略同，相当于英国的"勋爵"。她丈夫是侯赛因·西里帕夏（Hussein Sirri Pasha，1894—1960年），曾在三个时期短暂地担任埃及首相，1940.11.8—1942年，1949.7—1950.1；1952年7月的三周（1952年7月23日，法鲁克王朝被推翻）。——译者注

塌了。然而，这并不是反对在那儿使用泥砖的理由。但凡墙体和石砌地基有足够的厚度，纵然在诺亚洪水中，泥砖房子也能安然无恙。

我整理了设计和预算。20栋房子的造价，总计3000埃及镑左右。我满怀热情地把它们提交给妇女委员会。很多个下午，我们呷着茶、抽着烟，时断时续地谈论这个村庄。一次又一次的会议，一个又一个的决议、反对、建议、回避、明智的思路和严肃的质疑，在我们浪费的大把时间里，足以亲手造出10个村庄。

我的泥瓦匠早已摩拳擦掌了，村民们还住在帐篷里，事情一筹莫展！终于，有一次会议开到一半，我无奈恳求，起码让我们盖一所房子，只是为了证明这事儿是做得成的。这时，阿布德帕夏夫人冷不丁开口了：

"看来，你是个实干的人。拿着，这是我的支票。填上你想要的金额，拿钱走人，去给我们盖你的房子。"

我伸手接了过来，因为已经知道150埃及镑可以造一座房子，所以我对妇女委员会如实相告。

正当这个节骨眼儿，另一位代表社会事务部出席委员会的建筑师，小声对我说："别犯傻了，再多写点儿。那点儿钱你永远办不成事。"

"我完全明白自己在做什么。我以前盖过那么多房子，知道这是办得到的。"我说。

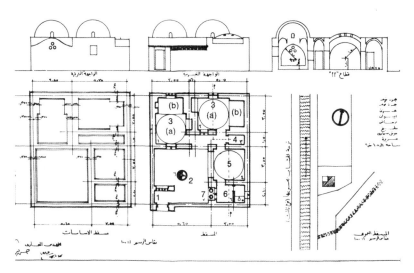

◎ 埃兹贝特·埃尔·巴里的泥砖样板房平面图

1. 入口
2. 庭院
3. 卧室
　（a）多尔喀中央大厅；（b）壁龛
4. 储藏间
5. 厨房和起居凉廊
6. 淋浴间
7. 马齐拉水罐存放处

© 埃兹贝特·埃尔·巴里的泥砖样板房

◎ 样板房的凉廊

◎ 样板房正立面

◎ 埃兹贝特·埃尔·巴里的一排实体住宅

有了从私人途径得来的这笔钱，妇女委员会再也不能推诿拖延，我就可以推进落实了。不到40天，那座房子就完工了。那是一幢十分漂亮的建筑，有两个大房间，一如从前，有睡觉用的壁龛，嵌入式的橱柜，宽敞的储藏空间，一个大凉廊，一个围合的庭院。总共花费164埃及镑。

初显身手之后，我自然而然盼着建造剩下19栋房子的委托事宜，但不久之后，西里帕夏夫人来跟我解释，因为委员会有自己的建筑师给那些村民设计房子了，所以不能委托给我。我掩饰自己的失望，大度地接受了她的歉意。那座房子还在那里，能帮委员会派上用场。我们甚至在里面举行了一两次聚会，许多人看了之后赞不绝口。

有那么一段日子，我每天乘火车往返于开罗和米德之间时，都会经过它，并自我欣赏陶醉一番。每次路过那里时，我都能透过车窗，远远地望见它。直到有一天，当我远眺窗外时，房子不在那儿了。我又瞥了一眼，自问是不是眼花了，搞错了地方，或是上错了火车，可惜都不是。那座房子就这样凭空消失了。后来，我绕到现场，去瞅上一眼，到底发生了什么，发现我那漂亮的房子成了一地废墟。哪怕是那一刻，我还花了点工夫操心其坚固程度，拱顶掉落下来裂成几大块，像碎了的蛋壳，坚硬而均匀，就像皮革的碎片一样，因为泥砖已凝成一整个外壳。

他们抱歉地告诉我：很不幸，不得不拆除这栋房子，因为它和新建筑师设计的房子不协调，但他们确信我会理解的。那位建筑师派了他的助手，到目前为止，那个年轻人主要是因为在通往金字塔的路上，在棕榈树和骆驼之间，依样画葫芦地复制了一座瑞士小木屋而崭露头角，他还亲自制作了几间供农民住的村舍。后来，我看到了他的规划平面，20套混凝土住宅一字排开，每套住宅有两个方形的房间和90厘米宽的走道，端头是一个小卫生间。连一间厨房都没有，更不会有睡觉用的龛形空间和橱柜之类的必备空间了。在建筑学上，这些房子不会比一排防空洞更能激发灵感。我明白自己的房子的确与其格格不入。

为什么委员会的建筑师不情愿接受比较？过了一段时间，我发现了一个更深层次的原因。他那20套房子，总造价为22000埃及镑。

尽管那座小房子寿命短暂，也没达到打动红新月会的重要目的，即便这样，它还是不负使命，给其他人留下了深刻的印象。它带来了一个委托项目，智利硝酸钾公司要在红海沿岸的萨夫·阿加（Safaga）盖几间度假休闲屋。这给了我一个扩充泥瓦匠队伍的机会，并且能更好地了解他们的能力。我们在那里做得很好，首席泥瓦匠博加迪·艾哈迈德·阿里竟然攒够钱去汉志①，成了一名哈吉②。我们就像家人一样熟稔，一起做事的过程中，我对他们的尊敬与日俱增。

---

① 汉志（Hejaz），在今沙特阿拉伯西部。——译者注
② 哈吉（Hadji），麦加朝圣的朝觐者。——译者注

# 第七节　盗墓引发的住房试点

　　埃兹贝特·埃尔·巴里那座房子，在它昙花一现的生命中，也被国家文物部的工作人员相中，他们对古代文物不感兴趣，只想满足一个切实而有意义的需求。众所周知，在埃及，国家文物部是政府最重要的部门之一，最近它卷入了一起大丑闻。

　　国家文物部负责的古迹之一是底比斯的古老墓地，坐落在一个叫谷尔纳的地方，与卢克索隔河相望，卢克索本身就建在底比斯古城镇的遗址上。这片墓地主要由三部分组成：北边是国王谷，南边是王后谷，中间是山坡上面向农田的贵族墓。

　　谷尔纳村建在这些贵族陵墓的遗址上。这里有很多陵墓，有些早就被人盯上并洗劫一空，有些仍然不为文物部门所知，因此还遍布着具有重大考古意义的物品。

　　谷尔纳住着7000个农民，挤在5个组团里，这些房子就建在这些坟墓的上方和周围。这7000来人名副其实地躺在历史上。大约50多年前，他们或其父辈——垂涎祖先们富饶的陵墓，踏上了谷尔纳地区，从此，整个社区就靠盗挖这些坟墓为生。他们的经济收入几乎全靠盗墓。周围的农田根本养不活这7000人，更何况它们大都把持在少数富有地主的手里。

　　虽然谷尔纳人在定位隐秘的坟墓方面，是百里挑一的行家里手，而且是最狡猾和最成功的盗贼，但是他们没有很好地打理自己的行当。他们莽撞冒失地盗挖，远在古董卖出真正的高价之前，就糟践了这些无价之宝。文物检查员哈金·阿布·赛义夫告诉我，1913年，一个农民拿出整整一篮子圣甲虫形护符想换20皮阿斯特，却被他一口回绝！而目前一枚圣甲虫形护符，就能卖到5埃及镑。赃物并不只限于圣甲虫形护符，也不是所有的农民都这么愚昧。阿蒙诺菲斯二世墓是一座完整的第十八王朝坟墓——在发现它的时候，其中一名警卫窃走了一艘圣船，单凭那份不义之财，就置下了40英亩的土地。

然而，不应该对这些盗墓者的所作所为听之任之。尽管，他们凭自己的手艺和本事，本不至于穷困潦倒，但他们造成的破坏实在罄竹难书。他们盗掘，然后销赃，人们就无从知晓这些文物的来历，这对埃及学来说意味着不可估量的损失。有时候，他们的所作所为令人发指：个别盗墓贼但凡偶然得手一些金制的珍宝，会将其熔化。珠宝、盘碟、雕像，他们将这些在任何市场都是价值连城的手工艺杰作，一股脑儿地倒入锅中，化作一坨脏兮兮的金属疙瘩，以当时的黄金价格随行就市卖掉。从幸存作品上——例如图坦卡蒙陵墓的珍宝，就是最近在塔尼斯出土的令人惊叹的那批花纹盘碟——我们可以得知，这种毁灭文物的邪恶勾当还在继续。一位考古学家的妻子布鲁耶尔夫人（Mrs. Bruyere），曾在农民家里亲眼见过粗制滥造的金条，而这些金条的前身一定是世界上任何博物馆都会引以为傲的宝贝。

不过，农民也成了城里商人的天然猎物，因为只有商人才能肆无忌惮地与外国买主沟通，并操纵谷尔纳人的微妙处境，以远低于实际价值的价格买入他们的不菲之物。农民机关算尽，铤而走险，栉风沐雨；商人却稳坐钓鱼台，暗中怂恿这种恣意破坏的行为，凭这些谷尔纳人拿命换来的赃物赚得盆满钵满。

后来，盗墓的回报慢慢变少，迫使村民铤而走险，从事风险更高的伪造行当（伪造古董是他们境遇中伴生的一门手艺），最后酿成前所未有的丑闻。其中有一处墓穴中的一块完整石雕，那是一个著名的、高等级的古代遗迹，被从岩石上硬生生切割下来盗走。就好比有人从沙特尔大教堂偷走一扇窗户，或从帕提农神庙盗走一两根柱子。

这起盗墓案引起了轩然大波，国家文物部不得不在谷尔纳问题上采取积极行动。当时颁布了一项皇室法令，征用谷尔纳人房屋所在的建设用地，并将整片古墓区作为公共事业用地纳入政府管辖范围。该法令赋予谷尔纳村民继续使用现有房屋的权利，但禁止任何进一步的改扩建。因此，眼下还必须颁布另一项国家部级法令剥夺这些房屋的所有权，以求肃清整个文物古迹区内不得人心的非法盘踞者。

不过，法令法规是一码事，执行完全是另一码事。7000人要搬到哪儿去？如果以目前的估价征收谷尔纳村民的房子，他们拿到的钱尚且不够置入新土地和建造新房子。即使他们得到慷慨的补偿，也只会拿这笔钱去娶三妻四妾，而最终沦为上无片瓦、下无立锥之地的流浪汉。唯一的解决办法是重新安置他们，但搁在眼下，这项动议的代价实在是太大。在开罗郊外的印巴巴（Imbaba），一个为工人建造新村的类似项目，估价是100万埃及镑。也就在那时，我造的房子引起了国家文物部的关注。

碰巧，国家文物部的工程和发掘部门负责人奥斯曼·鲁斯塔姆，以及修复科负责人斯托普拉雷先生也抱有同样想法，因此他俩分别提请文物部的总干事德里奥顿神父，就新谷尔纳村的问题与我接洽。

他们曾视察过我的两栋泥砖建筑，即皇家农业协会和红新月会的房子，对其材料的潜力和低廉的成本印象深刻。于是，德里奥顿神父来看了这两所房子，批准了这个建议。此后，我获准离开开罗大学美术学院3年，去造一座村庄。接下来，我要去实现童年的愿望了——但愿是比100万埃及镑便宜得多的一座村庄。

## 第八节　新谷尔纳的诞生——选址

为了给新村庄选址，专门成立了一个委员会，成员有国家文物部的代表（督察科科长奥斯曼·鲁斯塔姆和卢克索总督察）、谷尔纳的头目、五个小聚落的谢赫[①]以及我的代表。委员会要找到一处场地，远离所有古代遗迹，这意味着不能在看上去最佳的位置，即河谷上方的山丘选址，因为那上面在帝后谷和猴子谷之间，距离村子农用地3.5英里的山丘上有密密麻麻的坟墓。最终，我们决定在靠近公路和铁路线的一块农业用地上安营扎寨。那是一处禾沙圩场的低处——一片永久性的旱地，有一个圩堤系统使它不遭洪水的侵袭。土地是通过强制购买的方式从其所有者布洛斯·汉纳帕夏手里买下的；占地50英亩，每英亩300埃及镑。

无论建造一个完整村庄的计划多么令人神往，一眼望见50英亩处女地和7000名不得不将在那儿开始新生活的谷尔纳村民时，我还是有点发怵。这些人，他们盘根错节的血缘和婚姻、习惯和偏见、友谊和恩怨，都与土地的地形地貌、村里的一砖一瓦紧密交织，构成一个微妙的、平衡的社会有机体——就其自身而言，这个社会将不得不瓦解，然后换个场景另起炉灶。

说实话，从一开始，我的欢欣就带着几分隐忧。难以想象，没有国家建设部门的参与，整个村庄竟然就立项了，更令人惶恐的是，我

---

① 谢赫（sheikh），部落长老或伊斯兰教教长，族长、酋长、德高望重的人，不是人名，不是职务。——译者注

发现，整个村庄的创建，我竟然可以大权独揽、为所欲为。

　　基地处于代尔拜赫里神庙[①]和拉美西斯神庙的视线范围之内，在门农神像威胁的眼神冷冷地凝视之下，整个项目需要一个特别自信的建筑师才能把握。

---

① Temple of Deir El-Bahari，即哈齐普苏特陵庙（Temple of Queen Hatshepsut）。——译者注

◎ 门农神像

第二章 ／ 合唱：人类、社会和技术

# 第一节  建筑特征

每个创造了建筑的民族，都慢慢演化出自己所钟情的建筑形式，就像他们的语言、服饰和民间故事那样，是他们所特有的。直至20世纪文化边界崩溃之前，世界各地建筑都有鲜明的地方特色和细部语言，任何地方的建筑，都是人们想象力和乡村需求之间的完美结合。我不打算对民族特质的真正根源妄加揣测，我也不具有任何权威性。我只想简单假设，某些形式惹人喜爱，人们在各种文脉下使用它们，就算在个别场合不太适用，也会锤炼成丰富多彩、生动有力的视觉语言，符合他们的性格和家园。没有人会把波斯穹顶和拱券的曲线误认为是叙利亚人的、摩尔人的，乃至埃及人的。同一片地区，穹隆拱券、壶瓶罐瓮、面纱头巾上的曲线与纹样，人们一眼就能分辨。同理，移植到异域的建筑，人们也不会一下就看顺眼。

然而，现代埃及没有本土风格，特征正在随风而逝。富人和穷人的房子都没有特色，没有埃及味儿。传统已然消失，自从穆罕默德·阿里对最后一名马穆鲁克士兵一剑封喉以来，我们就和历史一刀两断了。大家都感受到了埃及传统延续上的断层，提出种种补救措施。事实上，有些人认为科普特人才是古埃及人真正的直系后裔，另一些人则认为阿拉伯风格应该为新的埃及建筑提供样式，双方之间猜忌腹诽。实际上，当时有一位颇具政治才干的公共工程部长奥斯曼·穆哈拉姆帕夏曾尝试调和这两个派系，他主张不妨把埃及分成两部分，就像所罗门提议的那样把孩子劈成两半[1]，上埃及托付给科普特

---

[1] Solomon suggested dividing the baby，典故出自旧约《圣经》列王纪3：5-14。——译者注

人，去发扬光大那种传统的法老风格，下埃及则托付给穆斯林。可谁才是真正的阿拉伯建筑呢!

这个故事说明了两件事：一件令人欣慰，人们确实认识到了并希望纠正我们建筑里所存在的文化混乱；另一件则令人惆怅，那就是把这种文化混乱当成一种风格问题，而且把风格看作是某种肤浅的、可以套用在任何建筑上的表面修饰，必要的话甚至可以改头换面。现代埃及建筑师认为，古埃及建筑的象征是带塔门[1]和卡韦托式飞檐的神庙，阿拉伯建筑的象征是成群的钟乳柱；但古埃及的民居建筑却与神庙建筑大相径庭，阿拉伯人的民居建筑与清真寺建筑也相去甚远。古埃及的世俗建筑，譬如住宅，都是轻型建筑，结构简单、线条清晰，是最好的现代住宅。但建筑院校不研究埃及本国的建筑历史，他们只是通过零星的建筑片段，譬如塔门、钟乳柱等的鲜明特征，来学习建筑风格。于是，院校毕业的建筑师相信这就是"风格"的全部，并设想建筑可以像人们换衣服一样改变它的风格。恰恰是基于这种想法，一些建筑师破坏了谷尔纳学校的教室通道，他们把原先的拱券入口改造成了一个古埃及风格的神庙入口，并配有卡韦托式飞檐。殊不知，真正的建筑只能存在于有生命的传统中，而建筑传统在今天的埃及近乎凋零。

传统的沦丧，使我们城市和乡村日渐丑陋。每一栋新建筑都在推波助澜，使其恶化；而每一次弥补又让其雪上加霜。

尤其是目前省城周边的小镇，近年盖的房子大多采用丑陋的设

---

① 塔门（pylon），古埃及神庙特征之一，两座类似塔楼的建筑物。——译者注

计，粗糙的施工又让其一落千丈，各种尺寸局促的方盒子，其风格源自都市的穷街陋巷，尚未完工就已衰败，在乡野破路旁挤作一团，横七竖八地横陈郊野，鸡飞狗跳，尘土飞扬，刚洗好的衣物高高飘扬。这梦魇般的社区里，炫富和对现代化的渴望，使得房主把钱挥霍在模仿城市住宅俗艳的配件和装饰上，却对居住空间斤斤计较，压根儿不理会手工艺的种种好处。这种态度使得房子局促且外向，住户不得不在公共街道上或者空荡的阳台上晾晒被褥，任它们在街坊的眼皮下一览无余。然而，在这种地方，如果不是太悭吝，业主原本可以住上最适合的房子类型——四合院，尽享空间又保持私密。不幸的是，农民把这种郊区建筑当作现代化的榜样，使其在我们的村庄里大行其道；在开罗和本哈的郊区，我们可以预见阿斯旺·加尔卜村那种即将来临的命运。

为了讨好客户，并让别人相信自己是精于此道的城里人，村里的泥瓦匠采用自己略知皮毛的风格以及无法理解、难以掌控的材料，开始了三脚猫的尝试。他们抛弃了稳妥的传统法则，又没有建筑师的科班知识与经验，企图创造"建筑师的建筑"。结果，房子一无是处，完全没有建筑师出手的那些优点。

因此，建筑师设计的工程，比如在开罗贫民街区为那些吝啬投机者设计的公寓，把从欧洲时髦作品中抄袭而来的各种现代设计特征杂糅在里面。随着岁月流逝，这种作品将渗入廉价郊区，并进入村庄，慢慢荼毒那里真正的传统。

形势很严峻，如果我们要扭转农村住房质量低劣、丑陋、庸俗和低效的局面，就要对其进行彻底和科学的调查。

◎ 老谷尔纳：古墓区域的农民住房

有时候，我对问题的严重性感到绝望，并视其为命运的无解、邪恶且不可逆转的作弄。我对父老乡亲和本乡本土发生的一切，感到无助、悲伤和痛苦。但是，当发现自己不得不处理谷尔纳村的现实窘况时，我振作起来，开始更加务实地思考这个问题。

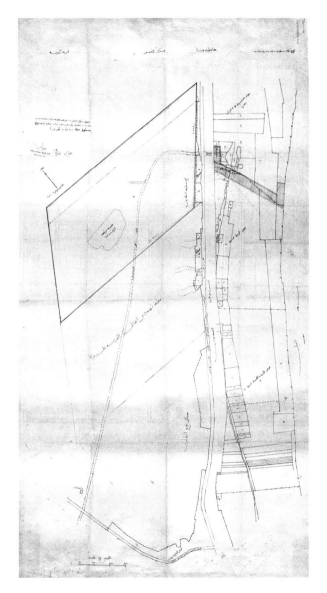

© 谷尔纳地图

## 第二节　设计决策过程

　　文化倘若源根系

　　它会渗入所有枝桠、花叶与新芽

　　渗入细胞一个个，如同绿色的血液

　　仿若阵雨的浸润

　　又如嫩蕊吐芳华

　　氤氲天地，润物无瑕


　　文化倘若倾盆下

　　从头淋到脚，粘稠如糖浆

　　教人变成糖娃娃

　　若遭生活风雨打

　　它们消失，它们融化

　　稠黏如泥，湿乱如麻


　　在我看来，单靠建造一两栋好住宅作示范，不能解决埃及建筑的普遍危机，甚至拿一整个村庄作示范也难以奏效。相反，我们理应尝试诊断这种疾病，了解危机的根源，并从源头上治疗。文化的衰落始于个体，而个体正面临自身难以做出的抉择，我们必须在这个阶段就治愈它。

　　建造是一种创造性的活动，构思的瞬间就是其决定性时刻，那是精神成形的瞬间，也是做出实质性决策、创造新特征的瞬间。一个生物体的特征在受孕的一瞬间就不可逆转地确定了下来，而一座建筑的特征，则是由每一个对它有发言权的人，在其建造的每一个阶段所做的复杂决策所决定。这就是一个生物的最终形态所依赖的构思瞬间，而对于建筑，它是一个多重瞬间，而每一重都在其创作过程中起决定性作用。

如果我们审时度势地抓住这些瞬间，就能把握整个创造的过程。

深思熟虑后做出决策，是生命的核心活动，一个有机体，抉择机会增加时，意味着它或许是更高阶的生物。从已知最简单的生物，譬如轮虫，整个生命周期只需辨别什么是可以吃的；到最复杂的生命——人类，生活的每时每刻都要做出抉择或提出要求。没有哪个生命不需做决定，活着就得选择。和那些简单的生命相比，人类所做的决定要微妙很多，要有意评估的要素也增加不少。

此外，人类的决定在质量上和其他动物不同，因为人有能力通过他的决定影响周围环境，并从根本上改变其外观和属性。既然人的决定具有这么大的看不见的善恶高低之分，他的责任的确重大。这是人类困境里深中肯綮之处，每个人的决定都将改变世界，无从逃避，善恶有报，美丑自知。

传说，很久以前，真主召唤天使，赋予他们决策的责任，他们十分明智地拒绝了，宁愿保持其与宇宙不变的完美和谐。真主又要山岳承担责任，山岳也拒绝了，宁愿被动地服从自然的伟力。而当真主把责任作为礼物馈赠给人类时，这群不知天高地厚的生物接受了，因为他们没意识到这意味着什么。现今，无论欢喜与否，人类都肩负那个曾让天使和山岳都为之胆怯的责任，还要择机证明自己比它们伟大。

然而，不要忘记，他得承受失败的风险；一旦失败，他将被视作天地万物间最傲慢、最可鄙的生物。无论何时，世界都是留待我们落笔的留白，空地之上，既可安放教堂，也可以一片狼藉。

　　在相似情况下，也不会有做出同样的决定两个人，我们说，这就是人性的差异。做决定，做选择，是另一种自我表达——或者更贴切地说，是所有自我表达的必要前奏。

　　一个有意识的决定，既可以问道于传统，也可以经由逻辑推理与科学分析。这两个途径理应产生一致的结论，因为传统是同一问题藉由多代人实践的淬炼与结晶；而科学分析，是对这一问题有组织的观察。

　　人们做事的时候，需要做出最微妙的决定。日常生活中，人们许多明显有意识的决定只不过是习惯使然，真要做出点什么时，人们拥有远比应付生活需求更强的决策能力。当然，人们还是会沿袭习俗去做事，而只要我们不忘首次决策的初衷，不忘劳作时的惯性，它就会既生动又美好。然而，创造美的最好方法，不是非得做个奇怪的或原创的设计。这在真主的作品中也是如此，真主不必让人改头换面就能使其与众不同，只要微微拿捏一下脸部五官部位或大小的火候，就会让容颜的俊丑介于克丽奥佩特拉和凯列班①之间。

　　有趣的是，我们观察到，在实际工作中，习惯可以让人无须做那么多无趣的决定，从而使其专注于他的艺术中那些不容闪失的决定。

---

① Cleopatra，埃及艳后；Caliban，莎士比亚戏剧《暴风雨》中的半兽半人怪物。——译者注

在给定的时间内，一个大脑只能做出有限数量的决定；因此，将有些决定归入无意识也无妨。一个地毯织工学会了用手织得又快又稳，她就不会再去想每一个单独分解的动作，而是专注于她手指下的图案。就像一个音乐家，她把全部注意力都放在演奏的乐曲上，而不是每根手指弹奏的音符里。

# 第三节 传统的角色

*或许，我们所谓的现代，不过是不值得留着变老的东西罢了。*

*——但丁 (Dante Alighieri)*

传统是个人习俗的社会推演，艺术亦然，要让艺术工作者从扰乱心智和无关紧要的决策中解脱，让他把身心投入到不容差池的决定上。一旦艺术工作者做出了决定，无论是谁、无论何地，就不要再去谋利。最好是让这成为惯例，让我们不再为其所困。

传统未必老旧，也绝非停滞。此外，传统不必追溯到久远的从前，很可能发轫于临近的当下。一旦工人遇到新问题并决定怎么做，就迈出了构建传统的第一步；而当另一个工人决定采取相同的解决方案时，传统已然开始运作；当第三个人遵循前两者的做法并融入自己的贡献，传统就相当成熟了。有些问题解决起来毫不费力，一个人几分钟就能拿定主意；有一些却很劳神，需要一天、一年，甚至一辈子。这类个案，解决之道因人而异，难有常道。

然而，还有一些问题，不经数代传承，难得解决之法，这就是传统的创造性之所在。唯有尊重传统及前人的工作，依托其打下的根基，新的一代才能朝着解决问题的方向积极进取。直至传统完成使命，停止发展，实现一个完整的轮回。但对于建筑，如同其他人类活动和自然过程，有些轮回刚刚萌芽，有些则完成了使命，有些还介于二者之间，它们在同一社会中并存。在那里，有些传统可以回溯至人类社会的早期，但它们依旧鲜活，依然存在，或许还将一直与人类相伴，做面包如此，制砖亦如是。

一方面，有一些新近出现的传统，尚在萌芽，就已夭折。现代性并非一定生机勃勃，变化也绝非总是往好的方向发展。另一方面，有些情形亟待创新。我认为，创新必须是对环境变化的一种彻底的、深思熟虑的反应，而不是为创新而创新。没有人会要求一座机场的控制塔台用农民的语言来建造，而像核电站这样的工业结构则会要求设计者引入一种新的传统。

一旦建立和接受某种具体的传统，艺术工作者就有责任使其赓续绵延，以创新力和洞察力弘扬之。在其充分发展、达成轮回之前，不要止步不前。藉由传统，艺术家可以从很多决断中解脱，但相应的，又不得不做其他决策，以避免传统在手中消亡。事实上，一种传统越是发展，艺术家在其间迈进的每一步就越是艰辛。

农民的传统是其文化的唯一保障，他们无法辨析不熟悉的风格；如果偏离传统，他们必然陷入困境。在一个本质上很传统的社会中，譬如农民社会，故意打破传统是一种文化上的扼杀，建筑师必须尊重他所介入的文化。他在城市里的做法则是另一码事，在那里，公众与环境可以各行其道。

别以为这种传统会是他的绊脚石。当一个人的全部想象力，背倚一个生机盎然的传统，并借此而生发的艺术作品，要远比艺术工作者在没有传统或者故意放弃传统的情形下，所能取得的任何成就更伟大。

一个人的努力，倘若建立在一种业已成熟的传统之上，将会突飞猛进。这好比往已经过饱和的溶液中加入某种微小的晶体，整个溶液会骤然形成壮美的结晶。然而，与物理过程不同，艺术的结晶不会一劳永逸，而是必须持续地更替迭代。"大成若缺，其用不弊。大盈若冲，其用不穷。"（老子[①]）

建筑依然是最传统的艺术之一。建筑作品是要使用的，其形式在很大程度上由早先的案例决定，矗立在大庭广众之中，众目睽睽之下。建筑师应尊重前辈的作品和公众的感受，不要把自己的建筑作为自我表达的媒介。其实，没有任何一个建筑师能绕开前辈们的作品，无论他多么起劲地追求独创，到目前为止，大部分作品仍可归入这种或那种传统。那么，为什么他要漠视自己国家或地区的传统呢？为什么他要生拉硬拽地把外来传统加以拼凑呢？为什么他要对早先的建筑师轻慢无礼，歪曲和误用他们的理念呢？一种建筑元素，经过岁月的洗礼，尺寸、形状和功能美轮美奂，却被颠覆、缩放得面目全非，甚至丧失正常的功用，而这一切的发生，只是为了建筑师博取名利的一己私欲。

譬如，在五花八门的建筑传统做法里，人们经年累月才找到了合适妥帖的窗户尺寸。如今，建筑师若想把窗户扩至整片墙面，那就大错特错了，问题接踵而至——这片玻璃墙面所吸收的辐射是实体墙的10倍。假如现在要给窗户遮阴，他又得加一个控光板[②]，那其实就是个

---

① 老子《道德经》第四十五章。——译者注

② brise-soleil，法语词汇，本书《术语表》释义为"遮蔽不要的阳光"。这种被动式措施的作用是气候缓冲层（climate buffer zone），在平面上可称被动层（passive zone），并非字面解读的"遮挡、隔离阳光"等表层含义，其关键在于"控"，而非"遮"和"掩"，故译"控光板"。——译者注

放大了的百叶窗帘，这个房间受到的辐射依然比实体墙房间多300%。此外，当建筑师把百叶窗帘的格板条宽度从4厘米扩至40厘米，以避免打破玻璃墙面的尺度时，后果又会是什么呢？它不像活动护窗或百叶窗那样摄入柔和的漫射光，耀眼强光投下的黑色条纹，反而会让房间里的人眼花缭乱。

不仅如此，玻璃墙面的初衷是保护其景观，但由于这些粗壮线条的切割，视线被永久性地破坏了；也没有控光板可折叠的优点，活动护窗和百叶窗帘反倒是可折叠的。即便巴黎那么凉爽的气候里，玻璃墙面也被证明是一种难以驾驭的奢侈。1959年，炎炎夏日里，由于联合国教科文组织大楼玻璃幕墙的"温室效应"，不论空调怎样马力全开，温度却依然飙升，许多职员都晕倒了。通常认为，热带国家引入玻璃墙面和控光板是画蛇添足。然而，我们很难找到一栋不带上述特点的现代热带建筑。

如果在其文化传统中保持清醒，建筑师就不会认为自己的艺术才能会被扼杀。非但不会，他还可以通过对传统的贡献、对社会的进步来表达自我。

置身于一个明确的传统中做事情，比如在一个农民建造的村庄里，建筑师就无权因自己的异想天开去打破这个传统。在巴黎、伦敦或开罗这种国际大都市可以做的事，却足以毁掉一个村庄。

人的心思扑朔迷离，因而做出的决定也总是独一无二。人对周遭事物的反应也是个人化的，如果以其共性特征将人们抽象为一个整体，就泯灭了他们的个性。

广告商利用人类的共同弱点，制造商满足人们的共同欲望，教师训练人们的共同反应，他们以各自的方式泯灭人性，换言之，他们都高估了共性，而排挤了个性。在某种程度上，个人必须为集体做出牺牲；否则就没有社会，人就会郁郁寡欢。但是，人人都要扪心自问，在人的个性中，共性与个性因素应该怎样平衡。无情且从未被质疑的是，提倡同一性的人占据了上风，并且在现代生活中摧毁了个性化的传统。

大众传播、大众生产、大众教育是我们现代社会的标志，不论共产主义社会还是资本主义社会，在上述领域并无二致。

工厂里操作机器的工人，与机器制造的东西毫无瓜葛。机器制造的产品也是一样，没有人情味，没有回馈，对用户和机器保管员来说都是如此。

手工制品之所以动人，是因为它传递了工匠的心境。每一处的求新、求异、求变，都产生于制作时的一念之间。工匠厌倦了题材雷同而做出的构思调整，用完了某种色彩或丝线而发生的色调变化，都见证了人与材料之间持续、生动的互动。这些物件的使用者，也将通过其间的犹疑不定和幽默可爱，体察工匠的性情，也正因如此，这个物件成了他身边更有价值的那一部分。

## 第四节　挽救村落的个性

　　一旦某人想盖房子，他得做出此生最纠结、最漫长的一堆决策。从第一次的家庭构想研讨，到最后一位工匠的撤场竣工，业主和建筑工人共同劳作——也许不是用双手，而是通过那些建议、坚持、抗拒——保持着他们之间的协商，让他主导自家房子最终的形态。事实上，业主对自家房屋这种持续的兴趣会经久不衰。因为有一种迷信的说法，一旦房子彻底竣工，它的主人也将离开人世，所以谨慎的屋主会一直对结构小修小补，尽量推迟铺砌最后那致命的一砖。

　　房子里干活的人都是工匠，他们清楚自己的拿手活，也清楚自己的短板。他们和业主很可能来自同一片街坊，彼此熟稔，所以他想要什么，解释起来毫不费力；而建筑包工头很清楚业主能花多少钱，能从业主的钱里得到什么。随着工程的推进，业主会挑选各种部品部件：他会和木匠讨论格栅凸窗、门和橱柜；如果他拮据一点，会和泥瓦匠讨论侧板和门套的装饰线；如果他宽裕一点，会和大理石的切割匠讨论侧板、喷泉、墙裙和地板的拼花，他会和粉刷匠讨论彩色玻璃窗。他会成为这些东西真正的行家里手，要想糊弄他绝无可能，他会慢慢明了自己要什么，争取什么。

　　每个工匠都会在实践中向业主展现什么是有可能的，而业主会置身三维空间，在设计的微妙变化中做出选择，而这些变化永远无法在建筑师的图纸中体现出来。[①]

---

① 有一次，国家工程部负责建造和维护清真寺的一位首席建筑师，不得不准备一些二维平面图纸，其中包括按照阿拉伯传统模式建造一个带钟乳柱的柱头。事实证明，要画出错综复杂带石制垂饰的柱头立面图是很有难度的。这个问题建筑师苦思冥想了好些天，心情郁闷，恰巧一个泥瓦匠来到办公室，仔细端详图纸。他打听建筑师在做什么，知道了事情的来龙去脉，开口说道："这很简单。我拿石膏给你做一个这样的柱头，明天早晨送来。"泥瓦匠说到做到，模型相当完美，建筑师居然可以从模型入手画出他的平面图，随后又郑重其事地把这批平面图交到这位泥瓦匠本人手里去做柱头。事实上，许多伟大建筑之所以美的那些特征，正如伟大的雕塑作品一样，是不能用平面上的几何投影来表现的。——原著注释

在建造探险的过程中，唯一缺失的就是建筑师。业主和干活的人直接打交道，实效如何，眼见为实。至于工匠，也可以征得业主的同意，在传统范畴里自由地变换设计。如果建筑师横亘在业主和工匠之间，他会画出一堆谁也看不懂的图纸，摆脱不了图板的束缚，对那些决定房屋云泥之别的细节，更一无所知了。

有一次，我和大工匠穆罕默德·伊斯梅尔聊天，他是一个用镶嵌在石膏上的彩色玻璃制作窗户的工匠。那是城里房子上司空见惯的一种装饰，但当我问伊斯梅尔，除了你自己还有多少人掌握这门手艺时，他只想起来一个人——大工匠劳特费。

我问伊斯梅尔，有没有把他的手艺传授给自己孩子。

他说："我大儿子是机械技工，小儿子送去上学了。"

"那么，你们这一代人之后，没人继承这个传统了？"

"你让我怎么办？你知道吗，我们经常没饭吃！如今，没有人需要我的这门手艺了。新式建筑里没有地方需要彩色玻璃窗。想想看，曾经有一阵子，连挑水工都要来找我装饰一下自己家的房子。可如今，还有多少建筑师知道我们的存在？"

"假如我给你带10个孩子来，"我说，"你可不可以教他们手艺？"

伊斯梅尔摇了摇头。

"我不是在学校里学的。如果你想振兴这个行当，就得给我们活儿干。如果我们有活干，你会看到，这里就不是10个男生，而是有20个男学徒。"

（后来，我给他派了一单活，他的活计深得其他建筑师的青睐，所以他家的大儿子，那位机械技工，重操旧业，如今手艺青出于蓝，超过了自己的父亲。）

现代技术进步为我们的建造提供了新材料与新方法，这也使得专业建筑师的介入成为必要，他是学过这些材料科学使用方法的专家。建筑师以其专业知识剥夺了业主造房的全部乐趣，他的业主跟不上快速发展的技术。如今，在建造过程中，业主不再和工匠们不紧不慢、惺惺相惜地讨论，而是有幸在建筑师办公室里，在图纸上对着那些图表进行选择。他不懂建筑制图的术语，也不懂建筑师的行话，所以建筑师鄙视他，吓唬他，[①]或添加一些华而不实的树木和汽车欺骗他，让他对建筑师的要求照单全收。

建筑师认为自己的技术知识——分析压力和弯矩的能力，使他的地位凌驾于客户之上；客户被镇住了，言听计从。然而，颇为讽刺的是，极少有建筑师能以艺术的方式驾驭这种新形式，简陋的工程取代了建筑，城镇和乡村越来越丑。

如此一来，有钱雇得起建筑师的富人就被剥夺了原本可以自己来做决定的很多权利。你可能会认为，穷人比较幸运。当他无人问津的时候或许没错，但当政府决定为他盖房子时，他的处境比任何一个饱受建筑师欺凌的富人还要糟糕。对于政府的建筑师而言，即便他们不

---

① 当你建住宅的时候，什么是最为关注的重要事项？德劳韦（de Lauwe）问勒·柯布西耶。勒·柯布西耶回答：首先，是关于什么的？私属客户，还是普罗大众？私属客户通常古怪、已婚，在一生中经历过狂热。我对此不太感兴趣。
[《家庭和住房》（*Famille et Habitation*），保罗·乔姆巴特·德劳韦（Paul Chombart de Lauwe），《国家科学研究中心》（*Centre National de la Recherche scientifique*），p197]

如今，为了感谢普通公民对其城市文化的参与，我们可以把柯布西耶对他客户的感受，与过去的赞助者和工匠之间的那种关系作对比。让我们记住，一个"赞助者"可以像穆罕默德·伊斯梅尔说的挑水工一样卑微。这种从赞助者到客户地位的退化，责任全在建筑师身上，他自己已经从艺术家退化为专业人士。——原著注释

会因穷人太过无知而不屑一顾，也会借口没时间而不和每家每户打交道。"我们要盖100万套房子，没有多少经费，也没有多少时间。请面对现实。怎么可能派建筑师去和上百万个家庭交涉呢？这纯属白日梦。提供住房是一项艰难的政治任务，我们做得很好——我们依据家庭的规模、构成、收入和预料的变化，把家庭情况做成表格。通过统计分析，我们找出5种类型的家庭，为每一种家庭都设计理想的房子。目前要造20万套这样的房子。还想让我们怎么样？"因此，政府建筑师端出无可辩驳的论点，造出无数千篇一律的房子。他们荒谬透顶也极不人道，100万个家庭被一股脑儿塞进这些不适宜的房子里，却对设计不容置喙。不管用多少科学的方法来给这些家庭分级分类，把他们和住所一一对应落位，大多数人还是会不满。

这些建筑师把统计平均值用在了住房设计上，却忽视了业余统计爱好者都会小心的事情。统计学家亲口告诉我们，尽管人群的整体特征是稳定的，个体却千差万别。

在人寿保险公司，统计平均值对估计保单持有人的平均寿命方面可能很有价值，但纵然是保险公司，更不用说统计学家，也无法告诉我们具体某个人会在什么时候离世。对政府部门来说，由于缺乏建筑师，所以就根据统计平均值为不同家庭做批量的设计套图；这就像一家保险公司，由于缺少会计人员来假定每个投保人的寿命，就派出他的爪牙拿上枪把客户都干掉，使账目井然有序。

假如要求建筑师在一个月内，为100个私人客户设计100套不同的房子，他会愤懑。不但如此，他还会累倒；也许设计了20个之后，他就会崩溃。可是，为穷人设计100万套住宅时，他非但没有崩溃，甚至还打算在下个月再设计100万套。他只设计了一套房子，然后在后面加了6个零而已。

这么做时，他是在做乘法；但严格地说，这是不能做乘法的。盖房子时，各种各样的工作都要算在施工过程里。这些劳动过程可以分以下几种：①创造性劳动（设计）；②技术劳动（工程计算）；③行政、组织劳动（会计、招工等）；④熟练工（泥瓦匠、木匠、水管工等）；⑤半熟练工（混凝土层等）；⑥非熟练工。每一工种都占劳动总量的一定比例，彼此之间的比例应该相当恒定。如果缺失任何一个工种，房子终将受到某种连累，进而削弱建筑在国家文化发展中的作用。

如果缺少非熟练工，房子明摆着就盖不成！这就是为什么非熟练工不能省。然而，其他一些工种上则能省尽省。少了熟练工人，工程质量会大打折扣。少了管理人员，建筑工程会陷入泥潭。因此通常情况下，为穷人盖房子时，只要当局想要节省开支，他们就会拿创造性和技术性劳动开刀。工程上的工作做成一次就可以重复千百次；创造性的工作却不能这样。想不通，在为单个家庭提供良好专业服务上，为什么当局这么小气，为什么建筑师还得遵从他们的指令。说实话，错不在于当局，而在于技术人员。医学上，没人希望医生给穷人治疗时，去批量化地动手术。像阑尾炎这样的急性疾病，都会得到精心的个人治疗，那么，为何像家庭住房这样永久性的必需品，反而得不到太多尊重呢？如果用机器切掉成千上万的阑尾，病人就会没命。如果把一户户人家塞进一排排相同的房子里，这些人家的某些特质就会凋零，如果他们是穷人则更甚。人们会像他们的房子一样变得呆头呆脑、萎靡不振，想象力也随之枯竭。

政府的建筑师，或政府本身，或许还会问，难道哈桑·法赛先生要让这100万家庭住在如画的不适中吗？[①]这么问也有一丝道理，他们似乎除了批量套图之外无计可施。当然，这是一个反问句，政府还会挂着微笑反唇相讥，怎么才能用政府这一点儿小钱为100万家庭安置住房？连建筑师都不纯粹是为了爱而工作的，更何况各工种的建设者都惦记着每周领钱。材料贵，机器也贵。他们说，我们要把项目落地，整个过程要流水作业，以工业化、大规模生产方式削减成本。除了使房屋标准化，我们还能怎样为数百万人提供住房呢？

但这些批量生产的鼓吹者和预制构件厂商俨然都没有意识到，埃及农民有多穷。地球上没有一家工厂能生产这些村民买得起的房子。埃及农民年均收入4埃及镑。对上埃及和下埃及14个典型村庄的一项调查显示，27%的房间没有屋顶。眼下常见的屋顶形式是一排芦苇秆搭在一两根单薄木方上。农民太穷了，往往连芦苇秆也买不起（每一峰骆驼驮来的芦苇要10皮阿斯特），可预制厂想让他们买钢筋混凝土！人们穷到连现成的烤面包都买不起，不得不自己动手做面包，省下来那点儿面包师的利润，难道还能奢求工厂化建造的房子？和生活在这般贫困中的人谈论预制房屋简直愚不可及，这是对他们状况的残酷嘲弄。

即便做到了标准化，我们也难以貌似廉价、体面地安置他们，除非我们不要标准化（destandardize），但据说这会很贵。遗憾的是，政府当局将民众看作一个"数百万"。一旦把民众视为毫无生

---

[①] 原文picturesque discomfort，好看却难受的环境。18世纪晚期，"如画"多用于图形的或画面的感觉上，成为富于美学内涵的一个术语，被定义为一种新的美学发现，这种新美学在文化生活中将各门艺术熔为一炉，贯穿诗歌、绘画、园林、建筑等。——译者注

气、不会反抗、千篇一律的，可以像沙砾一样塞进各个盒子里的"数百万"，总是逆来顺受、待人垂怜，那你将错失这个唾手可得的、最大的省钱机会。

因为，每个人会有他自己的想法，会有一双依其想法行事的手。人是活跃的生物，是行动和创新的源泉，你不必为他造房子，就像你不必为天上的鸟儿筑巢一样。只要给他一半的机会，一个人就能在没有建筑师、承建商或规划师帮助下，解决自己的住房问题——比任何政府机构都要好太多。一个建筑师在办公室长夜枯坐，企图找出多少种不同尺寸的房子能够完美应对大规模居住的需求；不同的是，每户人家都会根据自身的需求造房子，肯定会把它做成一件生动的艺术品。在这一点上，在每个人对房子的渴望中，在他渴望自己造一所房子的过程中，藏有许多政府灾难般的大规模住房计划的替代方案。

那么建筑师呢？如果他不花时间走访咨询个人，如果他的付出和报酬倒挂，那么这份工作就不适合他。让他去向那些愿意出钱的人兜售他的专业吧，而让穷人去设计他们自己的房子。而另一个方案，设计一座房子，乘以1000，就像公路工程师先设计出一段路，然后依此类推，蜿蜒无数英里。这是在背叛他的职业，是在浪费造房子的钱，是在牺牲艺术的本质，也是在放弃自己的诚信和正直。

在由各个家庭发起的住房改善中，政府仍然扮演举足轻重的角色。政府要为推进这种改善创造条件；眼下分明不具备这些条件，否则就不会有问题。政府要为个人建房扫清各种障碍，为毫无经验的人提供大量的指导（一个村庄或城镇的总体规划是当局适当的切入点，并且在恰当时机提供服务，培训建造手艺，供应材料），有必要将当局的这些专业培训在全埃及建筑师中推广，以应对乡村建房的危机。

所有这些，都会在任何一级政府的财力范围之内。如果政府能改变对住房的态度，就会记住，房子是一个家庭身份看得到的象征，是一个人能永久拥有的最重要物质财富，是他存在的不朽见证，没有房子是公民不满的最主要原因之一，拥有房子则是社会稳定最有效的保障之一。政府会认识到，只有造他自己的住房时，一个人才会牵肠挂肚，花最多的心思、时间和精力。我们将认识到，政府能为黎民百姓提供的最大服务之一，就是给每户人家自己建造独立住房的机会，在每个阶段都可以自主建造，落成的房屋才会是农户家庭最真实的个性表达。

但凡有人怀疑自建住房的可行性，他应该去努比亚。在那里，他将看到有力的证据，证明没念过什么书的农民，只要具备必要的技能，就能做得比任何政府的住房计划好太多。事实上，在许多贫民窟，同样具有想象力、创造力和热情的案例比比皆是，那里无家可归的人用包装箱、汽油罐和其他类似的废弃物，造起赏心悦目的房子。当然，这些地区没有下水道，没有带铺装的街道，房屋渗漏、嘈杂、拥挤，且容易着火。但这些房子看起来确实漂亮，因为人们不可抑制的艺术才华让每一座房子都与众不同，抓住了唯一可能的装饰——鲜艳如花的彩色涂料，也正是因为这些材料，给那片场地带来了整体的和谐。在约旦，巴勒斯坦难民为自己建造的城市是这样；在雅典，难民建造的许多场地也是如此，如今这些地方都已成了城市里面唯一漂亮体面的居住区。秘鲁的一件往事，对各地规划者都是一个教训。

1959年，栖身在利马贫民窟的10万人，决定在城外空地上为自己打造一个全新的郊区。他们心里有数，当局是不会同情他们的，于是就像军事演习那样，秘密策划了整个行动；他们分成4组，各组有各自的负责人，各组在新郊区都有一片分区场地；他们草拟了规划，在郊区布置道路、广场、学校和教堂；并于12月25日晚，带上物资进发。晚上10点到子夜时分，他们来到目的地，搭起了1000座临时房子，按拟定的规划选址，每个片区都有一座教堂。子夜时分，当局意识到局势不妙，立即出动警察阻止这种非法占用。即便这样，在距离利马10英里的Ciudid de Dois，仍然有5000人（原计划是10万人）滞留于此。道义上毋庸置疑——如果一夜之间5000人能住进自己规划的郊区住宅，更何况还要在官方的反对中虎口夺食，设想一下，一旦有了官方的鼓励，他们还有什么办不到呢？

从这个故事中可以看出人们对住房有多渴望，人们在劳作、建设和互助上的意愿多么强烈！

但是，这里不妨给个忠告。不要以为所有的农民，只要有了材料、有了方法，就一定能造出好房子来。大多数穷人羡慕富人，想要模仿富人拥有的东西。于是，当一个农民赚到钱去盖房子时，他常常会模仿当地富人的房子——不管从哪方面看都更廉价、更糟糕，而这些房子又是仿自欧洲的别墅。

因此，一个可以放纵其品味的农夫，最终只会得到拙劣的复制品。即便最偏远地区的自建房，看上去都像那种勒·柯布西耶会一口回绝、错乱蠢笨的欧洲客户所要建的房屋，因为埃及人决不是唯一将现代与高级划等号的人。但是，埃及人确实具有创造精美设计的潜在能力。几年前，哈比卜·高吉①先生和拉美西斯·维萨·瓦瑟夫②先生教一群乡村孩子编织挂毯，然后让他们自由发挥。他们的作品很美，可与最迷人的科普特挂毯（Coptic tapestry）相媲美。它们在欧洲展出时，见过它的艺术家和评论家交口称赞。

---

① Habib Gorgui（1892—1965年），20世纪之交埃及现代艺术先驱之一。——译者注

② Ramse Wissa Wassef（1911—1974年），埃及科普特裔建筑师，开罗美术学院艺术和建筑学教授。——译者注

# 第五节　村落传统手工艺的恢复

卢克索和附近的村庄，曾有一种很有意思的木工手艺。由于木材短缺又质地不佳，木匠通常会以细木镶板的方式做门，借此形成漂亮又独特的纹理。如今还有好些这样的门，特别是在那迦达村，但它们的主人正忙着拆掉它们，取而代之的是人们熟悉的带有四扇门板的欧式门，人们不无崇敬地称之为"美式门"。

当我们来谷尔纳给房子装门时，我的木匠易卜拉欣·阿格兰轻蔑地拒绝制作这些传统的萨布拉斯细木拼接门。当我向其施压时，他自称是正规木匠，在城里受训，吃不准会不会在村子里干砸。无巧不成书，我们村里也有个木匠，正打算为磨坊做横梁，所以我问他——这个手里只有铲刀的人，能不能做木门。他说："当然。"于是，当着易卜拉欣·阿格兰的面，我上前拥抱他，称其为一个真正的艺术家，一个与我投缘的人，一个地道的埃及人，我冲他微笑，勾肩搭背。同时，我对着易卜拉欣·阿格兰，怒冲冲地皱了皱眉，说他没有感情、不懂艺术、只会模仿，是假埃及人，是美国佬，没有手艺，是配不上他手中工具的笨拙樵夫，一直数落到他快恼羞成怒了，于是话锋一转："好吧，若要证明你的确比这个村里的木匠好，有9扇商店门等着你。做吧，让每扇都不一样。走吧，在向我证明你做的萨布拉斯细木拼接门比他更好以前，别回来。"他居然做到了。一旦被迫回到当地土生土长的传统，他热血澎湃，没过多久，就做出最精致巧妙和美丽大方的图案，其中最好的一扇是清真寺大门。

◎ 清真寺的萨布拉斯细木拼接门

◎ 小学的萨布拉斯细木拼接门

◎ 工艺学校的室内萨布拉斯细木拼接门

◎ 展览馆的萨布拉斯细木拼接门

◎ 剧场的萨布拉斯细木拼接门

◎ 展览馆的另一扇萨布拉斯细木拼接门

对于泥瓦匠，我也用了同样的手腕，让他们在集市建筑的窗户上做出各种不同的泥制花格图案。结果要比套用一模一样图案得到的外立面有趣得多。

因此，我们看到，传统手艺可以迅速恢复——更重要的是要给予工匠尊严与威望，而不是再去教他们一次。艺术工作者——就是我们案例中的建筑师，要树立他的权威来对抗美国式的魅惑，他要深挖隐藏的、凋零的手工艺，使其重见天日，复活它们，恢复工匠失去的信心，并承接新的实践机会让手工艺薪火绵延。

不幸的是，建筑师在这方面几乎无所作为。大多数建筑师，包括那些把传统魅力挂在嘴边的人，都说这样的工艺过时了，在现代条件下无法生存——哪怕他们目睹它幸存了下来。对于手工艺，人们要么轻飘飘地来一句"啊，是的，但我们当然不能再走回头路了"，似乎不言而喻；要么说在一个完全连锁的经济中生产模式行不通了，等等，哗众取宠。他们想躲开尴尬的质询，并掩盖一个真相：大多数建筑师只知道工业材料，假使让他们与工匠使用同样的材料，他们还不如当地工匠。

这种官老爷的作风，还体现在官员和专家信誓旦旦地向你保证：农民不喜欢农民的手艺，他们都想要混凝土房子。首先，这是逃避责任，因为埃及农民，不管怎样，如果他们想要混凝土，得再等上500年；其次，专家给出的是无法抉择的选择。在尼日利亚，我见识过一种公共关系的陈列示意——两块展板，一块是从不讨人喜欢的角度拍摄的最糟糕的非洲棚屋，另一块是混凝土和铝板制成的清爽素净的欧式建筑，还附上一句设问："哪一个？"当地官员坦言，这是不接地气的选择题：尼日利亚只有泥土和稻草。

◎ 集市的泥饰花格艺术

除了不诚实地暗示昂贵方法是可行之道以外，把堕落的嗜好强加给农民也不光彩。和所有人一样，农民畏惧权势，当有人告知他们该怎么想时，他们会去屈从逢迎。哪怕农民真的倾心于那种难看的房子，作为建筑师，我们也有责任引导他们欣赏美，而不能让渡我们的专业性和认可度去迎合他们的品位。

但事实是，当农民瞧见了好房子会真心喜欢，稍加鼓励就能对差房子做出敏锐的批评。我们一开始在法里斯（Fares）造学校时，村民反对泥砖，说他们想要一所混凝土学校——尽管村里连一栋混凝土房子都没有，甚至许多人或许就没见过混凝土。但学校竣工后，有一天市长来拜访我，喜气洋洋，容光焕发，说起一件事：一年一度纪念一位圣人诞辰并去扫墓的朝圣者，今年都去参观了这所学校，每个人都为它感到骄傲。

还有一次，我带着我的两个泥瓦匠博加迪·艾哈迈德·阿里（Boghdadi Ahmed Ali）和奥拉比（Oraby）在开罗吃午饭，想找个能让他们感到放松的地方，于是去了一家叫哈提（Hati）的餐厅，里面装修相当华丽，有镀金的镜子、枝形吊灯等。起初，他们对那个庸俗浮华的场所局促不安，伺机逃走，但我一把把他们拽回来，告诉他们，不要孩子气，你们和餐厅里其他人是平起平坐的。他们嘟哝着，这对他们来说太铺张了。我对他们佯装发怒："铺张！你们竟敢把这种掉价的拼凑仿制称作铺张，你们闭着眼睛也能做出比这更好的东西来！"这下，他们只好硬着头皮走进去，过了一会儿，开始交头接耳，对这个地方提出了一些中肯而有见地的批评，其中一些就连建筑师也不见得提得出来。

◎ 位于法里斯的学校

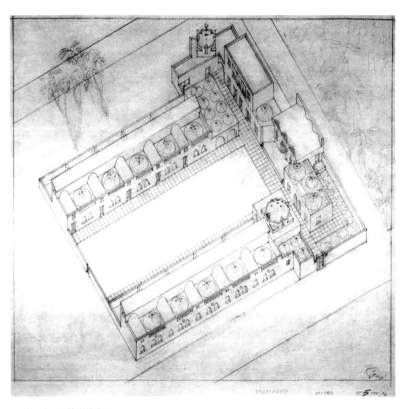

◎ 位于法里斯的学校鸟瞰图

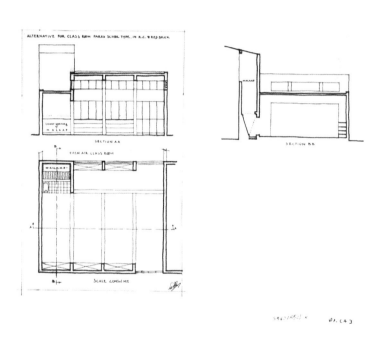

◎ 位于法里斯的学校教室设计

# 第六节　泥砖使用的经济必要性

幸运的是，在大规模建造农村住房的过程中，我们被迫用泥砖。贫困迫使我们使用泥砖，采用拱顶和穹顶做屋面，而泥土的天然弱点束缚了拱顶和穹顶的大小高低。我们所有的房子都得由相同的元素组成，只是在形状和大小上略有不同，以不同的方式排列组合而已，但都符合人的尺度，整体上可以视为一种彼此的和谐。每种情形都自带其解决方案，一个还不错的方案，这或许是偶然，抑或是必然。

无论农民想做什么，无论阔佬的别墅要模仿什么，都逃脱不了材料强加给他的严格约束。当他生活在一个真正美丽且有尊严的村庄时，他是否还会渴望进口的现代化，我们拭目以待。也许，他还会无来由地羡慕富人的任何东西——财富、文化和地位，但他不再会羡慕富人的房子了。

一般来说，农民一辈子只有一次大的机会来挑选自己想要的房子和家当。只有结婚时，他才能对身边环境做些重大改变，因为只此一次，才会凑足钱来实施这番重大决策。按照习俗，新郎要给新娘一笔钱，"mahr"，这是一种彩礼，而新娘要准备家具、锅碗瓢盆和亚麻布之类的的东西。这些物品都集中放在女方娘家，然后以隆重的仪式抬到这对新人的新家。迎亲队伍摆出这些东西，绕村子走一圈，向所有人展示这对新婚夫妇不错的生活条件，能作为一个独立的家庭在左邻右舍中占有一席之地。这些生活用品将伴其一生，他们购置用品的优劣美丑，往后多年将常伴这小两口和他们孩子的左右。

当一户人家为自己造房子时，又迈出了关键的一步。的确，这不仅决定了其一生的，而且将决定其子孙后代的环境。

如果一个人一辈子只有一次机会，或几代人才有一次机会，对其环境进行重大的改变，那么整个村庄会有多少次这样的机会呢？在一个广袤的范围内，机会完全相同，选择美和丑的自由完全相同，而且一旦做出决定，就将影响未来一个世纪或更长时间里成千上万人的视觉环境。此时此刻，决策的重要性不言而喻。此时此刻，任何谨慎、技巧、情感都不多余。

谷尔纳村1000户人家要迈出这一步，迎接自己的新房子。每户人家都应该有机会让自家的房子尽善尽美，都应该在房子的设计上有发言权。因为每户人家都与众不同，每栋房子都应单独设计。

假使每户人家都精心调整自己的房子，以适应他们的需求和乡村生活方式，那么要很长时间才能完成设计。这一点，深得吾心，正中下怀。我一点儿也不喜欢在项目初始就武断地把村庄设计成一个整体，接下来，在约定的3年时间里完工，只是简单地督工监造。这种方法，过于刻板，很不人道，也很无聊。

谷尔纳要安置900户人家，也就是说每月要建30所房子。30所房子，充其量也就是3个农户邻里，一个月内完成3个这种街坊的设计并不难。而且，当我们真的实施时才发现，工程图纸也没平时那么要紧。泥瓦匠都是能工巧匠，多年下来，他们熟悉工程的每个细部，再说了，这是他们自己的看家本事。各个房间的比例，他们了然于胸，只要给出穹顶或穹顶的高度，就马上能说出从哪里开始起跳。实际上，在我画图的时候，他们甚至会注视我，告诉我不要为这些尺寸纠结。泥瓦匠和我，恢复了工匠和设计师之间的创作关系，并把打散的"三位一体"中的两位成员捏在了一起。第三个成员即业主，没有在谷尔纳发挥全部的作用，可这不是我们的错。我确信，在今后的项目中，这三个成员将像昔日一样合作，和谐而富有成效。

## 第七节　重建业主、建筑师和工匠的"三位一体"

官方建设项目有固定的流程，设计部门准备好所有的施工图，把它交给承建商，在建筑师的督造下，承建商在现场严格按图执行。可在谷尔纳，我们自己就是设计师、监督者和承建商，泥瓦匠和建筑师一样，通晓施工的全过程。于是，我所要做的就是绘制各家住房的底层平面图，给出高度，勾出一组农户邻里的组团轮廓。

用传统的建造方法并把工匠带回团队里，这样做的最大好处之一是建筑师得以抽身解脱，不必接手工匠的某些工作。这样的建造方式中，设计以房间为基本单元，人们可以放手让泥瓦匠做出标准品质和各种尺寸的产品，几乎就像从工厂预制的那样。这种经济性是使用混凝土或其他非本土材料与技术永远达不到的。

理想情况下，如果建造这个村庄要花三年，那么设计应该持续两年零十一个月。直到最后一刻，我都得不断学习、调整和改进我的设计，使其更贴合入住家庭的需求。虽然有良好的初衷，但我发现，在谷尔纳，很难调动农民对自家新房的积极性。其实，这份冷漠主要源自他们不想授人口实，日后让自己落下接受动迁计划的话柄，但也部分源自他们无法用言语表达自己的想法。一位谢赫告诉我，只要他的牲畜能得到妥善安置，就别无他求，当时，这是一种很普遍的情绪。

我只说了几句就改变了他们的想法，如果他们只关注牲口，而把房子当作牲口棚的附属品，那他们在城里受过教育的儿子就会羞于回乡探亲。他们点点头，认为在房子上花点儿心思也是值得的，随即话锋一转，他们会把房子交给我，至于设计成什么样他们就不管了。这种甩手掌柜让问题更加棘手。我怎么可能对谷尔纳每户农民家庭生活的细节了如指掌，并了解他想要什么样的房子呢？

男人对自己房子的漠不关心，还可能源于一个事实，即房子是女人的地盘，而不是男人的。假如我能和女人们商量一下，可能会帮上大忙，但很不幸，这是不可能的，因为她们被小心地护在了身后。后来，我熟识的一些女士来到谷尔纳后，我们才设法打听到村里女人的一些想法。

由于谷尔纳村民不懂规划，我料到让他们建设性地参与房屋规划是一件难事，于是早早地造好了大约20栋房子，向他们展示我们所倡导的那种建筑。我也想考察入住其中的家庭，就这样，通过实践中的观察来"咨询"他们的需要。

这看起来像自寻烦恼，读者兴许还会纳闷，谷尔纳村民是否曾以业主的角色做过贡献。不过，我相信业主对设计的贡献，不论他多么无知乃至存疑，都是不可或缺的。我们不但有责任让这些穷困潦倒的农民恢复到手艺人的赞助者身份——不论他本人是否放弃了这一权利，不论他们是否对项目理念心存不满，这是我们欠下的情，作为建筑师，我们的设计离不开业主的一臂之力。当然，谷尔纳村民对我们的态度不太好，只因把我们看成是政府的代理人，擅自闯入他们的生活。如果一个谷尔纳村民自筹资金自建住房，那么在造房子的过程中，态度就会截然不同，他的投入程度，会远比我们拉上他要积极得多。忙碌的身影穿梭在工地上，正是我想鼓励我们的业主——谷尔纳村民，在建造过程的每一阶段都积极介入进来的态度。

业主献计献策对于建造过程中的和谐运作绝对举足轻重。业主、建筑师和工匠各得其所、各司其职，如果其中一方放任自流，就会连累设计，就会削弱建筑在全民文化成长和发展中的作用。

谷尔纳村民几乎从不和我们讨论这些房子。他们甚至不能用语言表达对住房的物质需求，也谈论不了房子的风格或美感。农民从不谈论艺术，他们创造艺术。

谷尔纳的农民艺术并不出众，大体上介于努比亚农民房的高阶版与尼罗河三角洲的彻底堕落版之间。如果你从阿斯旺坐火车去海边，你会看到民间艺术水平的稳步下降；图示表达的话，大致会是沿着尼罗河纵剖面的一条曲线。而谷尔纳位于努比亚和下埃及之间尼罗河的中段。

# 第八节　老谷尔纳的乡土建筑

因此，尽管谷尔纳没有努比亚那样色彩斑斓、气势恢宏的建筑，或许也没有努比亚那样傲人的纯正手艺，但偶尔也有些房子呈现某种形式的纯净，至少没有那种沿着尼罗河一路向北的村落生活中，越往北越衰落的艺术颓相。

任何地方的人都会有艺术创造性。无论环境怎么压抑，这种创造性终归会在某个地方表现出来。在谷尔纳，房子没有太多的创造性，因为它们容易被带偏，周遭环境也不怎么样；可在各式各样小小的居家装饰性构件上，村民的创造性尽情发挥，打造出最为自我、美观、自由的形态。老谷尔纳村有些大蘑菇般的床，叫"阿拉伯摇篮"[①]，孩子安睡其间，蝎子咬不到。老村里有壮观的、纪念性的鸽子塔，带着自身独到的体面。每户农民家里，有一张简单、宽敞、漂亮的床，它和奥德修斯的床一样重要，摆在中央。甚至有一两栋房子像阿拉伯摇篮那样，从头到脚带着流动和柔软的线条。蹊巧的是，这些都是全村最穷人家的房子。因为穷，它们的主人只能精打细算。他们负担不起阔绰邻居家乏味的精巧，也雇不起要付工钱的工匠来帮忙，不得不自己谋划房舍的每一个部分。因此，房间平面和墙面的线条绝不会是方正、规整、乏味的，而是精巧可感的，恰似一壶陶罐。他们的陋室之中，倘若可以忽视其间的凌乱与污渍，那么屋子里的线条将给建筑学好好地上那么一课。看看谷尔纳的莫拉自然村[②]小房子照片；这里，没

---

① beit el agrab，字面意思阿拉伯式房子。beit，阿拉伯语拼写بيت，字面"a house"。——译者注

② Gornet Moraï，老谷尔纳片区的村落之一。这是一个法语拼写方式。埃及官方语言是阿拉伯语，由于历史原因，也广泛使用英语、法语。——译者注

◎ 阿拉伯摇篮（免遭蝎子攻击的定制泥床）

◎ 奥德修斯的床

◎ 老谷尔纳莫拉自然村的住宅

◎ 老谷尔纳的鸽子塔

有建筑学虚荣的显摆，没有社会地位上劳神的"攀比"，只有材料适应农户生活的直截了当；每一个细部都恰到好处，每一处形状和尺寸都恰如其分，毫不刻意。结局却着实动人。这种房子像专业人士打造的物件那样，散发着一种自得其乐的安宁。

这种特别的可塑性和随意性，无法在画板上再现。就像用黏土捏制物件，是在建造过程中拿捏成型的，不需要图纸。这类房子应由住户自建，每一处随性和每一条曲线都是他个性的反映。正因房子带着个人印记，它才仅见于某个村庄，在那里，建造是一个朴实而悠闲的过程。而我们这样的项目，一旦启动，建造过程就完全跳到另一个频道，变得有组织、有进度，变得惯常意义上的更"专业"。随着村民财富增加，从"捏泥巴房子"到"工程师房子"的转变，是建造过程的自然演进。如果这种演进是自然而然发生的，那新建筑也将变成某种传统。但我在谷尔纳的任务，真的不是创建谷尔纳人应有的传统，因为，纵然能进入一个人的皮囊，遵循其艺术感受，代行其责，这种自以为是也还会破坏其艺术的主动性和完整性，有负初衷。

然而，我不能断然无视谷尔纳人所做的一切，抹去他们自己创造的每一丝痕迹，在场地上直接落下我自己的设计，却把为难之处抹得一干二净。我必须和这种传统建造方式相结合，必须尽可能多地体现谷尔纳人的精神，必须拿出新的设计。

结合某些建造方式并不难，而且它们从一开始就为设计定下了一种基调，让我们获益匪浅。譬如老谷尔纳的鸽子塔，彻头彻尾是原生和自发的农民样式，不是天外来客，全凭村民趣味而定，是他们对鸽子饲养问题的创造性应答。这种构筑物和新村环境毫无违和感。新谷

◎ 新谷尔纳的鸽子塔

尔纳村建起了一座老样式的鸽子塔，依然出自农村泥瓦匠之手，古今适用。

后来，在老谷尔纳村，我们又发现了一处很有意思的马齐拉。马齐拉是放齐尔水罐的地方，用拱顶为水罐遮阳，布置简陋，却很讨巧。新谷尔纳村里，支撑楼梯的拱顶下也有一处类似的合适地方，很阴凉，还能装上花格——一种泥砖格栅，导热通风。

在清真寺，我们也尽量保留了一些重要的谷尔纳传统。有一座古老的谷尔纳清真寺，做了一条外部直梯，拾级而上通往宣礼塔，这种形式可以追溯到伊斯兰教的最早期，在努比亚和上埃及还找得到。虽然新村庄的清真寺要大得多，鉴于如今它将为聚集于一个村子里的全体人口服务，如何让老样式适应新尺度颇值得一试，包括这种外部楼梯。

重要的是要明白，寻找当地形式并把它纳入新谷尔纳村的做法，并非出于感伤之情而保留老村的记忆。我的目标始终是恢复谷尔纳人富有活力的、富有当地灵感的建筑传统，与有见地的客户、技艺娴熟的工匠积极合作。

◎ 老谷尔纳的马齐拉（存放水罐的壁龛）

◎ 新谷尔纳的马齐拉

◎ 老谷尔纳的清真寺

◎ 新谷尔纳的清真寺

© 新谷尔纳的清真寺立面设计图

# 第九节　打破稳定

我想不惜一切代价避免职业建筑师和规划师介入乡村社区时的常见态度，即乡村社区没什么值得专业人士考虑的地方，所有问题都可引进城市的先进建造方法来解决。如果有可能，我很想弥合民间建筑与建筑师建筑之间的鸿沟。我想以形态特征的塑造，架起二者之间可靠、可见的关联，并互为镜鉴，村民从中找到熟悉的参照点，拓展他们对新事物的理解；建筑师借此检视自己作品，是否忠于这方水土这方人。

在农民自身文化信心的恢复上，建筑师的地位很独特。作为权威的评判者，建筑师若是致敬一些本土形式，甚至亲自使用，农民会立马对自己的产品挺起腰杆、自觉得意。从前不招人待见，甚至正眼都不瞧的那些玩意，转眼间就身价倍增，堂堂正正上了台面。受此激励，乡村工匠会重拾并弘扬本地的传统样式，只因亲眼见证它们得到了建筑师的礼遇；而普通村民，作为客户，会回到理解乃至欣赏的立场，重新打量工匠的作品。

然而，为了对新村庄的建筑类型做出积极的决定，有必要进一步调查研究。

除了谷尔纳的人工环境，还要和新村庄以及自然环境协调，包括景观、植物和动物等。不论视觉上还是实际使用上，一座传统建筑要经历数个世纪才会和自然环境浑然一体。新村庄要从一开始就与这种环境天衣无缝，它的建筑要和数个世纪的传统一脉相承。我尽力让我的设计看上去就像生长在这片土地上的树木。它们应该像田野里的枣椰树和圆顶棕榈树那样自在。生活其间，村民就像穿着自己的衣服那样自在。但对于个人来说，这是一项极端艰巨的任务；我能把自己代入数代泥瓦匠的全部经历，或在脑海中构想出气候、环境变化的所有沧海桑田吗？

不过，我们可以向先辈寻求帮助来获得这些知识。古埃及人已渗入这片土地的灵魂，数千年间，以诚恳的态度表达这片土地的特性。他们的绘画中，那些墓室壁画上的质朴线条——更多描绘了自然本质，而非现代欧洲绘画中极力倡导的精致色彩与光影变化。

由于建筑师的设计方案都是线图，所以我想，可以把这个地区的动植物和我的设计图并置，就像古埃及绘画一样简明，而且确信，这些在贵族陵墓中看到的棕榈树或母牛图案，会衬出建筑的诚实或虚假。我亲力而为，将所有的方案设计图都渲染成这样；尽量避免很多建筑师笔下的那种职业性的油滑，那些图纸往往为了让周边环境和房子相称而扭曲自然的形态。我没有试着去表达前后进深，也没有顺手引入橡树来平衡体量，而是用平朴的线条作图，勾画谷尔纳的动物、树木和自然要素，它们是谷尔纳上方的山丘，丘顶有座天然的金字塔，一直被当作圣石；母牛，因为谷尔纳陵墓的守护者是女神哈索尔，所以谷尔纳地区有很多母牛，却看不到埃及无处不在的水牛；枣椰树和圆顶棕榈树，这两种都是上埃及的树种；屋顶凉廊，那是老谷尔纳村里多数屋舍自带的一种特征。

我把这些图形衬在我先前实验性、探索性的效果图上，以此作为一个比照的标杆。我想，在谷尔纳，我们有责任建一个不虚伪造作的埃及村庄。要重新发现这个民族的风格；或者，更确切地说，要从为数不多的本地工艺和本地气质的实证中重新找到感觉。我们有努比亚的技术；可我们不能在这里造努比亚式的房子。我的意思是，忠实于一种风格，并不意味着虔诚地复制别人的创作。即便模仿了另一代人或另一处地方最好的房子也还不够。建造房屋的方法可以使用，但必须从这种方法中剥离所有的具体特征和细节，从脑海中驱除掉那些房子的画面、那些满足愿景的美丽画面。要从头开始，让新房子从那些居住其间的人们的日常生活中生长出来，把房子谱成一首歌，编入村庄的织锦，留心那里生长的庄稼和一草一木，尊重天际线，并在建造季节来临之前保持谦卑敬畏。既不能有虚假的传统，也不能有虚假的现代，而是要有一种建筑，它将成为社区性格的一种显而易见和永久长存的表达。但这将意味着一种全新的建筑。不管怎样，变化肯定会出现在谷尔纳身上，因为变化是生活的状态之一。农民自己也想改变，但他们不知道怎么改变。由于他们受到省城小镇中那些庸俗建筑的影响，他们很可能会步这些坏榜样的后尘。如果不去拯救，不去引导他们将房子造得更好，他们只会造得更糟糕。

我期盼能从谷尔纳开始复兴造房子的传统，这样，后来人就可以接棒这项实践，弘扬它，最终竖起一道文化壁垒，阻止埃及建筑快速滑向虚伪和毫无意义。但愿这个新村可以向人们展示，如何与村民并肩共建一个村子，而且在埃及是有可能的。

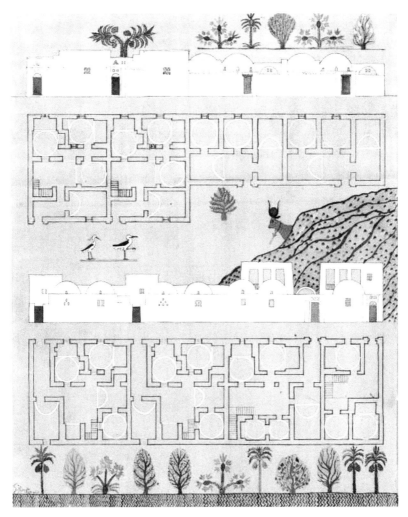

◎ 尝试带有动植物的设计图

# 第十节　气候和建筑

上埃及的气候炎热干旱，昼夜温差很大。由于几乎没有云层遮挡，白天地面会接收大量的太阳辐射，而到了晚上又会向天空辐射大量的热量。因此，任何直接暴露在阳光下的表面，如地面或建筑物的墙壁和屋顶，白天都会受炙烤，夜晚则会散热。

因此，该地区建筑物内人们的舒适性，在很大程度上取决于墙体和屋顶的热工性能。最好的建材是那些不导热的材料。

幸运的是，晒干的土砖是导热性最差的材料之一。部分原因是它的自然热导率很低0.22卡／（分·厘米$^2$·单元厚度），20%细沙砖；0.32卡／（分·厘米$^2$·单元厚度），80%粗砂砖；作为对比，烧结砖为0.48，空心混凝土块为0.8），另一部分原因是泥土的强度不够，墙体需要加厚，上埃及的泥砖房在一天的大部分时间里都很凉爽。而在埃及康翁波（KomOmbo）[①]，糖业公司为员工建造的混凝土房子夏天太热，冬天太冷，员工更愿意住在农民的泥砖房子里。

不过，泥砖厚墙并不是一种保持凉爽的完美方法，因为泥土虽然导热性差，但它蓄热时间很长。于是，让你整个早上都保持凉爽的墙壁，实际上吸收并储存了所有落在它上面的热量，到了晚上它会再次将这些热量释放出去，其中部分散入房间。因此，晚上泥砖房室内要比室外热得多。

---

① KomOmbo，位于卢克索南面167公里，阿斯旺北面46公里的尼罗河东岸一带，作为农业和工业的中心地区而繁荣。——译者注

显而易见的解决办法是，白天住在楼下，由厚厚的房屋结构墙和屋顶保护，晚上搬到屋顶，睡在夜晚凉爽的空气中。实际上，需要一种十分轻巧的结构，遮盖和包围楼上部分，尽量避免阳光照到楼下部分，并且保护睡觉的人免遭蚊子叮咬。原则是白天躲在很厚的土墙后面，晚上睡在屋顶的帐篷里，或者和帐篷一样轻薄透气的东西里。在谷尔纳，一般在晚上7点左右，楼下房间温度最高，大约比露天的最高温度晚5个小时；而早晨8点，当屋顶已炙热难耐之际，楼下房间则凉得让人神清气爽。

　　如果房子建在庭院周围，这种温度状态可能会改变。院子就像一口井，从屋顶吹来的冷空气就会下沉到井里，所以楼下房间晚上凉得更快。

　　在上埃及，人们在屋子里感到舒适的第二个因素是空气流通。由于空气干燥，任何微风都有助于汗水挥发，使身体降温。因此，在这里，房子通风不容半点闪失。盛行风向是西北偏北风，相对凉爽。要使房子通风，则要通过开口让它进来。问题是，这些口子应该开在哪里?

　　我第一次去谷尔纳是在仲夏季节，拜访斯托普拉雷先生，他住在霍华德·卡特①的故居，那里酷热难耐。太难受了，我宁可在屋外的烈日下走一走，于是向朋友提议，一起去看看那些陵墓。他带我去了霍查的奈弗－伦贝特陵，到了那里，发现它是锁着的。等人送钥匙的间歇，我们在附近的客栈找到一处阴凉地儿。这处客栈的凉廊里，却有一股清冽的凉风，我们立即去查看原因。凉廊背着盛行风向建造，朝

---

① Howard Carter（1874—1939年），英国考古学家。——译者注

向顺风方向开敞。后墙的高处，开了两排朝向风口的小洞。按一般的建筑惯例，若要捕捉尽可能多的微风，总要有一个面向风口的较大开口。然而，这个客栈实际上是巧妙地根据空气动力学的最优准则来布置的。正如我哥哥后来的解释，一个背风的凉廊，只要有小小的迎风开口，就会有稳定的气流通过，因为在它"上面"和"周围"会产生低压，因此稳定的气流会把空气灌入这些小小的开口。反之，如果凉廊的迎风面只有一个大开口，而背风面没有开口，或开口太小，新鲜空气会从凉廊上方流过，而不是穿堂而走，空间内部气流阻滞，气息污浊。

这个效果的原理，从整体概念上还是颇易理解的，最近在以下公式中表达的更精确。

穿过建筑物的气流速度　＝　3150
（立方英尺／小时）　　（英里／小时／平方英尺）
　　　　　　　　　　（入口风速）

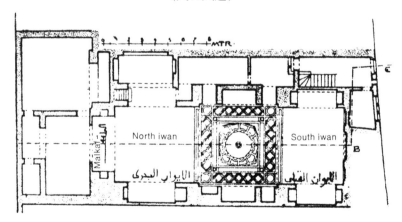

◎ 卡特霍达宫的马尔卡夫（捕风器），14世纪

◎ 从风口一侧开洞的凉廊墙

如果进气口附近的风与墙面成直角，则该公式成立。如果不是，则气流速度的设定数值应该调低：当风向与建筑物立面呈45度角时，气流值应该降低50%。

此外，如果出风口和进气口的面积之间存在显著的差异，则必须调整表达方式以容纳这个差值。调整是按照下表，以另一个数代替3150的设定值，其中第一列的值是总出风口面积与总进气口面积的比值：

如果面积相同，则：

气流速度（英里/小时/平方英尺）

总出风口面积/总进气口面积 =1　　3150

如果出风口大于进风口，则：

| 总出风口面积/总进气口面积 | =2 | 4000 |
| --- | --- | --- |
| | =3 | 4250 |
| | =4 | 4350 |
| | =5 | 4400 |

如果出口小于进口，则：

| 总出风口面积/总进气口面积 | =3/4 | 2700 |
| --- | --- | --- |
| | =1/2 | 2000 |
| | =1/4 | 1100 |

因此，我们可以清楚地看到，出风口面积与进风口面积之比越大，穿过建筑物的气流就越大。

# 第十一节　房屋朝向随阳光及风向而定

为了保持房间凉爽，房间的朝向也要仔细考虑。

有穿堂风的阴凉处总是凉爽些。关键是，房间到底要从哪里遮阳？自然要挡直射的阳光，而且要防反射的辐射，后者比起前者来，有时会使房间更热。朝南的每个墙面都会反射太阳光，耀眼的白色表面会把光线射入一路之隔的房间里，纵使是石头或凹凸不平的地面，也会把阳光从其南向的表面反射出去，好比中央供暖系统中的散热器。

但是，迎着这些反射辐射的房间都是朝北的。因此，不假思索地应用"起居房要朝北"的常规原则之前，必须先检视房子的周遭环境。房间朝北的好处是有凉爽的北风，假如还能确保没有反射辐射，朝北当然会是房间的最佳方位。但是，如果周边有其他房子，先抛开惯例不谈，那么朝南的起居房或许更凉快些。因为这样就不会有反射辐射，而且，当阳光直接照射在墙体上时，角度会很陡，屋顶上稍作挑檐即可遮挡。如果房间布局合理，还会有一缕北风从起居房里穿堂而过。

在伊拉克，农民通常朝南建设他们的起居房，背倚一个北向的凉廊。起居房上覆盖着一个带孔洞的穹顶，这样，烤炉般的穹顶里，加热过的空气不断逸出，凉风不断从凉廊里吸入。伊拉克的这种设计，唯一的缺点是没有遮挡阳光的挑檐，因为这里缺木材。

我们村子里的每户人家都应该有一间客房，作为农户邻里客栈的补充，这个房间也能作为农户起居房，而不是留出来专门用作接待外人的"上好"房间。

它遵循了喀式大厅的设计原则。多尔喀是中央大厅，带一个穹顶，有许多壁龛，借此人们可以坐在里面。房间的层高很高——一层半的常规楼层再加上穹顶的高度——可以在底层屋顶之上开高侧窗。因此，热空气升腾并从这些高侧窗逸出，从而带动空气从底部流入，使房间变得凉爽。

房屋的朝向，部分由阳光、部分随风向而定。基于减少太阳直射光的考量，房屋的最佳朝向应该是长轴沿东西向布置，这已是建筑的共同原则。

但是我们想让墙壁的迎风面尽量大，风穿过房子并让室内降温。盛行风来自西北，所以理想的房子应该垂直于这个风向，东北-西南向布置。我们是否应该妥协，把两个方向之间的角度平分，并把房子从东-东北方向设置为西-西南方向，这是通常的建筑惯例吗？不，因为这种困境纯粹是人为造成的，是我们对窗户不加琢磨的态度造成的。

# 第十二节　捕风器

在欧洲，防暑降温不是最紧要的，窗户有3个用途：让空气进来，让光线进来，让你望出去。但这3种功能并非不可分割，实际上，中东一带的建造者曾把它们拆开。在开罗的老房子里，主要大厅的通风功能，是由一个叫作捕风器的设施来承担的，它可以捕捉高处的风，那里风又大又凉爽，通过房间的特殊设计来实现，中央大厅那部分（多尔喀）很高，可以使顶部的热空气逸出。不管房子的朝向怎样，都可以将这种捕风器精确设计成直角来捕风。

在谷尔纳建造的学校里，我们用的捕风装置包括一个像烟囱一样的空气通道，和一个面对盛行风的大开口。有一个倾斜的金属托盘，里面装满了木炭，可以用水龙头蘸湿；这样，空气流过托盘，在进入房间之前就冷却了。这个装置让人想起矗立在古老阿拉伯房屋的大厅和壁龛里的醴泉①——一种带有波浪纹案的大理石板，喷泉的水从上面流下来。在捕风装置原理未来的应用中，冷却挡板或许是可见的，它将由一些吸收性材料制成，比如石棉，上面有一个赏心悦目的图案，仿若一处醴泉。在谷尔纳，捕风装置能使教室里的温度下降10℃。

格栅凸窗能满足人们看风景的需求——它是一种突出主体墙外的凸窗，里面安装可旋转的木质格栅屏风，可以减缓埃及刺眼的阳光直入室内。在格栅凸窗后，女眷们可以惬意地稳坐期间，张望街巷——顺便说一句，不必从窗帘后窥视，也无须隔着房间眺望，事实上，玻

---

① Salsabil，一个伊斯兰阿拉伯语术语，指天堂的泉水，此处译作醴泉。——译者注

璃墙面能办到的一切，格栅凸窗都能办到，甚至更多。

于是，应用捕风器，把我们的房屋朝向从风向中解脱出来，仅需考虑阳光的方向。即便如此，实际工作中，还得有一些规划上的特定考量，如果每栋建筑物都依同样方式布置，规划将会单调乏味。此外，每一次总体理念上的微调，都意味着对各家各户房子的独立思考，特殊问题的特定解决，这正是一种艺术上的追求。

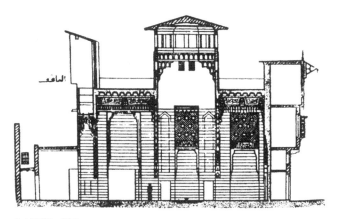

◎ 捕风器，剖面

◎ 卡特霍达宫的捕风器

◎ Sehem住宅的格栅凸窗（带有格栅的凸出建筑主体墙外的窗户）

# 第十三节　社会和建筑

尽管我相信建筑的外观对其住户的影响至深，但决不会有人住在帕提农神庙里面。优美的设计要服务于普通人日常需求。实际上，如果这些设计符合它的用料、环境，满足使用者的日常劳作，那么也必定是美的。

然而，只有当我们摸清这个新村的功能，它才能真切地发挥作用。我们应该揭开谷尔纳人的日常生活，抽丝剥茧，也许比他们自己所知道的还要细致。

每个人在行动、思想和反应方面自有一套习惯，当我们想要将他与旁人区别开来时，不妨称之为个性。而当我们检视一个社会时，将看到这种个性的模式，更重要的是，每个个性都是其他个性的产物——单个行动、思想或反应的特质，都是在与之毗邻的许多其他特质的挤压下发展起来的，是在气候、工作和行业需求下发展起来的。个性不是抽象而神秘的"品质"，而是许多具体细节的集合：一个人什么时候起床，是否刮胡子，穿什么衣服，说话的习惯，他的从属关系等。最要紧的，这是他的房子。

房子将是对他自己及其持久特质的一种彰显，大小、外观和丰俭程度都会与他个性中的其他细节一致。当然，也与其经济需求一脉相承，并在一定程度上是由他的经济实力决定的，但也具备其气质的全部附加特征。在开罗，卡特霍达宫喀式大厅的崇高朴素和肃穆庄严，反映了为埃米尔贵族量身打造的高贵气质，而盖玛勒-埃丁·埃尔扎哈比住宅中相对低矮和装饰华丽的大厅，则符合这位富商大贾花哨的商业灵魂。

平和之人的房子，气定神闲；乞丐扎堆的村子，残垣求怜；倨傲之人的房子冷脸向天，目空一切。房子和人一样，也有充分的社会地位意识，明白谁比他强，又瞧不上谁；所以，房子会各得其所，在尺寸大小、奢俭程度上，显出对社会阶层最微妙的回应。在埃及，村民认为，拥有一栋称作"马斯里"也就是"开罗式"带木地板的房子，是高贵的标志，置办下这份家业的人会向那些只有茅草屋的同村老乡显摆。

于是，一个村庄历经几代人的生活，不仅适应村民日常的劳作和娱乐，还不断壮大，而且能反映出该社区的某种奇特之处，砖瓦和灰泥伴随着春种秋收、婚丧嫁娶，伴随着买卖、手艺、行当，伴随着家庭之间和阶层之间的影响，和生活融为一体。房子便具有了多维的社会形状，就像一双旧鞋会呈现脚的特殊形状，或者更确切地说，就像生长的植物在不断适应其环境。

鞋匠会尽量适应顾客，细心测量顾客脚的尺码并调整鞋型，定做鞋子——要不然，他也许会像军靴匠那样，单做一种标准尺码的鞋，存心让顾客来削足适履。谷尔纳也面临同样的选择：我有一个活生生的社会，集各种复杂性于一体，我要么把它塞进一些标准尺寸的住宅，让它经历新兵适应靴子的夹脚和水泡；要么我对它采取措施，造一个村庄，容纳所有的无序和怪癖，这更像把一只蜗牛从壳里拿出来，再把它塞入另一个壳里。

乡村社会需要放在长时段下来考察衡量，需要比卷尺更微妙细腻的仪器。有件事必须打一开始就得明确：每户人家都要单独设计。因此，最起码我们应该向谷尔纳的每户家庭咨询，要从多疑和守口如瓶的谷尔纳村民口中打探出很多东西来。

我们有一份老村的早期调查指南，里面列出了所有的房屋，并描述了它们的面积、房间的数量和屋顶的材料；但这项调查是在10年或15年前做的，即使没有过时，它也难以提供我想要的那些信息。当时急需一些社会学研究，但社会学工作者也不太好找，而且，即使可以找到，以我的经验而言，他们只会提一些简单的"是或否"的问题，这些问题的作用不在于揭示社会，而在于提供统计数据。这些统计数据对建筑师来说没什么价值；他们只能告诉我扎伊德（Zeid）有几个孩子，或者奥贝德（Ebeid）有没有一头驴，却得不出扎伊德和奥贝德相处得好不好。

常规的问卷调查，永远不会让我注意到这么一个重要的社会事实，即建筑是如何拆散一个家庭的。如果一个男孩，从一名田舍郎，通过学校和大学脱颖而出，成为律师、医生、教师或官吏，肯定会有越来越多的农家子弟步其后尘；老家的房子让人自惭形秽，他不愿回到父母住的穷街陋巷。7000个谷尔纳村民里，只出了一名大学生，如今他是律师，在开罗执业，再未踏足这片生他养他的故土。随着新法律下的教育普及，整个新一代的孩子被灌输——嫌弃自己的寒舍家贫，心安理得；艳羡城市住宅的浮华现代，视其为进步与文明的标志，深信不疑。常规调查中提出的这类问题，无法揭示乡村生活的变化究竟有多快。人们可能永远也意识不到，乡村巴士和出租车如何把过去那种与世隔绝、闭目塞听的传统模式碾成齑粉。曾几何时，终老村庄的一个人，可能连近在咫尺的小镇也不曾去过；但是如今，埃及的面孔上，公交车辙早已刻下千沟万壑；各色人等挤在颠簸的机动车里，不知所往。

国会政府也通过宣传、竞选演讲和海报，将城市带入乡村。咖啡馆里的收音机早已取代了民间传说和寓言。教育普及为孩子们打开了新天地。对于村子，西方通讯做到了哥白尼为地球所做的事情——如今，村子被视为小宇宙的一部分，而不是它的中心。与此同时，西方世界，由捷克斯洛伐克和意大利的工厂专门设计过的产品颜色艳丽，日渐像太阳那样成为生活的唯一来源，迎合农户陈腐的品位。而茫然无措的农民们，寻求进取，却在获得必要的鉴赏能力之前，早已丧失了足以捍卫其品位的文化传统。

越来越闪亮的欧美产品，那些光彩夺目的金属杯、金光闪闪的眼镜、耀眼的彩色玻璃首饰和镀金家具，征服了毫无防备的乡村市场，当地工匠庄重漂亮的手工艺品反倒被压在箱底，觉得拿不出手。农民睁大了双眼，城市生活的富足繁华映入眼帘，并将公务员和警察队长奉为自己的仲裁者，对他们来说，欧洲人的一切都是好的。没有真主，只有上帝；没有文明，只有西方文明。中产阶级城市居民堕落和贪婪的品位决定了数百万农民的时尚。正如埃及尼罗河上游鲜活的历史遗迹悉数消失那样，在闪亮的锡器和花哨的布料咄咄逼人的攻势之下，传统手工艺也荡然无存。

一个村庄的视觉特征，就像其居民的习惯一样，可能会变得面目全非，而在统计学家毫无鉴别力的眼中，它却一成不变。统计数据会全然忽略诸如人们怎样庆祝个人和宗教节日等重大事宜。譬如，如果不了解上埃及一些村庄的习俗，就好比从开罗回来的人第一晚不会待在自己家里，而是先在地方长官的"客栈"里住一晚，说说外面的新鲜事儿，建筑师就无法为这一习俗做好准备。

◎ 艾哈迈德·阿卜杜勒·拉苏尔家庭邻里，客人休息处一角

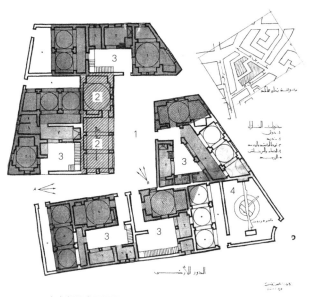

◎ 农户邻里底层平面

1. 私家广场；2. 客房；3. 住宅；4. 磨坊

要弄清有哪些习俗和仪式，绘制出社区的层级体系，我们得跟村里的长者攀谈，花好几个月来观察村里的生活。要了解人们怎样劳作，怎样使用他们的房子，我们得观察和攀谈。

事实上，对这个村庄，假如想获得可靠资料作为规划的基础，我们应该进行一次彻底的社会民族学和经济学调查，要以最科学的方式进行调查。人们通常不把社会民族学家看作是城镇和区域规划的关键人物；但在我看来，他们和人口统计学家一样重要。今天，几乎所有的规划人员都是在变化的过程中与社区打交道，没有一个规划人员能够凭借自己有限的经验和未经训练的观察来理解正在发生的甚至自己置身其间的社会文化变化。他更不能像规划人员通常不得不去做的那样，声称自己了解一个异族的社会。只有社会民族学家才能提供这种理解，而这种理解可能关乎一个规划的成功与否。城镇规划如果没有社会民族学调查，就像没有社区人口统计记录一样，不可想象。

当局从未给我们这种专业的协作；所以我们得依靠自己的知识和直觉，得基于对农民生活的同情与理解。比起一个没有经验的人通过一整套科学辅助手段做出的诊断，一位好医生往往可以直接通过观察做出更准确的诊断。我这样给自己打气，哪怕我们收集的资料不够多，辅以我们的经验，也有望从谷尔纳案例中开出一剂成功的处方！如前所述，不完整的统计调查可能会遗漏要点，但如果能够明智地加以解释，仍将为建筑问题的合理解决提供线索。

新谷尔纳村建筑的首要问题是村庄布局。街巷特点是什么，房子之间怎么联系，这都是头等大事。

## 第十四节　血缘结构与地方习俗

有多种可能的方法来布置房子，也有多种可能的方式来改变村庄回应乡村的方式。例如，在欧洲，村庄和景观相互交织，房子不仅朝着景观开敞，而且是景观的一部分，就像树木和田野是村庄的一部分那样。

在埃及，耕作特点有所不同，农田景观也没什么魅力，村民乐于把房子扎堆，连成一片。一方面是由于人们对乡村自然状况的厌恶，也是为了实施保护，另一方面是因为耕地成本高，他们不想浪费。不管是为了他们自己还是牲畜能免受自然和他人的伤害，都体现在房子和村庄面向中心，朝内开放，背对外部世界的方式上。

在那些建在农田上的村庄里，情况尤为如此。在河谷狭窄的上埃及，村庄一般建在山坡上，这样就能占用更多的空间。老谷尔纳实际上是一个占地广袤的村庄，部分的原因是每栋房子在建造时，都想尽可能多地把坟墓占为己有。

如今，多数建筑师在重新规划一个村庄时，都会把房子排列在笔直、整齐的街道上，彼此平行。这很容易，但特别乏味。事实上，当这些平行的街道由统一的、最低标准的房子组成，缺少绿化，特征全无，效果糟糕，单调沉闷。真的没必要这样布置房子。的确，完全一样的房子易于摆放，也不乏优点。

第一，广场保持了村舍惯有的向内朝向。第二，它给村庄带来了城里富人生活的优雅和别致。帕夏的宫殿始终围绕着一个庭院或一系列的庭院而建，赋予它难得的宁静和优美的氛围。不幸的是，建筑师们逐渐对庭院产生了偏见，因为当帕夏搬离，平民百姓搬进宫殿时，这些庭院被用作了造房子的空间，私搭乱建了一批卫生条件很糟糕的小房间。于是，原本宽敞宁静的大院沦为拥挤不堪、通风不畅的杂院。但我们可以把院子还给人们，且要保证它不再遭遇帕夏庭院的命运。房子围着庭院或小广场，我们可以给他们带来帕夏们所喜欢的全部美景，同时又能带来干净整洁。当然，庭院将不再封闭，而是与街巷打通，把它作为公共财产，永远不能再造房子，并且同时明确庭院归属于哪一组房子。

我觉得广场和庭院是埃及特别重要的建筑元素。事实上，从摩洛哥穿过沙漠直到到叙利亚、伊拉克和波斯，像这种建筑物当中的开放空间，是所有中东建筑特征的一部分，也许在老开罗，城镇房屋是它们的最佳表达形式。对于那些生活在阿拉伯世界的人来说，讨论一下庭院和广场的意义也不算跑题。

在一个封闭空间内，在一个房间里，或者在一个庭院中，存在一种清晰可感的特质，它带有当地的气质，就像一条特定的曲线那样清晰。这种空间感实际上是建筑的基本组成部分，如果一个空间没有真情实感，任何后续的装饰都无法将其自然地融入想要的传统。

让我们把阿拉伯住宅看作阿拉伯文化的一种表达。那么，塑造阿拉伯特色的环境因素，在哪些方面影响了他们的家庭居所？

阿拉伯人来自沙漠。沙漠形成了他的习惯和观点，塑造了他的文

◎ 曲径通幽的弯路使陌生人不愿走狭窄的街道作为主路

化。纯朴、好客、对数学和天文的执着，都归因于沙漠，更不用说他的家庭结构了。他对大自然的体验是这般苦涩，因为对于阿拉伯人来说，地球的表面——风景，是残酷的敌人，推开房门，地表的生灵都深陷炙烤、闪耀、贫瘠，他找不到任何慰藉。对阿拉伯人来说，大自然仁慈的一面是天空——纯粹、洁净，可即的凉爽以及白云深处的生命甘泉，整个宇宙星光无限，广袤的沙漠也相形见绌。难怪对于沙漠居民来说，天空是真主的家。

欧洲异教徒的神灵在河里、在树上，或在山顶上自我享乐，但他们的神灵都不住在天上。天上的神，是从沙漠的牧人和赶骆驼的人那里降临到世上的，他们看不见别的地方适合神祇，对他们来说，地球表面只有在沙尘暴中翻滚的精灵和恶魔。

像我们看到的那样，这种本能的、必然的倾向，把天空看作是大自然的善意的一面，逐渐发展成为一种明确的神学命题，其中，天空成为神灵的住所。如今，随着阿拉伯人过上了定居的生活，他们在自己的宇宙学中应用建筑隐喻，认为天空是一个由4根柱子支撑的穹窿。

不论这一描述是否符合字面意思，它必定会给这座被认为是宇宙模型或缩影的房子赋予了象征性的价值。事实上，这个比喻还进一步延拓到八边形的8个边，落在对角斜拱上，八边形支撑着一个象征天空的穹窿，这8个边代表8个天使，一边一个撑着真主宝座。因为对于阿拉伯人来说，天空既是大自然神圣的一面，也是大自然最抚慰人心的一面，他自然而然地想把天空引入自己的住所。就像在欧洲，人们想通过花园或玻璃幕墙，让他们的房子与风景和植被融为一体，所以在沙漠国家，人们想把天空的宁静和神圣引入房子，同时将沙漠拒之门

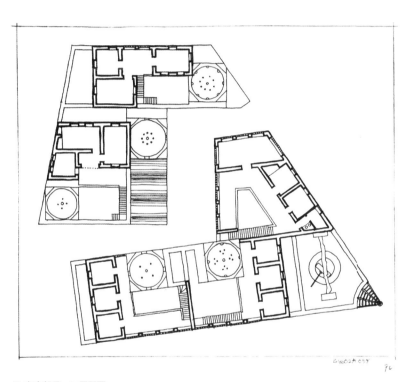

◎ 家庭邻里，二层平面

外，将令人睁不开眼、喘不过气的沙子和不适于居住的种种恶魔拒之门外。

实现这个愿望的方法是庭院。房子是一个内空的正方形，朝外是不带窗户的实墙，所有的房间都朝内，朝向只能瞧见天空的院子。这个庭院是主人私享的一片天空。最理想的状态下，房间所围合的空间，能自行散发其他建筑难以比拟的宁静祥和；而且，不论阴晴晨昏，天空都可以拽下来融在房屋里，所以，家的灵性从天而降，源源不断。

围合式庭院的宁静不是想象出来的，它不是一种牵强附会的象征，而是任何走进阿拉伯的住宅、修道院或经院回廊的人都能体验到的事实。围合空间的价值不仅得到沙漠居民的认可，也得到地中海沿岸所有地区的认可，得到古希腊和古罗马别墅建造者的认可，还得到西班牙人露天庭院的认可，得到开罗清真寺的认可，得到大马士革、萨马拉和福斯塔特一带住宅的阿拉伯建筑师认可。

特别是对阿拉伯人，庭院不仅是一个获得隐私和保护的建筑设施。它更像穹顶，是与宇宙本身秩序并置平行的微观世界的一部分。在这个象征性的图案中，庭院的4边代表了承载着天空穹顶的4根柱子。天空本身笼罩庭院，又映射在中央传统的喷泉中。这方喷泉或水池，实际上是一个穹顶的精确投影。在平面上，它和穹顶一模一样，基本上是一个正方形；往下一层，把各个角切成八边形，再从每一条新边上掏出一个半圆形，这样整个水池就是一个翻转的穹顶模型，宛若一个真实的穹顶倒映水中。

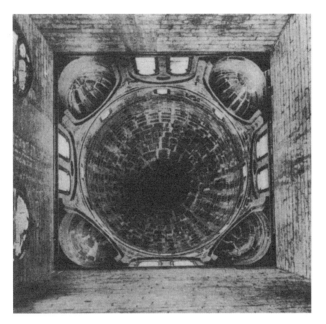

◎ 落在对角斜拱上的穹顶

内向的阿拉伯住宅，向宁静的天空开放，被女性化的水景装扮，自在又安宁，与工作、战争和商业世界截然不同，这是女性的领地。阿拉伯语的sakan表示住宅，与sakina有渊源，sakina的意思是"和平的与圣洁的"，而harim这个词，意思是"女人"，与haram有渊源，haram的意思是"神圣的"，后者表示阿拉伯住宅中的起居生活空间。

现在，千万不要打破这个婀娜摇曳、柔情似水的围合空间。但凡四周建筑有一个缺口，这种特别的气场就会无谓地在大漠风尘里逸散。如此脆弱的造化之物，是和平与圣洁，是女性般灵动，是住房之"气"，"吾心安处"也不足以形容。围合它的单薄墙垣，要是有一丝罅隙，它就流失殆尽了。这也是为什么，只有西班牙温和的乡村里，单面或双面敞开的天井也还算舒适，在中东就全然不行。凶猛的沙漠会像精灵一样跳进来，摧毁房子。如果围合庭院的一边仅是一堵墙，气场仍然拢不住。惊扰了sakina。只有真正住人的房间，才能收得住这种魔力，因为，它不是一种实体，而是一种只可意会的感觉，由向心、内敛的房间创造出来的。

有鉴于此，原则上，我围绕庭院布置每栋住宅。但是，不仅每栋住宅都内含各自的庭院，还通过布局，使每组住宅围合着更大的、半公共的共享庭院或广场，即我提到过的"帕夏式庭院"。每个广场及其周围的房子，都是为一个农户社群即巴达纳服务的。

巴达纳是一个关系密切的社群，由10～20户家庭组成，有一个公认的族长，还有一种亲密的集体归属感。这些家庭住在相邻的房子里，虽然每户人家的财富和地位不一样，但他们遵循一种共同的生活方式。

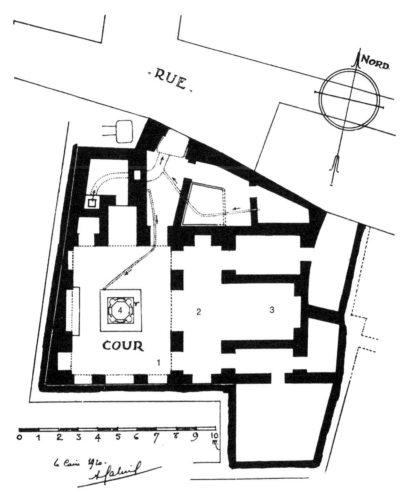

◎ 位于福斯塔特的庭院带喷泉的住宅

  图例：1. 庭院；2. 凉廊；3. 壁龛；4. 喷泉

大一点的巴达纳有自己的咖啡馆，所有人都不会去别的咖啡馆；它有自己的理发师和杂货铺；当一户人家烤面包时，这个巴达纳里的所有街坊邻居都可以用这个烤炉来加热自己家的冷面包，每家会轮流提供这个方便；在宗教节日和庆典，接待客人时，巴达纳作为一个整体提供宴会和娱乐。在一些重大事务层面，巴达纳是农民的主要社会经济单元。我要考虑到这一点，确保每个巴达纳的房子挨在一起，并提供配套设施，以便在其风俗下开展所有的公共活动。

　　在广场周围规划住房的另一个原因是，巴达纳可以接待客人、举办与婚礼和割礼的相关庆典（一处客栈即客房，可供广场上的每一个巴格达共同使用），同时，它还有更实际的用途，例如临时储存燃料和干草，以免把公共街道弄得一团糟。但更重要的是，因为它将重点放在这组房子上，所有的房子都朝内并朝向广场，所以广场将为巴达纳创造出和私人住宅庭院一样的"气场"。

　　这么一来，通过不断地、润物无声地强调农户社群的一体化，并通过许多实际的方式强化一些惯例，诸如在邻居家烤面包的烤箱中加热面包之类的，并提供一些场所，让孩子可以在母亲眼皮底下而不是脚底下玩耍。

　　不过，对我而言，比这些考量更重要的是对人的影响，他从自家房间里走出来，穿过房子里的庭院，走进再大一点却依然围合的广场，然后才进入公共街道。无论是在城镇还是村庄，这种次第的收放，要比突然从一个僻静独处的斗室，猛然冲进熙熙攘攘的街道或广袤无垠的旷野要来得更加平和安宁。

◎ 新谷尔纳带庭院的住宅

完全相同的单元可以有多种布置方式——以网格状或其他任何形状来布置——但最好的方式是比例均匀的正方形。不过请注意，最为紧要的一点是，住房应该朝里，并朝向广场，就像住宅的中庭要被内向的房间所围合那样。

我们时常瞅见的所谓"广场"，实际上只是由联排住房的端部、学校的围墙或工厂的背面界定出的偶发空间。当所有的建筑都背对着一个广场，或者充其量只是一个侧脸时，还怎么能指望人们把这里当作真正的广场呢？不仅"气场"全失，而且打一开始就没受过重视，这种凄凉黯淡的空间很快便会沦落成垃圾场，变成青少年犯罪团伙的接头地。

村里的接待厅是村民生活的重要组成。家庭庆典或宗教节日往往需要一场大型聚会，所有街坊邻居都会帮忙张罗宴席。客人们依序入席，家族首领——巴达纳最年长、最受尊敬的人——在客栈主位就座，在这里和最受欢迎的客人们一起用餐。远亲们在稍远一点有顶盖的廊下就座，成群的熟人和路人则在外面的广场上聚集。

在先知穆罕默德的周年纪念日，相当于圣诞节的时候，私人广场是最活跃的娱乐休闲场所。庆祝活动持续12个夜晚，每晚都有各式各样的家庭欢聚一堂，邻居们聚在一起聆听诵读《古兰经》，并参与"赞念"或有节拍韵律的舞动，以真主之名的吟诵。

◎ 新谷尔纳带庭院的住宅

# 第十五节　社会经济因素

除了谷尔纳人的社会群体和风俗习惯，我们还要对他们了解更多。村民经济生活的真实情况最为重要，我们得以从中判断搬迁对其生计的影响。虽然我们得到的委托只是建造一系列新房子，但是从良心上我们不能无视异地搬迁之后谷尔纳人的生计问题。怎样谋生，会对村民房子的设计和公共建筑的配套产生不可忽视的影响。

毋庸赘述，首先，谷尔纳人不可能指望永远靠村子周边的土地生活。谷尔纳的可用耕地总量只有2357费丹（1费丹feddan=1.038英亩），1947年人口普查是6394人。2357费丹耕地只够养活3000人，所以最起码多出来3000人，他们得自力更生，总要从事一些别的行当。谷尔纳地区靠着文物行当才逐渐壮大，这里的住户大多是受雇于文物挖掘的劳工，也靠着盗墓和向游客兜售东西挣了不少钱。1939年，战争暴发时，有9000人左右，但随着所有文物挖掘的叫停和旅游业的萧条，许多谷尔纳人背井离乡。1947年，一场突如其来的冈比亚疟疾大肆流行，夺去了大约1/3剩余人口的性命。[①]尽管这样，哪怕人口越来越少了，也没有足够的就业岗位来维持生活，虽然重启文物挖掘，可是他们的老本行——盗墓，也山穷水尽走投无路了，因为当局提高了警惕，陵墓也挖空了。此外，谷尔纳人发现，搬迁后的生活会更艰难，开

---

① 原著此处表述有疏漏。1）时间矛盾。参见本书第三章第二节之《霍乱》："1947年，霍乱疫情在科雷因村暴发，迅速蔓延到下埃及……冈比亚疟疾在1943—1944年夺走了约1/3的人口。"在谷尔纳项目20年之后的写作中，作者可能混淆了两条时间线。2）疫情不确。1947年暴发的流行病，实际是霍乱，而非疟疾，主要影响下埃及。参见Timothy Mitchell. *Rule of Experts: Egypt, Techno-Politics, Modernity*. Berkeley and Los Angeles: University of California Press，2002: 187。剩余人口：1942—1945年，卢克索地区曾发生过一次致命的流行性疟疾，所以才有作者哈桑·法赛对1947年霍乱描述中的"剩余人口"即幸存者一词。——译者注

销也更大；一个社区断了根，种种便利都会乱套，勉强糊口的人会饿肚子，所有人的生计也会缩水。

文物部认为人口会继续减少，这是基于该村实际经济状况的自然推论。然而，不断增长的人口可能有两种自食其力的方式。一种是用工艺品取代各种依赖文物古董的行当，把谷尔纳变成一个乡村产业中心。这行得通，就像附近尼加达镇案例所表明的，该镇的两万居民靠织布为生。如果谷尔纳大部分人成为工匠，则人口可以稳定为目前的数字，随后将开始以自然增长率增长。

另一种潜在的经济增长点，在谷尔纳邻近卢克索和文物的区域。这个新村将成为游览陵墓山谷的旅游基地；从尼罗河渡口到古文物遗址，途径谷尔纳的道路已经铺上了碎石子，法德莱亚运河上还造了一座小桥。甚至有人说要在尼罗河上建一座桥，把卢克索和西岸连接起来。谷尔纳比卢克索更靠近大多数的重要文物古迹，如果能造一座旅游酒店就可以直接或间接地提供众多的工作岗位。随着交通的改善，土地的价值也会上升，这个村庄甚至可能会成为卢克索的郊区。

因此，谷尔纳很可能会壮大。根据新村规划，不论有没有人居住，老村的每一栋房子都要翻新，这样新谷尔纳几乎能安置9000名原住民。如果人口超过9000人，北部和西部还有扩展空间，直到填满"禾沙"[①]圩场：目前新谷尔纳占据了1/5的空间。除小学以外，公共

---

① 详见本书第三章第三节"Their fields are permanently enclosed by dikes and irrigated by artesian wells or pump-fed canals. Such an enclosure is called a hosha, and in one such hosha New Gourna is situated." 他们的田地被堤坝永久包围，用自流井或抽水渠灌溉。这种有圩围住的地区就叫作"禾沙"（hosha），谷尔纳新村就坐落在一个叫作"禾沙"的圩里。——译者注

建筑的规模也足以应付人口的大幅增长，公共建筑将按每2000个新居民1座的比例来建造。

因此，这个项目的一个关键点，就是通过给予谷尔纳人能赚钱的行当，扩大他们的资源。他们已有一些技能；前文提过，他们在仿造古代雕像和圣甲虫方面的非凡技艺。除此之外，他们做雪花石膏花瓶、陶器，编织十分精致的羊毛制品。他们还扶持了很多银匠，但如今银器没人要了，行当也没落了。

新村工程将提供一个极好的机会，引入和建筑有关的各种行业。如果没有丰富的当地技能，这个村庄真的不可能建成。我想教谷尔纳人采石、制砖、烧砖、烧石灰、砌砖、修水管和抹灰。然后，为了布置他们的新房子，我想保留并优化传统的家具设计，使之适合这些房子。

一旦学会了这些技能，村民就可以把他们的手艺和产品卖给周围的其他村庄。但如果这些可行，其他行当难道不成吗？当地的织布也应该有销路。他们可以学习制作草席、篮子、地毯和挂毯。我还很想找到一种简单的低温陶器釉料，这样他们就可以制作、销售好的陶制餐具了。珠宝也是如此：有一种以银质的胸针、脚镯、手镯、项链以及其他各色珠宝搭配来省钱的习俗——所以才出现了银匠。我认为，与其把钱存在银行里，不如把钱到看得见、有人欣赏的地方，这样更好。因此，我想鼓励银匠，重整旗鼓，可以为游客制作纪念品（该地为仿古赝品留了一些余地）。我们甚至考虑建一个小作坊来制作彩色玻璃窗。

如果这些新项目都能在村里启动，将会立竿见影地给人们带来更满意的生活。个人财产会翻番，房子会更漂亮，挣更多的钱并摆脱积贫难返的困境。

衡量文明，要看一个民族的生活用品和生活习惯，而不是看其财产。一个人可能有一把电动剃须刀，但他并不比拥有老式剃须刀的人更文明，都能刮胡子，那就够了。那位锦衣绸缎的王子，在他私人图书室里，跻身于装帧精美的初版书籍中，并不比衣衫褴褛、在公共阅览室翻阅那些沾满手印破旧书籍的劳动者更文明。有了简单却适用的房子，有了适当的家具，有了卫生设施，有了当地优秀手艺人制作的装饰，有了教育，有了贸易收入，有了和外界旅行者、游客和教师越来越多的接触，村民们的生活水平将大为改观。人们会更健康、更快乐、更舒适、更安全，甚至统计人员的表格也将会显示死亡渐少，生育渐多。

新谷尔纳村的经济得靠制造业和"外销"。与孱弱的农业邻居相比，我们有机会选择利润最为丰厚的行当，尽享生意兴隆社区的全部优势。50年来，眼瞅着谷尔纳人干些鸡鸣狗盗的营生，欺负老实巴交的农户，发家致富，蒸蒸日上，那些农业邻居难免会眼热，不会对其正眼相待。假若他们独霸各种市场，以后别的村子想要改换行当、改善生活就更难了。

其实，一个村庄不可能单独存在，也不应看作一个孤立的实体。任何时候，它都应融入整体格局——不仅在空间上，而且在社会发展和经济增长的各个层面。这样，随着它的发展，其工程、贸易和生活方式的发展，它将有助于维持而不是破坏所在地区的生态稳定。我们本该有那种长期的区域规划，配置乡村产业，避开难以对付的竞争压力，但我们没这么做。不过，这并非当务之急。以乡村的现状，各种制造业短缺，连文明生活最基本的必需品都捉襟见肘，埃及所有村庄都有足够的空间将其生产倍增。

# 第十六节　谷尔纳乡村工艺

对于谷尔纳的乡村工艺，我要解释一下，除建造工艺之外，我从来没有打算自己开发它们；那不是我分内的事。但我们做了一些实验，对这片土壤进行取样，看看手工艺能否在谷尔纳生根发芽。

最重要的手工艺应该是编织。这会是村里的一笔永恒资产，并拥有一个稳定的市场。在谷尔纳，伯达（berda）和莫纳亚尔（monayar）是当地一直存在的两种卓殊有趣的编织方法；而附近的那迦达村（nagada），有"百万富翁"村之称，产生了一种格外复杂、价格不菲的织法叫费卡（ferka），我想把它引介给谷尔纳。除此之外，全是毛料织布，还有一种类似棉织围巾的东西，条纹匀称，确实漂亮，但由于纱线和染料不好，质量欠佳。

## 16.1　织物

兴办纺织业的过程中，在村里织布工伊斯坎德的帮助下，我们做了一些染色实验。当地的植物染色一度很漂亮，却被抛弃，由廉价的化工染料取而代之，这些化工染料用在传统织物上，效果庸俗。假如可以重新引入植物染料，谷尔纳布将会很畅销。我们打算恢复植物染技术，因为较之化学染，植物染的着色速度更快，色彩更柔和。但在大规模植物染开始之前，我们不得不依赖苯胺染料，我们做了大量试验，以期使这些染料更柔顺、更和谐。除此之外，我还想通过将每种染料的互补色混入浑水中，来缓和苯胺的强烈反差，并仔细挑选原始羊毛，这样，天然的深棕色羊毛就会被染成红色，浅棕色羊毛染成黄色，黑色羊毛染成黑色，依此类推。这将柔化亮彩，提亮深色。在这些实验中，帝国化学工业有限公司给了我们莫大的帮助，他们对这件事很感兴趣，让我少用染料，这和他们一贯的做法背道而驰。

改良后的染色谷尔纳织物着实迷人。凑巧的是，巴黎杨森百货公司的一位主管布丁先生看到了这些布料，相当喜欢，他提出要买下我们能生产出来的全部彩色莫纳亚尔布料。

工商部部长曼杜·里亚斯先生光顾了该村，他也对纺织和染色试验感兴趣。他答应派一位纺织专家来创立这门手工艺，这使我们备受鼓舞。

专家很快就到了。他叫穆罕默德·塔尔哈·埃芬迪，是一个善良又有社会意识的人，对自己工作充满热情的人。一夜之间，他就召集了20多个小孩子来到可汗客栈[1]，教他们织布。他所做的头一件事就是让孩子们好好洗漱一番，然后让他们安坐下来，架起织机，穿针引线。令人惊讶的是，一些人居然像蜘蛛一样自然地织出挂毯，仿佛这门手艺早已融入血脉。

工商部副部长沙菲克·戈尔巴尔来探望我们时，对这些小织布工印象深刻。他留意到这些孩子看上去又瘦又饿，于是提议每天给他们一碗扁豆汤。这是个感人又务实的提议，每个人都为之叫好，尤其是孩子们，直到有一天，部委来过问扁豆汤预算的事情。原来，没有恰如其分的名头可以安在扁豆汤的预算上，除非我们启动小学工程，录

---

[1]　Khan.Inn for foreign merchants arriving in town. 可汗客栈，为进城、来小镇的外来客商准备的小客栈。——详见《术语表》，译者注

取这些孩子，在学校伙食账户上登记在册，给每个孩子一个埃及皮阿斯特。兴建一所学校，聘请一名教职员工，可是以这种方式得到一碗汤实在有点过于大费周章了。幸而这个问题随即自行消散了。工商部倒台后，塔尔哈·埃芬迪便遭撤职。孩子们被赶了出来，流落街头，只能在古文物区向观光客乞讨零钱为生。

经历这次挫折，我在想，假如工艺学校能够建成并投入使用，纺织工艺的根基会更加牢固。因此，我要趁早把它建起来。设想中，它既是一个培训中心，又是一个公共车间，有织布机和染色设备。它有6个染色槽，每个染色槽都有自己的锅炉，由一台燃油蒸汽炉驱动——这是一台非常高效的装置，可以在一刻钟内烧开一整桶水。这所工艺学校要有足够的空间放置10台水平织布机，用于编织本地布料，还有一些立式织布机，用于编织普通布料。

想到这点，我赶紧提笔写信给工商部，想为他们免费提供这所工艺学校。工商部在昆纳（Quena）已有一个手工艺品中心，但它隐藏在租来公寓的二楼。所以我真的以为，工商部会很高兴有机会把他们的手工艺教学放在那些设备齐全的永久性场所，尤其是免费提供的场所。但总干事给我回信，说我在把自己的想法强加给工商部，他们断难接受。从他的语气看来，我似乎想从他身上得到些什么好处，而不是免费赠予。由于政府无动于衷，编织实验无疾而终。

## 16.2 陶艺

除了编织，我还想教谷尔纳村民一种实用的釉面陶器制作方法，原因一如前述。

制作瓷砖遇到的问题是，一直以来，没有合适的釉料可以在普通的农民窑炉能达到的温度下熔化。因此，我们要么找个低温釉，要么找到便宜实用的高温窑炉。日裔雕塑家野口勇[1]曾告诉我，美国加州大学有人做了一种可以在600摄氏度下工作的釉料，虽然我多方打听，但其他人仿佛都没听说过。不过，我确实设计了一个窑炉，可根据燃油蒸汽的原理来烧制砖块和石灰。

对此事感兴趣的人，还可以去看罗塞塔[2]当地的制陶手艺和陶瓷产业，那里曾做出过最漂亮的瓷砖，在罗塞塔和达米埃塔[3]的老房子里，依旧能看得到它们。

德·蒙高菲埃长老是一位牧师，在卢克索以北、尼罗河对岸的加拉戈斯经营一家小药房，他看出我对改良当地的陶器很感兴趣，便邀请了自己的侄儿———一位陶工，从巴黎过来。我们在加拉戈斯为他建了一个漂亮非凡的作坊。遗憾的是，他侄儿制作的陶器虽然精致，却不是我所需要的，它太过艺术化，而农民需要的是直接、简单、实用的陶瓷和瓷砖。最要紧的是，我们需要一种农民可以轻易模仿的技术，一种像泥砖建筑那样便宜而简单的技术。

我想让野口勇和德·蒙高菲埃合作，看看他们之间是否能产生一些火花。所有这些新行当都得教给谷尔纳人。基于你不能把一个老人送回学校的原则，我认为应该集中精力从村里孩子里面培养新的手艺人。

---

① 原版拼写有误，应作Isamu Noguchi，1904—1988年，日裔美国人，雕塑家。——译者注

② Rosetta，埃及地名。——译者注

③ Damietta，埃及地名。——译者注

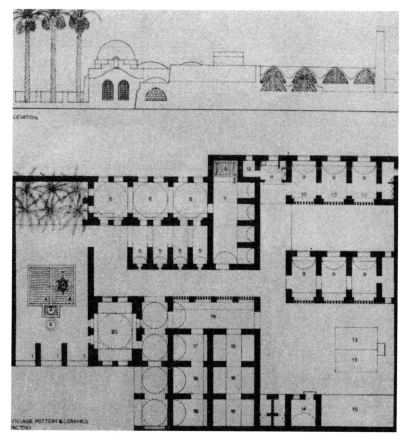

◎ 位于加拉戈斯的陶瓷厂平面

1. 生土送达；2. 筛选；3. 混合；4. 沉淀池；5. 揉捏黏土和沉积物；6. 陶工旋盘大厅；7. 干燥室；8. 风挡，下面有水槽，用于加湿空气（加拉戈斯气候非常干燥）；9. 涂漆和上釉；10. 食堂；11. 厨房；12. 食品店；13. 窑炉；14. 器械；15. 燃料储存；16. 陶瓷成品仓库；17-18. 包装和草箱储存；19. 展览室；20. 经理室我知道，粉笔和考卷很容易把课堂与现实隔绝，孩子们会坐立不安，张望窗外，虽然老师的本意是好的，我还是决定不在学校里教这些新手艺。最好是学徒制。学生会在一位工匠师傅的作坊里干活，从在他手下的第一天开始，就会沉浸在这个行业的氛围里。他们会学到全部的窍门和技巧，亲眼见证用知识换来金钱——因为，从一开始他们就可以出售自己的作品——而当他们试着把课堂里的抽象概念和课堂外的现实生活联系起来时，就不会有大多数学生的那种困惑了。这份营生，他们会慢慢上手，了解其所有难点，当他们做得出色时，得到的不是校长的表扬，而是顾客的钱。我的学徒们永远不会像那些从学校毕业的学生，手捧毕业证，毫无经验地找工作，一有机会就迫不及待地想去办公室坐班。

## 16.3 传授手工艺的可汗客栈

要加快学徒制的一贯做法。不能再让孩子们在3年里不停地给工匠师傅清理工具和收拾线团。因此，我们应该邀请其他地方的手工艺人，基于他们所待的时间来发工资，当他们和我们在一起工作时，为之提供住宿。为此，我规划了一个客栈，作为村里最重要的公共建筑之一，每个工匠师傅和他的家人都可以住在那里，并设有车间，他可以练习以及传授手艺，还有商店，在那里可以出售他的商品。在这个我称为"可汗客栈"的地方，作为振兴新谷尔纳村经济的新行当，将被广为传授。

可汗客栈将成为主要的工具，用来调节新工匠的供求关系。设计这座房子的想法源于谷尔纳对新行当的需求，也源于这样一个事实：就我们的目标而言，以学校组织模式极不经济。在正常生活之中，一

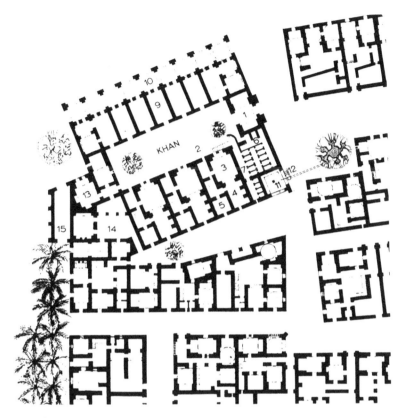

◎ 可汗客栈平面

个社区之内，一个行业能吸纳的手艺人极为有限。当男孩们做学徒学手艺时，工匠师傅会避免在店里留太多的熟手，他们是要付薪水的，所以他才会留一些新手在店里做些无关紧要的事儿，只有万不得已时，才会小心谨慎地给学徒透露点儿诀窍。他通过这种方式，让市场上永远不会充斥相互竞争的同行，也能保住自己的饭碗。因此，学徒制天然是一种绝佳的手段，维持了一个社区的手艺平衡。

当然，它偏保守。当工作模式需要进行调整时，某些特殊手工艺需要更多工匠时，学徒制就不太合适了。为了补充谷尔纳的工匠，我们需要一些体系，将学校的批量教学与灵活、低成本的学徒制度相结合，我们在可汗客栈找到了它。在这里，造房子首先要保证的是廉价，整个过程需要很多工匠大师傅，把他们都请来，并尽可能快地把他们的技能倾囊相授，直到满足我们这个行当的需求。那时他就可以回家了，腾出来的房间可由另一个工匠接管，后者会传授其他必要的手艺。

在这里不会有三六九等，工匠们会卖掉他们的作品，学徒们会学得很快（因为他们的师傅只是暂时的，没理由拖他们的后腿），如果村里的手工制品供应充足、琳琅满目，造房子就变成了另外一码事。学成手艺的学生，会在村里练练手，而不是待在"可汗客栈"里，然后轮到他们自己收徒弟。这么一来，一个又一个行当将从可汗客栈"播种"到村庄，生生不息。这个体系所传授的是那些需求相对有限的行当：首饰打造、木材加工、木工手艺、花式编织、橱柜制作、古玩仿制（此处是褒义），诸如此类。

◎ 可汗客栈东立面

◎ 可汗客栈北立面

而其他行当，特别是纺织和染色，将有一个庞大而稳定的市场。对布料的需求将绵绵不绝，因此对纺织工和染色工的需求也会源源不断。这些课程将在村里第二大的教学楼——手工艺学校里传授，在那里设立一个永久性的机构颇为值得。他们打算让孩子们在那里学习所教的手艺，然后在同一栋楼里练习，那栋楼就会成为一家培养自己工匠的小小布衣厂。

当然，也会有两所小学，让村里全体孩子都学会读书和写字，如果运气好、申请成功的话，他们最终可能会从那里升入高中和大学。

## 16.4  手工艺展览馆

在一座村庄里，手工艺制品的长期展览是不太常见的，因此颇具意义。在那里，我们打算持续展出新谷尔纳新一代工匠所有产品的样品，便于访客和观光客品评我们的商品。它们会陈列在从门农神像到卢克索的主干道上，此外，为了更好地吸引游客，我们应该给他们的汽车司机和导游一点点销售佣金。另一座公共建筑是妇女社会中心和医务室。在医务室可以治疗小伤小病，可以由客座医生开设诊所，还可以提供产科服务。和医务室直接相连的是妇女社会中心，妇女可以在那儿接受卫生和照看孩子方面的指导。中心内有车间作坊，她们可以一起做手工，还有一个厨房，可以边学习制作美味佳肴，并顺便为医务室服务。那里还有一间土耳其浴室，一所露天剧场，甚至还有一座小教堂，供村里的100多个科普特人[①]使用。

---

① Copt，科普特人〔古埃及原住民的后裔〕，埃及的基督教派。——译者注

◎ 展览馆

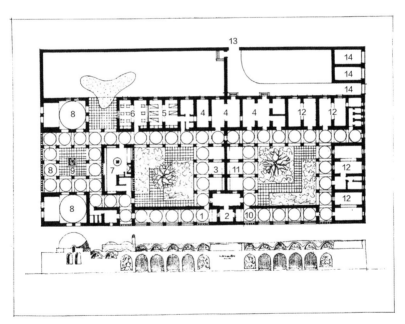

◎ 卫生中心设计

1. 女性通道；2. 主管；3. 等候室；4. 诊所；5. 妇科；6. 儿科；7. 厨房；8. 托儿所和手工作坊；
9. 天井；10. 男性通道；11. 男性等候室；12. 医生和护士宿舍；13. 救护车通道；14. 救护车车库

简而言之，我希望谷尔纳的公共建筑能够满足村民所有的公共需求——满足他们的工作和生计，教育、娱乐和信仰。我给文物部的一份报告中，描述了这些拟提报的建筑物。除了简明扼要地说明这些建筑的情况外，报告还解释了我们所决定的工作体系，以及对即将搬迁家庭进行补偿的原则。

由于我们将使用不熟悉的技术，所以工程不能交给承建商。承建商没有拿泥砖盖屋顶的经验，所以如果我们招标的话，报价将会极度出格。假如请商业公司为我们制砖、运输材料和造房子，成本不可能低于100万埃及镑，而我们只有5万埃及镑。

这么少的钱，要办这么多的事，唯一办法就是，不仅要改变农民的施工方式，还要改变他们自己盖房子时的工作方式。主要区别在于，通常农民无偿提供的那部分劳动，我们必须付钱。

我们可以自己建造整个村庄。任何材料都不用依赖于商业来源。每一件可能在现场制作的物品，我们都会做，这将是彻底"自己动手"（尽管是付费的）的操作。我们会自己做泥砖、建窑炉、采石头、烧石灰，为卫生设施烧砖，等等。除了阿斯旺和谷尔纳的泥瓦匠，我们不会雇用外人。这样，整个项目便成为一所大型技术学校，村民在这里学到各种建筑行当，与可汗客栈和手工艺学校传授他们的其他行当齐头并进。

这些新房子将被单独设计，使每户人家的房间数量和面积都与原来一样。比起"评估原先房屋的价值并照此成本设计新房屋"，这要现实得多，因为在这样大型的项目中，核算任何单栋房子的成本数

◎ 手工艺展览馆

目，很大程度上都没有意义。另外，基于旧房子的标准来造新房子，更容易设定最低标准——两个房间和卫生设施，即使居住在毫无价值的房子里（有些只是栅栏围起来的一座坟墓）最贫穷家庭都能得到妥善的安置。

我在报告中解释了家庭住房的这些原则。不过，我选择从公共建筑入手有两个重要原因。第一，根据我在政府部门的经验，我怀疑一旦有了很多住房，政府就会说"很感谢，真是太好了"，然后就会把农民撵进屋里，并把其他费用统统都砍掉，这么一来，公共建筑就永远建不起来了，新的村庄也就成了一堆没有中心的住房。第二，我希望自己有时间观察村民，跟他们谈谈自己的私人住房。我不需要他们对清真寺或学校的设计指手画脚，但想让每所住宅都适合入住其中的家庭。

虽然我有了一块地，可以自由支配，但文物部的钱却没有这么多。分配给我的款项，依据的是对老谷尔纳房屋价值的随意评估，与建造新村庄的估算成本毫无关系。这些农民将被征迁，得到5万埃及镑的补偿。这笔钱将交给我，用来造一个完整的村庄，里面有近1000户人家。不幸的是，文物部并没有想到，尽管每所住宅50埃及镑是一个合理的估值（前提是采用了我在正常情况下开发先前房子的方法），但一个村庄需要的不仅仅是住房，还有道路、学校、清真寺和其他必要的公共建筑和配套服务设施等，钱已所剩无几了。

我本应在3年内完成这个村庄，而第一季度的工程，只给了我1.5万埃及镑！大约在同一时间，政府已经批准了100万埃及镑，用于在印巴巴（Imbaba）的另一个项目，造1000栋一模一样的房子，每栋房子都很局促，小到能塞进我们造的任何一栋住宅的客房里。

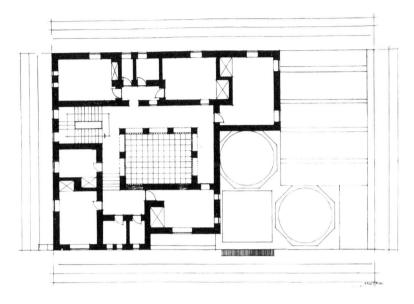

◎ 手工艺展览馆平面图

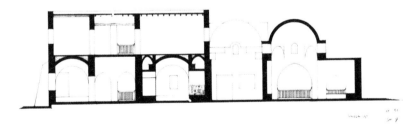

◎ 手工艺展览馆剖面图

最终，我打消了自己的疑虑，着手设计。对这笔款项发牢骚毫无意义。让我们先盖起一些房子，竭尽所能，相信以后会有更多的款项来完成这个村庄。如果我索求太多，只会惹来纷争和延误，那我们就再也无法开始了。

不仅如此，我还受到了埃及最严峻的社会学挑战。我觉得，如果我要打消所有质疑，证明自己倡导的原则是对的，就得在最有挑战性的情形下证明这一点，这样就没有人抱怨申诉，说我在谷尔纳村民的安置问题中，捏了一个软柿子。谷尔纳人本身坚决反对这个项目。他们不愿离开自己熟悉的村庄，不愿离开自己熟悉的行当，不愿只是为了证明一种建筑理论而移居一个新村庄，也不愿去从事一份艰苦的新差事。他们更不愿放弃他们所谓的"基希塔"，一种私下盗挖的获利勾当，因为这使他们比一般的阿拉伯农民稍微富有一些，他们不愿沦落成普通人，用汗水换面包。

报告交给了文物部，从此杳无音信。不知道是否有人读过它，但我认为没人说三道四就是默认了，继续进行设计。

# 第十七节　新谷尔纳的规划

　　场地的两边，有一条在东南角拐弯的轻轨。那里有一个短暂的停靠点，不由分说，集市选址就这么定了下来，因为商人和农民要用火车来运送货物。集市占了这里的很大一片，是通往村子的主要入口。穿过铁路，游客从大门进入集市，然后从集市对面的第二个拱形大门进入村庄。从这扇门出去，主干道像蛇一样蜿蜒穿过村子的中央，有三条弯道，尽头是一个小人工湖和公园。走到一半，大道变得宽阔起来，再加上一条向南直转的宽马路，形成了谷尔纳村的主广场。

　　广场四周布置有清真寺、可汗客栈、村务礼堂、剧场和永久展览馆。其他公共建筑离中心较远；例如，男生小学坐落在主干道西北端的公园旁，那里凉爽而安静（公园附近可以获取盛行的东北风）。女子学校也占据类似的位置，但更靠近东部。我把工艺学校放在市场旁边，一方面是为了促进销售，另一方面是为了让染色工人就近把废水排入沟渠。

　　另外两条主要街道弯成新月形，每一条都从主干道的中部开始，形成一条同样蜿蜒的干道，连接村庄的东北角和西南角。这条大道的南面是一间小小的科普特教堂，北面是土耳其浴场、警察局和药房。

　　主街的布局把村子分成了4个"片区"。每个片区里，都将入住老谷尔纳的一个主要部落。在此，我要说明，除了以家族分组的一些巴达纳之外，还有一个更大的部落或宗族分组；在老谷尔纳，由5个部落构成的人口，生活在4个泾渭分明的小村庄里。在新的村庄里，我打算保留这种物质形态上的差别，把部落群体安置在4个鲜明的片区，它们分配如下：

哈萨斯纳族和阿泰耶特族，曾居住在阿萨西夫（位于老谷尔纳中部的小村庄），他们将安置在广场北边的新村中心。哈萨斯纳是很古老的一个氏族，名字来自先知的孙子侯赛因，是他的后裔。因为这个血统，他们一直被尊为虔诚而博学的族群，当时，他们当中有一位神圣的长辈谢赫埃尔·塔耶布，在整个地区深孚众望。因此，把哈萨斯纳族群放在代表宗教和校园的建筑周围看来是合适的，那里有清真寺、两所小学和附属于医务室的妇女社会中心。我把阿泰耶特族和哈萨斯纳族放在同一片区。前者一直与哈萨斯纳族有联系，并且和他们一起生活在老谷尔纳的同一个村子里。阿泰耶特族的名字来自"礼物"一词。哈萨斯纳族和阿泰耶特族占据了广场北面的一个半圆形的片区。

在主干道的南边，围绕着这个半圆，是霍洛巴特族片区。他们的名字意思是"勇士"，是一个不安分的族群，拥有最出名的盗墓者。因此，他们的片区里有集市、可汗客栈、村务礼堂、剧场、手工艺学校、展览馆和警察局。

加巴特是第三个部落，他们的名字来自"森林"一词。因此，他们的居住片区紧挨着人工湖畔和公园。

第四个部落巴雷特，主要住在邻近的一个同名村庄里，还有少数一些家庭住在老谷尔纳的一个小村庄莫拉。他们始终与谷尔纳人保持着相当的距离，隶属于巴雷特族首领的管辖。他们被安置在新谷尔纳的最西边，一条宽阔的街道把这一片区和村庄的其他部分隔开。

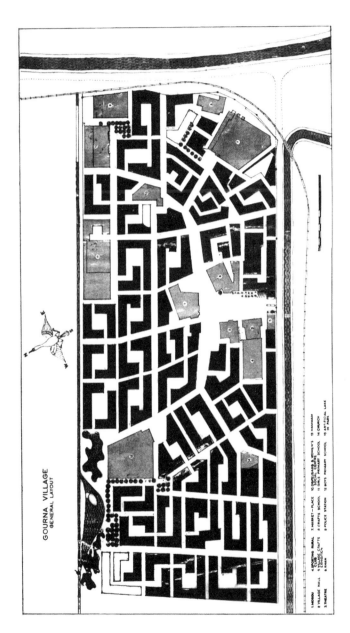

GOURNA VILLAGE
GENERAL LAYOUT

1 MOSQUE 4 SHOPPING BURSAL 7 MARKET—PLACE 10 SECULAR & WOMEN'S 13 HAMMAM
2 VILLAGE HALL 5 VILLAGE CRAFTS 8 CRAFTS SCHOOL 11 GIRLS PRIMARY SCHOOL 14 CHURCH
3 THEATRE 6 KHAN 9 POLICE STATION 12 BOYS PRIMARY SCHOOL 15 ARTIFICIAL LAKE
16 PARK

© 新谷尔纳总平面图

第二章 合唱：人类、社会和技术 167

© 新纳尔的街巷

◎ 新谷尔纳的街巷

◎ 新谷尔纳的街巷

◎ 新谷尔纳的街巷

◎ 新谷尔纳的街巷

分隔各个区域的宽阔街道是推敲过的，是连接所有公共建筑和广场交汇点的主要交通路线。为了保证房屋街区的良好通风和隔热，以及便于移动和划分居住区域，这些街道至少有10米宽。

　　相比之下，通往各个巴达纳的半私密广场的街巷，则故意缩窄了一些——宽度不超过6米，荫沁宜人，还有许多街角和弯道，不让陌生人把它用作大道。在规划里面，它们相互关联，能够促进相邻巴达纳家族成员之间的交流。我把街巷规划成这种曲径通幽的形态，并非简单地想把它们弄得古怪有趣，或者颇具中世纪风情。假如我采用常规的棋盘格一样的设计，房子也会随之采用统一的设计。在长长的、笔直的街巷上，甚至在对称的弯道上，如果要使整体外观不凌乱，所有的房子都得一模一样，可是，住在这些房子里的家庭是不一样的。

　　此外，无论这种棋盘格的布局在大城市里有多么方便，规划者最关心的是怎样达到机动交通的最佳速度和流量，而在连自行车都不太会有的小农村，这种布局模式无疑会后患无穷。让街道把一个小村庄分割成一个个长方形的小街区，彼此相邻却毫无联系，就等于把它做成了平民营房，而建筑师的工作是让村庄尽量充满魅力。倘若建筑师要为其傲慢的决策寻找托词——决定其同胞应该生活在什么样的环境里，那么这个托词必须有助于使他们沉浸于美感之中。倘若一个建筑师的想象力在锡耶纳、维罗纳或威尔斯大教堂的美好中日渐丰盈，却不能在工作中尽其所能创造出最优美的建筑，而是敷衍了事，搪塞客户，那真是极不体面。

　　对于一个埃及建筑师来讲，他本应对开罗老城的美丽街道如数家珍，没有理由故意让现今埃及糟糕的建筑情况雪上加霜。他应该去瞧一瞧达布·拉巴纳街，那里有17世纪的房子，通往清真寺大门，就在街道左转的拐角处，或者他应该再度审视萨拉丁广场四周的清真寺和建筑群，或者是萨拉丁城堡本身的管辖区。他应该去达迪里街瞧一瞧建筑师是怎么把一道难题变成一份出色的答卷——他必须把楼上的长方形房间，沿着一条弯曲的街道布置，把每一个房间的底层都稍稍倾斜一点，这么一来，一端就会比另一端突出一些，并将其支撑在不同尺寸和进深的支架上，以承担悬挑的分量。他应该回忆起他一次又一次渴望造访的所有地方，那些村庄、城镇、片区、广场、街道——那些美丽、文明和文化的罕见成就，它们在地球表面某处的存在，增强了我们对文明的信心，提高了我们对人类的尊重，本着设计师的精神，他应该勇于承担自己的分内之事。

　　设计村庄时，如果要创造一种统一、一种个性、一种美感，甚至一种类似农民在缓慢而自然成长村庄中无意识创造的自然美，建筑师需要尽最大的艺术关怀。对建筑师来说，为了确保管线系统良好而牺牲所有赏心悦目的事物是无礼的。可是，他应该遵从什么样的规律、根据什么样的原则来实现自己的目标呢？当然，上述几个杰作中产生的神奇效果并非偶然，但不幸的是，规则并没有被制定或概括罗列出来。佛罗伦萨领主广场线条、体块、形状、色彩、外观和肌理的可控变换，真真切切与音乐中的变调一致。音乐和建筑之间有一丝恰当的类比，两者的美学法则异曲同工。一座房子可能是一段旋律，整个城镇就像一曲交响乐，像威尔斯附近的城镇广场次第抬升，一段接一段地奏响乐章，最终在威尔斯大教堂到达高潮。在音乐中，为了杜绝不动听的声音，为了创作悦耳的乐曲，和声与对位的排序是有规则的，而在建筑中，恰到好处的品质要凭直觉来感受。这一点上，建筑更像诗歌而不是音乐。但愿有一部建筑作品的创作导则，能帮建筑师井然

◎ 主广场上可汗客栈西北角

有序地布置光与影、实与虚，表面的平朴与文饰，使整个设计呈现系列主题的变化与发展、渐变与升华、乐章交替的平静与生动，仿佛打开了贝多芬或勃拉姆斯的整部乐章。

没有任何既定的构成法则，建筑师要依靠自身的敏感度来制定市镇规划，对其而言，在一个概念的整合之下，视觉变化造就了生生不息的多元与美丽。这些设计以其自身为例，创造了或至少表明了未成文的视觉法则。

然而，调整与变化，并非那种与原本乏味的规划结合之后就能生动活跃起来的设计元素。如果这种形状和大小的变化并不源于建筑的需求，或来源于居民的需求，那么它们就只是一种虚妄的美化，做不到赏心悦目。

在谷尔纳村，我要因地制宜地布置房屋，它们要按照所替代房屋的基址变换尺寸，随形就势；我要小心地兼顾每个人，避免无来由的多样化，依据每位入住者的需求，变换房屋的布局；我将创造一个村子，要素协调，主旨明确。我给自己出了一道难题，在各种匪夷所思、奇形怪状的基地上完成数量巨大的房屋设计；这道难题是创造性的，需要一个真诚且原创性的回答，而通过美化既定的设计只能得到陈腐且不适用的方案。我的不规则设计，兼顾多样性与原创性，外观的旨趣一致，同时避免了雷同住宅的乏味排列，而后者通常被认作是穷人该住的房子。

# 第十八节　公共服务建筑和设施

## 18.1　清真寺

清真寺基本上是礼拜者在祈祷时的庇护所。星期五，每个人都要到清真寺参加祈祷，在那里，他们所听到的布道可能涉及各种各样道德、神学或政治的话题。所有的祈祷都要朝向麦加，而建筑也要遵照这一朝向，换言之，在一个城镇中，清真寺的朝向很少与街道方向一致，在许多旧清真寺中，从临街的门墙到麦加朝向的内部过渡是一个有趣的建筑艺术问题，通过一个令人愉悦的走廊和场地布置，让人忘记街道就在外面。

在主祈祷区，教众在谢赫面前排成长行，而不是像在基督教教堂那样排成纵列。（为了鼓励人们在祈祷时遵守时间，据说前排的人会得到额外奖励）宣礼塔上的宣礼员召唤每一个祈祷者，在一座大型清真寺里，这一召唤可能要从建筑物中央的一个看台上转达给教众。朝拜者在祈祷前要保持干净，由于很少有人能在家里方便地沐浴，所以所有的清真寺都提供了洗浴场所和水。

清真寺和基督教教堂之间最显著的区别在于，清真寺没有像祭坛那样的中心建筑，祭坛是建筑和宗教仪式的共同核心；清真寺里的一面墙上有一个壁龛（朝觐方向）指向麦加的方向，边上有一个讲坛，谢赫可以在那里讲话。清真寺为礼拜者服务，将他们与外界隔绝，将他们的思想从朴素的墙壁反射回来，将注意力集中在真主身上。有鉴于此，这里没有画像，没有雕像——最多只有几篇文字——也没有仪

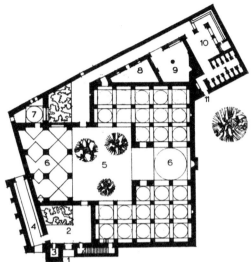

1. 入口；
2. 前院；
3. 库房；
4. 拱顶步行长廊；
5. 庭院；
6. 祷告壁龛；
7. 谢赫房间；
8. 储藏室；
9. 小礼拜堂；
10. 斋戒沐浴室；
11. 斋戒沐浴室入口

◎ 清真寺平面

◎ 清真寺，1948年

式。人们认为没有必要通过中介接近真主，也不必非得用象征符号来诠释真主。

不能描绘生动的具象之物，阿拉伯艺术工作者把全部的技巧和情感都倾注在书法纹样里，使其日臻完美；在伊斯兰的大清真寺，惟有真主的箴言可以装点墙面，而字符本身的优雅，完美衬托这一质朴的意图。书面阿拉伯文的笔画线条，由窄条形的石雕门楣所压缩和限定，字符与植物纹样穿插交织，绵延无尽的图案环绕着墙壁，倘佯其间，信士可随时重新领悟真主的圣言。

为了营造让人沉思冥想和祈祷的端庄宁静氛围，我就得思考光线怎样打在墙壁上，如何分布在房间里。我相信，但凡有建造的传统，当地宗教建筑都会逐渐发展，成为信众神圣信念的代表，我认为，尊重和保留当地的形式和特点才是正确的做法——就像我保持了上埃及的传统，一道笔直的楼梯直冲宣礼塔，它高高伫立，仿若高悬在清真寺上方的讲坛。

一个有几棵树的露天院子里，四面都有开口的壁龛，供谷尔纳村4个族群进出。除了西侧之外，这些壁龛都是有盖的空间，屋顶上有一堆小小的穹顶，其中一个蔚为大观的穹顶罩着讲坛和指向穆斯林朝觐方向的主壁龛。穹顶由拱券支撑，因此朝拜者可在沿整个建筑的面宽排成长长的一行。第四个壁龛，在庭院的西侧，正对着建筑主体，屋顶为交叉筒拱，呈梯形平面。清真寺的北墙很长，与南墙成一定角度，远远超出建筑主体，以容纳向东北角突出的斋戒沐浴室。其他一些结构从主体建筑群中生发出来：一座宣礼塔；在正门上方有长长的、笔直的室外楼梯；一段拱廊，可以用作客房；一处谢赫的住所；

© 清真寺，1968年

一个私人祈祷和冥想的小房间；还有一间储藏室。

礼拜者有两条进驻路线可选。如果他清爽干净，将从南边进去。他会穿过楼梯下一个高高的拱形门廊，进到一处铺砌过的小前院，中间有一个花坛，穿过花坛进入清真寺的主庭院。他的左边，可以看到拱形的壁龛，然后，他再往右走，穿过庭院，进入大筒拱顶下的主壁龛，直到他站在大穹顶下，就在朝觐方向主壁龛的正前方。环顾四周，左右两边都是一排排方柱支撑着拱券，拱券上有浅穹顶。他的头顶上方有一个大穹顶（顺便提一下，这个穹顶是用烧过的砖做的——这是谷尔纳唯一不用泥砖做的穹顶）。在鼓室中的4扇窗户以及庭院中漫射光线的柔和照射下，壁龛呈现出一种精妙的、虚实相间的图案，置身其间，在祈祷时，礼拜者不会有一丁点儿的分心走神。

如果礼拜者不干净，他会从一扇门直接进入沐浴室。在这里，他会在右边找到一条通道，穿过一排抽水马桶，通向一个两排的淋浴房，在那里他可以把自己洗大净，再往前走，会看到一个做小净的厅室，可以洗头、胳膊和腿。这个厅有一个下沉水槽（两边都有），可以从墙上一排大约齐胸高的水龙头里取水。在每个龙头前，都有一块供小净之人坐的石块。这种布置方式经由反复的实验，最大限度地给洗头、洗脚之人带来舒适。

沐浴之后，礼拜者会走过一条长长的走廊，穿过一个用于私人冥想和祈祷的小礼拜堂，迈过储藏室的门，然后左转进入主祈祷区。或者，他可以进入一个开满鲜花的庭院，从那里进入有三棵红柳树的主庭院，踏上厚厚的针叶地毯进入主壁龛。

谢赫从北墙的一扇小门进入清真寺，门对面是他自己的住所和客房。他在清真寺西北角有个小房间作为书房。这个房间很有趣，因为它完全是不规则的，需要拱顶、拱券和穹顶的创意结合才能覆盖它。它没有直角，也没有两个尺寸一模一样，从它的门口，可以望见一个令人愉悦的失真视角，目光所及，一排有壁龛的拱券渐次缩窄，消失在尽头。

清真寺另一个值得注意的特点是它的客房。大多数人来到一个陌生村庄都会直接去清真寺，在那里他们会遇到各色的村民，打听消息，办理住宿，所以我觉得应该为这种习俗提前做好准备。靠着西墙，在外面，我修了一条长长的通道，上面有一个筒状拱顶，北向开口，接纳凉风，还有一扇门通向前庭。这里有座位和两个水罐，游客可以惬意地坐着聊天。

## 18.2 集市

乡村生活中，赶集那天既是假日也是做生意的日子。这一天是女性的专属节日，每周的这一天，她可以摆脱房屋的禁锢，尽情外出溜达、逛街和闲聊。女人会把要卖的东西带到集市上——或许是一只鸡，或许是一篮鸡蛋、黄油、奶酪，在那儿，她会忘掉生活的单调沉闷和循规蹈矩；她会把她的货物换成钱，在悠长、热闹、尘土飞扬、美味可口的一天中，把剩下的时间打发在挑选折扣商品、摆弄布料和针头线脑等东西上，在买完一星期的食品杂货之前，还要掂量香料、谷物、豆类和果蔬的品质。最重要的是，红尘俗务之中，她觉得自己是这世间的一份子。按照古老的习俗，集市上，由来已久的社会束缚会松弛一点，她是人群中的一位，而非家庭中的一员。

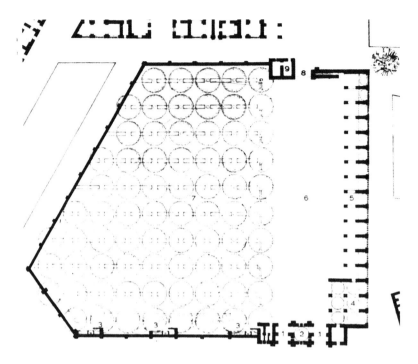

◎ 集市平面

1.公共入口；2.管理用房；3.露天餐厅；4.咖啡厅；5.商品展台；6.谷物区；7.牲畜展示区；8.村口通道；
9.鸽舍

◎ 集市入口

在集市上，她们的男人则是另一番做派。他们不喜欢在摊档周围为蔬菜讨价还价。他们的特权是出售如牛、驴和骆驼这样正经的大型动物。在咖啡馆里，他们一坐一整天，优雅的谈价，从容不迫，深思熟虑，报一个价再还一个价，好似下着一盘棋，在慢条斯理的交谈和关键时刻的沉默中，一天就过去了。

由于人类交配的本能已然淡化和平衡，成为一种持续的单调刺激，而不是动物那种周期性的性亢奋，所以在城市里，贸易的需求由稳定的、平淡无趣的、毫无旋律的、匆忙的商业活动来满足；而在农村，贸易就像农民生活的其他部分那样有节奏和有季节性。尽管存在种种不便，这些断断续续的贸易带来丰厚回报，使商业成为一种节日性的公共活动，几乎成了一种仪式，相较其在城市中的波澜不兴与平淡无奇，更富个性化与兴奋劲儿。

集市上，本周的所有交易都在这天成交，这一天是乡村经济心脏每周一次的跳动，这一周的脉动分明反映了村民经济的健康状况。这个地区的所有农产品——农作物、牲口、本地制造品，都汇入集市。在一个村子里开几家商店，不见得有足够的顾客，顶多有一家店铺，卖些日常的必需品，如咖啡、糖、米、油和火柴，明智的商人不会囤积其他东西，因为永远卖不掉，很快会砸在手里。只有在赶集的日子，村民才能找到粮食、谷物和蔬菜，因为在农村，每寸土地都种上了经济作物，没有种蔬菜瓜果的菜园子，蔬菜来自城市近郊的蔬菜基地。只有在这里，农民才能买到新的牲口，家庭主妇才能买到针头线脑。农夫和妻子会在集市上瞧见布料、衣服、鞋子和化妆品；各色食物；地毯、挂毯和亚麻布之类的家居饰品；锅碗瓢盆和普赖默斯炉；还有斧头、铁锹和篮子等。在这里瞅上那么一眼，你就可以看透这个村子的富裕程度，顺便的，还能察觉到村民家居的用度品味。

◎ 新谷尔纳的集市

◎ 在老谷尔纳集市的农民

◎ 新谷尔纳集市的拱顶

◎ 集市拱廊

◎ 代尔拜赫里神庙的浅浮雕壁画：树影下的动物

◎ 新谷尔纳集市的动物纳凉区

◎ 货物交易区

◎ 那迦达村的集市

在集市的摊位上走走，可以看出农民的感情变化。卖的东西不再是最漂亮的了。有多少本地纺织品在工厂化印花制品的激烈竞争下销声匿迹，有多少朴素的传统商品被华而不实的塑料制品挤出市场！自制的简单用品被城市大批量生产的精致玩意儿所取代。每当发现一些漂亮的乡村手工艺品时，就会被告知它已经过时，不再制作了。弱小的农民文化怎么抵御得了西方工业的狂轰滥炸呢？

虽然赶集的日子给乡村的一周带来了各种色彩和兴奋，但在大多数乡村，集市本身就是不道德的商业场所。埃及集市的垄断权属于一家私营公司，只有在这家公司的基础上，集市才能获得许可证。通常是铁丝网围起来一块荒芜之地，有一扇大门和一个税吏，对于那些带着他们的货物和牲畜蜂拥而来的人们，几乎没有提供任何的便利。那里没有遮阳，没有水，也没有太多的永久性建筑。

我规划的谷尔纳集市，应该为每周一次的集市提供更适宜的支撑。这些牲畜会在固定的饲料槽边喂养，饲料槽的高度适合骆驼、山羊或驴子，所有饲料槽都有布局规整的树木来遮阴。摊主们将会得到一排阴凉的拱顶，在拱顶下摆放他们的货物，还有一家咖啡馆供人们在里面小坐。

刚才我说过，集市在村子东南角，挨着火车站。从铁路的一侧进去，人们穿过带双拱的纪念性大门，然后沿着相当宽阔的道路与另一个大门对视，在村庄一侧，其单拱门和大鸽子塔在左侧。赶集的日子，这条路成了谷物卖家的地盘，他们把金灿灿的玉米堆叠铺在带条纹的遮阳篷下，一直摊到路的尽头。紧靠右边，你能看见咖啡馆，一溜有6个穹顶，沿着东北墙一直延伸到另一扇门，14个深深的拱顶排成一溜，下设摊位。每个拱顶的深处，一个低矮的平台上，卖家蹲在货物中间，和面前的一群女人讨价还价。

在你的左边，会瞧见一片树林，像果园一样整齐划一，那是最阴凉的地方，树下是长长的饲料槽，每条饲料槽的一端都有一个水源，树上拴着许多牲口，这些饲料槽中间，人们来回穿梭，打量这些动物，而奇特的骆驼、驴子或奶牛，可能会由主人牵着游荡展示一番。这些要卖的牲口，进入集市得缴纳驻场费；其他不卖的牲口，则被留在集市外面，它们只是刚刚把主人和货物驮到集市。我在集市外的铁路旁设置了一个驴子公园，同样种了一些树木来遮阴，也装了一些饲料槽和供水点。

## 18.3　剧场

在埃及，农村社会仍然与城市社会大相径庭。村庄里，各种各样的艺术仍然存在——例如陶器、纺织和金属制品等——乡村生活的结构中，有许多仪式和娱乐，它们与制造艺术一样，都是民间艺术的一部分。

譬如，一场婚礼上，有一支乐队奏乐和一名演员伴舞，村里年轻人昂首阔步走进来，亮出他们在铁头木杵打斗中的实力，并挑战巴达纳人的冠军。铁头木杵是可以追溯到法老时代的一项运动，至今仍在埃及乡村地区盛行。每当两三个农民在田间地头凑到一块儿，夜晚围着篝火时，就会拿起他们的木棍，两两捉对一较高下。在更多的公共场合譬如婚礼上，这种打斗切磋会变得相当激烈，而且上场的主角有时也会受伤。然而，不管危险与否，这种打斗对观众和上场者来说，比镇上的任何一种娱乐方式都要过瘾。电影和广播不能像现场表演那样给予观众一种社区感。只有在剧场里或观看一场真实比赛的时候，观众才能感受到这种个体精神，亲自体会场上选手或演员的命运。同样的观众，若分散在几间孤零零的屋子里，根本意识不到自己。即便是在黑黢黢的影院里，银幕上的故事也会按部就班地进行，从来不会因观众的情绪或人数来调整快慢或语调。

那么，为什么不给谷尔纳一个永久剧场呢？在那里，我们可以呈现日常生活中的舞蹈、歌谣和体育活动，并守护它们，使它们免遭灭绝。如果面对电影和广播的竞争，不帮它们一把，消亡将不可避免。在剧场里，他们可以发现赏心悦目的背景、热情的观众，首要的是，有了一个永久的场所，比起乡村生活里偶尔举办的婚礼，演出将会更多。

我决不能假装剧场是埃及村庄的传统特色；事实上，谷尔纳剧场一直是埃及村庄里唯一的剧场。然而，在我看来，它和一座乡村礼堂或一所学校同样不可或缺，我们已经一次又一次地证明了它的价值，一场又一场令人难忘的演出，让村民和游客尽兴而归、流连忘返。

这个剧场介于希腊剧场和伊丽莎白时代剧场之间，是一个没有屋顶的梯形空间，梯形长边一侧是舞台，其余三面是一排排阶梯式座位，中间是竞技场，也可以做乐池。舞台是一个简单的石头平台，大约3英尺高，35英尺宽，露天开敞，台口与前面的墙体齐平。它的布景是固定的，有两幕场景，一幕是室内或庭院，另一幕是街道。室内场景占据舞台的大部分，包括后墙中间的一个入口，上面有一个阳台，可以从观众席左边的楼梯抵达，还可以从后台的一扇门直接进入。另有其他的侧门，一个在观众席的左边，另一个在观众席右侧的一道

◎ 铁头木棒打斗竞技

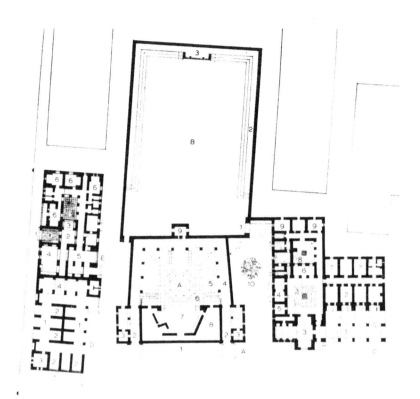

◎ 平面

（A）剧场：1. 乡村广场露天演出的阶梯座平台；2. 入口；3. 售票处；4. 长廊；5. 座位；6. 合唱席；7. 舞台；
　　8. 后台；9. 投影室；10. 露天门厅
（B）体育场：1. 入口；2. 座位；3. 包厢
（C）村务礼堂
（D）工艺品展览馆
（E）阿卜杜勒·拉苏尔农户邻里

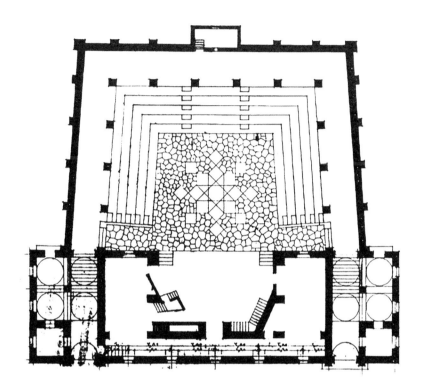

◎ 剧场平面图

المحور الحركي بين الحشد
قطاع عرضي على المسرح المتحرك

الرسم الابتدائي
قواعد الغرفة الموحدة

© 剧场立面

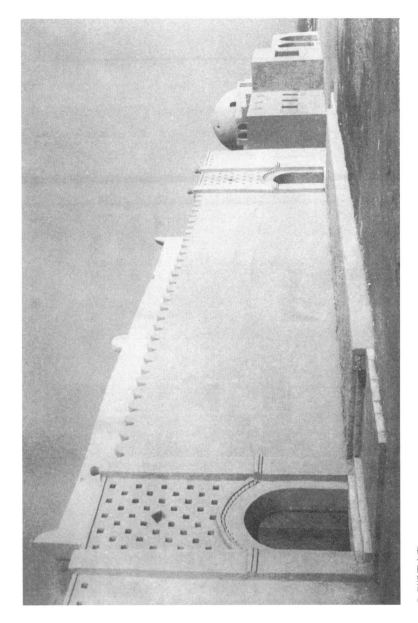

© 剧场正立面

"之"字形固定照壁后面。照壁上开着两个窗洞和一个门洞以显通透，也能挡住视线，并暗示出大致的街景立面。整个舞台区，除了台口之外，都由一片大约25英尺的高墙围合。

这个舞台区域的每一边都有一个入口厅，有6个穹顶。宽敞的后台空间用作储藏室和演员化妆室。

舞台前方是一个约36平方英尺的竞技场，地面铺着沙子，可用来表演，也可用来展示铁头木杵打斗。舞台两边各有一段台阶。

观众席安置在6排石头座位上，像希腊剧场那样拾级而上，只不过是在围绕着广场竞技场的三条边上。这些座位可以容纳大约500名观众，与此同时，座席基础外的宽阔走廊上还可以站200人，走廊在一圈座位的后侧。走廊上部有一排藤架，两侧有带着泥制花格的扶手环绕，后方是一面朴素的墙，里面有电影放映室。

这里的演出与欧洲剧院的戏剧截然不同。没有剧本，也没有制片人。舞台总监决定演出的顺序，并精心调度一众舞蹈演员、哑剧演员和吟游诗人在舞台上的进出，串起一个丝丝入扣的故事。

繁星满天，夜空微凉，一群叽叽喳喳的观众，有的坐在台下石凳上，有的站在后面走廊里，舞台上空空荡荡，漆黑一片。一切都是那么静谧，这时，从舞台后面的某个地方，传来一丝孤独的吟唱之声。歌声越来越近，观众凝神静气地向前倾，交头接耳之声慢慢平息下来。歌手登上了舞台，从舞台一头穿到另一头时，依然没有亮光，一道黑黢黢的、从容的身影在角落里缓缓地、气定神闲地站定。他划

◎ 观众席

了一根火柴，点燃事先备在那里的一堆篝火，背对着观众，依旧唱着他的歌谣。楼上的阳台，一扇窗打开，接着一扇门也开了，一位姑娘走出来，侧耳聆听歌谣。她把一盏小灯笼挂在门旁，在台阶上踱来踱去，晃过哼唱的歌手跟前，歌手也没抬头正眼瞧她。她悄无声息地掠过他身边，穿过街道正面的门头走了出去。歌手的朋友三三两两进来，围坐在篝火旁，聆听歌曲。

接着，对手部落的人悄然而至，聚在舞台的另一头，在那边点起篝火，带来他们自己的歌手。两个部落开始争着去拉姑娘的手，公然发出奚落和挑衅。每位吟游诗人轮流唱一首事关对手的诗歌，他的同伴们则重新合唱一遍这首诗歌，之后，他们假装若无其事地坐下，而对方的吟游诗人则现编一段诗歌作为回敬，结束这一通奚落。

当两位歌手在竞技之际，舞台上，歌曲应答一唱一和，合唱此起彼伏，年轻人骄傲而又锋芒毕露地用手挥舞着他们的棍棒，壮怀激烈地为女孩而战。他们一个接一个、接二连三地跳进竞技场，在那里点燃第三堆篝火，在闪烁灯光映照的摇曳剪影中，他们挥出了激烈争斗的第一击。越来越多的人开始聚到他们身旁，有的步行，有的骑马，有的骑驴，当一个又一个战士倒下时，另一些战士又挺身而出。

伴随争斗节奏的加快和情绪的高涨，越来越多的篝火点燃，直到整个剧场在6堆篝火的熊熊火苗中跳跃闪烁和吱吱作响，伴着年轻人的欢腾和跳跃，战斗在墙壁上落下巨大的影子。口哨声和棍棒声在空中激荡，演员的呐喊声在台下座席中激起回响，每位观众都站了起来踮起脚尖，用最高的嗓门声援助威。事实上，观众往往会按捺不住加入进来——他们从座席上跳下来替代倒下的勇士。

◎ 演出

但战斗已近尾声，有一个人奋勇向上，战胜所有的挑战者，赢得了女孩的芳心。他得意扬扬地被抬上了舞台，这时，人群散开了——有的人跟着他上了舞台，有的人回到了观众席位。婚礼已经准备就绪，胜利者坐在舞台中央。乐师们聚在一起，在欢快的火光下举行舞会和婚礼游行，直到晚会曲终人散，火苗一个接一个地熄灭，客人们哼着歌陆陆续续消失在尽头。只剩下一堆篝火还在燃烧，第一个歌手坐在那里，背对着新婚夫妇，他的部落败落了。篝火越来越黯淡，火苗忽明忽暗，他的抒情小调弥漫了整个剧场。此刻，唯一的光亮，来自阳台上的一盏小灯。

新娘站起来，牵着新郎上台阶，穿过门来到阳台。她取下灯，关上门。歌手黯然起身，缓缓离开。有那么一小会儿，人们还听得见他哀怨落寞的歌声，若即若离，直至消散。演出落幕。

## 18.4　学校

大概在这个时候，埃及政府提供了一个难得的建筑机会。一项新的"学校建设计划"已经启动，在埃及建设4000所学校，其中大部分将建在农村。有了官方的热情支持，可以把建筑的新理念带到这个国家最偏远的角落，这些建筑将立刻成为人们日常生活的一部分，并开始一场建筑复兴，以便和新学校将发起的文化复兴并驾齐驱。

和其他国家相比，埃及由于起步较晚，完全可以借鉴世界各国的办学经验。很多东西可以借鉴，譬如，英国1939年以前建造的所有学校，都没有达到战后为新学校制定的标准。美国多年的钻研，造就了最宽敞、设备最齐全的学校。校园建设方面不乏忠告。

然而，公共工程部开始在所有这些不同的村庄，建立类型统一的学校。有人给我展示了位于亚历山大和努比亚的同一种学校的设计——这两所学校南北相距650英里，气候和学生类型完全不同。

　　曾经有一种建筑风格叫"埃米尔"，由总督老爷[①]、本地贵族引入，专指当地的宫室和官署。它们顶多算是欧洲宏伟建筑的不入流翻版，借此区分那些不入眼的本地房子。这种风格移植到上埃及泥泞的村庄时，因造价限制，缩减了尺度；想惹人注目，选址又扎眼，宛如花坛上的垃圾箱那般触目；立面矮胖，窗户齐整，暗示着里面满是尘土的四方教室。其强硬的城市做派表明，这所学校是警察局的孪生兄弟；彻头彻尾的丑陋让它和教育扯不上一丁点关系。那里面可以是学校，也可以是邮局。记得曾有这么一栋建筑，从早晨8点到晚间7点，外面是埃及的灼热艳阳，教室里的光线却很糟糕，电灯长明。以经济和现代之名的长官式风格，却使我们村庄里学校的设施连国际公认最低水准都够不着。

　　埃米尔风格已声名狼藉，但煽动它的精神依然暗流涌动。一代代建筑师仍在追逐时尚，如今，一种新的埃米尔风格——陈腐的法式现代建筑，正在埃及蔓延。虽然长官式风格与乡村教育的需求毫无关联，但是，即便是最开明境外建筑师的标准和想法，我们也不能不加批判地照单全收。在学校建设的处理手法上，纵然在那帮最开明的校园建筑师中，也有一种非常普遍的、根本性的错误。建筑师考虑建筑功能，观察学生流线，揣摩教学节奏和知识传授过程；他算出最佳温度和光线强度。打一开始，他就把学校看作工厂，把他的才华用于简

---

[①] Khedive，埃及总督。——译者注

化学童的秩序。诚然，学生就像罐头厂的牲口一样，得以温柔善待，以平稳、隔音、卫生、带空调的效率，经历教育的每一道工序，但对学校的设计任务而言，建筑师其实还没真正切入呢。

他得先解决这些机械的先决条件，毫无疑问，它们本该纳入各所学校，被建筑师当作最低标准，就像屋顶或地板之于学校那样自然而然，唯有如此，他才能真正考虑建筑设计的问题。他很像钢琴师，只有掌握了钢琴的演奏技巧才能开始诠释自己演奏的音乐。

要像设计教堂、清真寺那样设计学校，因为这是同一类建筑。孩子的心灵会在校园中成长，建筑不能削足适履，要带上他们一起翱翔。建筑师在自己图板上画下的数根线条，关乎命运，决定了想象的边界、内心的安宁，以及未来数代人的教养。只要他的校园在那里，墙壁和窗户就会对最无邪的孩子们说话。他身肩重任且责无旁贷，需在建筑中为孩子们创造一处爱与鼓励的源泉。

如果把爱带入工作，它总会流露出来。如果建筑师充满爱心地考虑每个细节，看看孩子在他笔下的墙垣里，怎么生活、怎么学习，观察孩子的劳作与玩乐；如果能和孩子平起平坐，而不把孩子当作小大人，那么，他会发自内心地给予孩子友善的建筑。普通的成年人，在厚黑的环境里成长30年，很难想象孩子自信心建立在多么脆弱的基础上。可是，校园建筑师一定要通过孩子的眼睛看世界，不仅要理解孩子对尺度和空间上的需求，更要了解，什么会安抚孩子，什么会吓到孩子。

从出生的那一刻起，孩子每天都在经历绝对安全感的消磨殆尽，那是人人感受过的子宫生物安全感。在母亲的照料下，他或多或少学会了在充满敌意的环境中依靠自己，不过这需要很长的时间。

许多成年男子发现，当他们在人生中遇到一些对手，心会一沉，渴望飞回母亲安全的怀抱。面对这个不友好的世界，孩子的绝望一定会更大。

建筑师一定要使出浑身解数，把教室做成一个家一般的房间，让人充满信心，倍感安心。若非如此，打一开始，他就会让教育家们前功尽弃。这就是为什么，若要迎合教育理论的未来变化，在教室里，教师和建筑师依据新标准设置移动隔墙，就是在自我拆台。那些屏风分割、家具重摆、不停变样、形状不定的教室，会让孩子们无所适从，紧张不安。作为教室，它们毫无特色，苍白的就像空荡的橱窗与展厅，生活其间的孩子感受不到亲切和友好，引发这种创作的犹疑不定也只会逐渐侵蚀孩子们缓慢成熟的自信。

我刻意使用了"生活"这个词，因为孩子每天来学校待上几个小时，"填鸭式"的学习，然后回家，这是一种笨拙而勉强的教育方式。教室应该是孩子们的家，在那里他们可以有自己的生活，而不只是一处老师眼皮下的相聚之地。譬如，教室大小的推荐值，有人研究过，基于儿童的生长发育特点，6~8岁的儿童在教室里需要3平方米的空间。而一名教师能应付30名儿童，因此，一个适当的教室需要90平方米的建筑面积。但这意味着一个9米×10米的房间，看起来会很大，像个车库，对孩子来说一点儿也不友好，也不值得信任。

在设计真正优美的教室时，简单的算术无能为力。

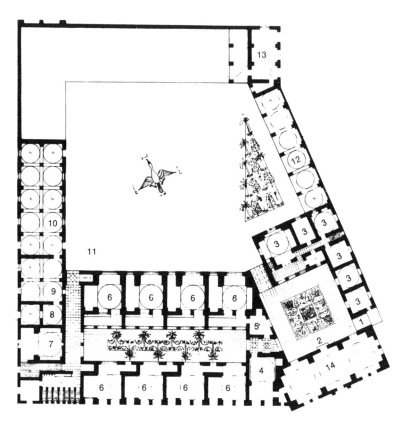

◎ 男子小学平面

　1.入口；2.入口庭院；3.校长和行政办公室；4.大师房；5.主管室；6.教室；7.清真寺和斋戒沐浴室；
　8.储藏间；9.厨房；I0.餐厅；11.主庭院；12.棚房；13.手工作坊；14.集合讲堂

◎ 男子小学

◎ 男子小学入口庭院

◎ 男子小学教室庭院

自打上学，我对自己的小学穆罕默德·阿里学校没什么记忆，它也是由公共工程部设计建造的，照着惯常的规划，一排相同的教室，前面有一条走廊。虽然算不上很难看，但起码是毫无个性，审美平庸。我的中学——赫迪维耶学校就完全不同，给我留下了一些最生动、最愉快的记忆：出人意料的角落、奇形怪状的开放空间、各种形状大小的厅堂和教室，还有可爱的花园。这座建筑让人惊喜连连，会激发许多学生的想象力和情感，他们无疑也吸收了老师的教诲。可是，这座建筑本来就不是按学校来设计的，它原本是一座古老的宫殿。

　　谷尔纳以前没有学校，按照正常情况，只有在"学校建设计划"中轮上之后，村里才能得到一座现代长官式风格的，毫无魅力的校园建筑。

　　我想，最好还是先造一所学校，或者干脆就按照我自己的标准造两所，一所给男生，一所给女生。这可能会促使教育部提前派遣一些教师，甚至可能成为该地区后来校园建筑的榜样。这组建筑竣工后，公共工程部表示很满意，他们喜欢这种风格，更喜欢它的造价。当然，我是用泥砖盖的。后来，在公共工程部的邀请下，我在法里斯又盖了一所学校，造价大概是一般学校的1/3。

　　为了保持洁净与安宁，教室散布在铺有石板的庭院周围，而不是像传统清真寺里的学校那样限定在清真寺的中心庭院里。精心布局的开放空间，不只是有令人兴奋的花坛，还将有效连缀诸多独立的体块。通常，每个体块都会被精心设计，数个房间及其走廊将布置得令人愉悦，但是体块自身则随意地、漫不经心地散落在场地四周，有待园丁用草坪和鲜花把它们连缀在一起。现在，如果建筑师像对待室内空间一样对待建筑之间的室外空间，并有意识地使用不同的体块来塑造这个空间，他就不会浪费一丁点儿场地。每一平方英尺，有顶的或开敞的，对于整体来说都是有意义的。为什么？因为这些开放空间可以转化出特别切实的用途：一幢特意并置的建筑意味着一个舞台，这样四合院可以转换成礼堂，或者说它可能被证明是一个露天的集会空间或教室。同理，从教室到街道的一系列开放空间，孩子们穿越的回廊、天井、合院与操场，每一处都极富特色，为他们进出校园的路途带来了一系列欢乐。

步入校园，孩子们会进入一个小庭院，院子中央有一个布满装饰的池塘。这个设计源自第十八王朝雷克米尔陵墓的一幅壁画；上面画着一泓方形的小水池，周围是一簇高大的棕榈树，有规律地种植在水池边，让人不禁想到生日蛋糕上的蜡烛，还画出了根茎之间的水。通向这个庭院的是礼堂和学校办公室，其中有校长室和一间供兼职医生使用的房间。

孩子们不紧不慢地走过这个小庭院，美景扑面而来，然后穿过拱门进入两排教室之间的主庭院。这个院子带铺装，为避免积灰，院子里还种上了树。

两边各有四间教室，每间教室都有大而浅的穹顶，面积约400平方英尺。由于穹顶需要方形的基座，因此，所需的额外空间以拱形的壁龛形式添加在广场两侧。这种布置带来的教室很大，但它被分成三个清晰而不同的区域。在我眼里，这是一种特别人性的课堂，这样，孩子不会在一个巨大的、不友好的房间里感到迷失，而是一直坐在一个符合他自己尺度的空间中。这种房间，是使用泥砖如此简陋的材料而收获的一份欣喜。泥砖的结构限制，迫使我们从地面向上建造，始终牢记要给建筑加一个顶盖收头。我们不能仅在墙上铺一层混凝土板来盖屋顶；每块砖都对屋顶有特定的贡献，并决定了围合空间的最终形状；受限于砖的自然强度，使我们把屋顶空间分成若干人体尺度的单元。

教室庭院尽头是学校的清真寺。在里面，最有意思的是光线。由穹顶上四扇小小的高窗引入，这样一来，光线祥和宁静，均匀洒满室内空间。这般平静的光线使这座建筑庄重肃穆，有助于平和的冥想。不会有任何刺眼的光芒从无遮无挡的窗户射入，也不会有任何室外景色令人分心。就像村里的大清真寺，这座小清真寺会让礼拜者的思绪回到自己身上，使他沉浸在冥想之中。

这个场景触动了我，这是一种绝佳的教室采光方式。在埃及，当教室窗户设在和眼睛平齐的高度时，会摄入外部所有的光线——尘土飞扬的街道与耀眼白墙上颤动的眩光会全部反射进来——形成强烈的反差，看书时极不舒服。可是，如果教室只靠高窗采光，会显得太封闭、太清净——教室不是清真寺。最好是在外面修一个小花园，用低矮的花草为孩子们带来一点隐私，让学生通过设置在地板上的低矮窗户望见花园，就像日本人所做的那样。在这座花园背面修一堵不反光的墙，这样每扇窗户都将成为一幅生动的画面，宁静低沉的色调能让学生在上课时提神。除此之外，高高的穹顶窗户，将带来柔和、均匀的采光，彩色玻璃窗也会让孩子更开心，打造一个活泼、欢快而又平静的教室氛围，如果非得让我再设计一所学校，我肯定会这样做。

◎ 教室

◎ 教室

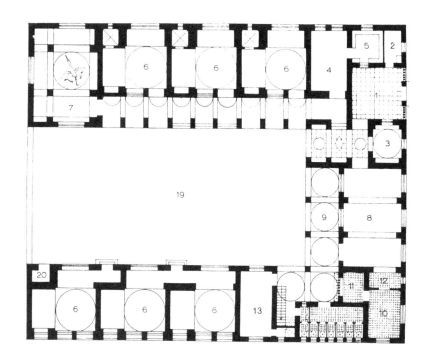

◎ 女子小学平面

1. 入口；2. 门卫室；3. 主管室；4. 书库；5. 发书处；6. 教室；7. 艺术教室；8. 餐厅—展览室；
9. 棚房；10. 厨房；11. 储藏间；12. 服务；13. 女士房间；14. 楼上的女士房间；15. 浴室

◎ 女子小学通风系统

◎ 女子小学庭院

◎ 手工艺学校庭院

◎ 手工艺学校正立面

教室配备了一个简单而有效的通风系统。每个房间的上方都有一个像烟囱一样的方塔，朝北大开口。凉爽的北风会从开口处吹进来，高高的，没有灰尘，吹过一盘盘湿漉漉的木炭，就像烟囱里的挡板。这个装置可以使温度下降10℃。

## 18.5　哈曼浴室

为了鼓励农民保持清洁，政府在许多村庄提供了公共淋浴房，这值得称道。虽然初衷是好的，但实际上这些淋浴房并没用起来，如今，对安装它们的、笨手笨脚的、有制度意识的公共捐助者来说，它们是一堆凄凉的纪念品。农民之所以不用，第一，因为政府没钱提供热水，总不能去怪罪人们不爱洗冷水澡吧；第二，这些服务人员都是政府雇员，对保持公共场所的清洁没有兴趣，连本职工作都做不到，更别说让这些场所变得有吸引力了，何况政府日常运转的滞缓，浴室里常常连肥皂都没有。

公共浴室要么设在不起眼的房子里，要么藏在后街陋巷中，要么挨着清真寺的厕所，它受欢迎的程度就像水一样冰冷，永远不会成为它本该成为的那种社会机构。不过，有一段时间，哈曼公共浴室是埃及每个城镇最时髦的社会中心。

当拿破仑入侵埃及时，哈曼或者称土耳其浴室，是一个繁荣的机构。它是对清真寺的补充，方便礼拜者按惯例在星期五早上进行"大净"，它很被看重，所以建造一间浴室被认为是最高级别的慈善行为。萨夫根·埃尔·萨乌里说，一个信士花的任何一枚迪拉姆，都比不上拥有哈曼的人花在洗浴设施的改善上。如今，土耳其浴室在欧洲和美洲许多城市的普及，印证了哈曼浴室的卫生优点理应得到赞扬。当然，在那个时候，如果有人感觉要生病了，为了防患于未然，会直接去哈曼洗个蒸汽浴，人的精神将为之一振，因为人们认为疾病是不出汗引起的。蒸汽逼出的大量汗水无疑对人有好处，所以在生活中，洗澡被认为是一件有仪式感的大事，直到病人进行了健康浴，确认了他的康复，疾病才被认为是彻底消除了。

不过，不仅如此，哈曼浴室还是一个聚会的地方，人们可以在奢华的氛围中，谈天说地，飞短流长，洽商生意，针砭时弊。对更多的女眷来说，哈曼浴室提供了逃避家庭束缚的一个借口。当其风行之时，在城里女人的生活中，哈曼浴室扮演了最重要的角色，她们会穿上最好的衣服，戴上最贵重的珠宝，来参加每周的聚访。在那里，她们会为他们的儿子和兄弟挑选新娘，安排他们的婚礼，而就在婚礼前一天，新娘会被带到浴室，沐浴熏香、脱毛，为婚礼做准备。

要强调的是，因为它是一个公共聚会的场所，所有人都在使用哈曼公共浴室，无论贫富，甚至那些在家里有私人土耳其浴室的人。而在城镇，当富人搬到没有哈曼浴室的现代住宅片区时，哈曼公共浴室才日渐萧条。然后，顾客只剩穷人，服务和清洁的标准自然就下降了，哈曼就堕落到目前这种邋遢的境地——成为都市贫民窟里的一处埋汰的遗迹。

当时我在想，如果哈曼公共浴室可以重新引入埃及村庄，将立刻证明，会比政府的淋浴房更能让人接受。它自有一种气派和奢华的传统，在私人拥有者的管理下，会比淋浴房更关心顾客。不仅如此，它还会更吸引人，因为里面热气腾腾。蒸汽浴比冷水浴更能清洁皮肤，如果再来一个按摩，使整个身体都得到放松和调理，所以蒸汽浴能调养身心，缓解紧张、焦虑和忧愁。

如果我们要再造一个哈曼浴室，显然最好不要改变它的共性，这样，知道它好处的那些人就会继续前来。当定下规则的社会学家想操纵别人进入他喜欢的模式和活动时，凭借类似哈曼浴室这样的机构可以大获成功。大自然以愉悦来达成其基本功效，因此，人类与动物还在为口腹之欲、繁衍生息而大打出手时，明智的社会学家或政治家会依靠不可抗拒的诱惑而非强制性手段来达成其目的。我期盼哈曼浴室能吸引人们融合另一个社交网络，帮助村里每个人拥有一个广泛、多样而强大的社会关系集合，同时也给他一个涤荡自己的机会。

为一个村庄配备一个哈曼公共浴室，最简单方法是安装一台锅炉，锅炉的蒸汽被引到蒸汽房，从蒸汽房为沐浴者送热水。在谷尔纳的哈曼浴室里，洗澡的人走进来，在入口处的柜台上付钱给服务员后，会拿到毛巾和一个换洗衣服袋。然后进入脱衣间，在其中的一个小隔间里脱掉衣服，并把衣服交给工作人员清洗，然后走进洗浴间。在这里，他会把水龙头里的热水和冷水混合，倒在混合碗（korna）里，然后坐在一个矮凳子上，用传统的小碗也就是"哈曼浴室碗"，把水倒在自己身上。洗涤之后，他走进蒸汽室，也许会在那里待上一段时间，还要按摩一下，然后再走到一间暖和的房间，从那里走到柜台，拿回洗过的衣服。走进其中一间更衣室——与脱衣间是分开的，以保确保其洁净——穿好衣服后，再走进休息室，和朋友聊天，或是抽上一支水烟。这条路线尽量确保了不让脏衣服接触到干净衣服，而且热水系统对一个买不起热水淋浴的村庄来说既便宜又实用。

## 18.6 砖瓦厂

谷尔纳村是用泥砖建造的；制作泥砖是一门手艺，涉及几种不同的作业工序。你不能光舀起一些泥巴，然后随心所欲塑造每块砖。谷尔纳的砖有一套统一的尺寸标准，可以作为行之有效的单元，纳入我们的规划。为了制作泥砖，需要工地上的普通泥土、沙漠里的沙子，还有稻草和水。土和沙，按体积的1∶1/3比例混合。通过实验，我们发现，这种混料效果很好，产出的砖块不会过度收缩（纯土在干燥后收缩高达37%），而且稻草用量也很经济。在每立方米的水中，加入45磅稻草，把稻草和水混合。然后，将混料浸泡并发酵至少48小时。发酵产生乳酸，使砖块比那种仓促赶制的砖块更结实、吸水性也更弱，而稻草与泥土混合后，砖块获得了一种非常理想的均匀质地，那是未经发酵的砖块所不具备的。

当制砖混料发酵时，会装进篮子里，送到制砖厂的成型处，那里有一个小的手工模具。这是一个简单的矩形框架，没顶盖，也没底座。制砖工人把它平放在地上，用湿泥填满它，然后把它向上拿起来。成型的砖块留在了撒满了沙子和稻草的地面上。采用这种方法需要混料十分湿润，这样模具就可以滑出脱模，而根本不必在湿泥上施压。潮湿的混料有若干缺点：砖的干缩过大，时常开裂或翘曲，而且在干燥的过程中底面会沾上很多灰尘，导致泥瓦匠在铺砖之前要花上很多时间清理每一块砖。我设计了一个手动压砖机，在压力作用下，我们可以使用更干燥的混料来制砖，从而消除了以上的缺点。新成型的砖放在太阳下晒干，3天之后翻边，6天之后码堆。尽量长时间地存放它们（最好是整个夏天），直到彻底干燥后，才用来造房子。

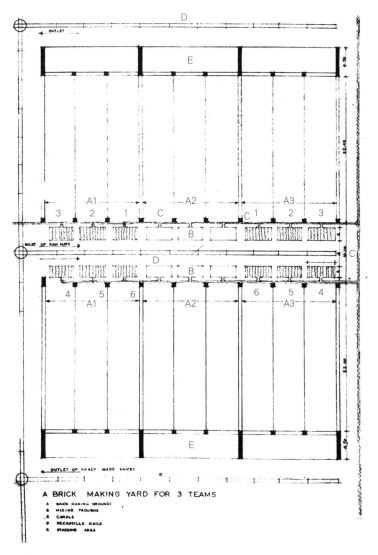

© 砖厂平面

A 制砖场地；B 混合槽；C 沟渠；D 窄轨铁路；E 堆场

兴建谷尔纳村需要数百万块砖。要在这样的规模上生产，需制定确保持续高产、品质良好稳定、人力成本可控的方法。我们的砖厂就是为此而设计的。制砖周期为6天，每队配备6个混合槽和6个成型场地。泥土要用轻便的窄轨轨道车从法德莱亚运河的卸载堆场运来，沙子用卡车从沙漠运来。轮流填满这些混合槽，一天一遍，晾上两天，然后制砖。每个成型场地要够大，能放下3000块砖——这是一个4人小组的预估日产量，这些砖32块一排，以便轻松地检查生产数量。32这个数字是通过观察一个坐着的人可以方便地并排放多少块砖得出的。一个人能放16块，两个人能放32块。第二天，这个小组将转移到下一个成型场地，但第3天后，有人会回来把第一个成型场地的砖码放到一边，第6天，再把砖运走。

◎ 制砖流程表

| 工作日 | 填混合槽 | 砖块制模 | 成砖 | 砖块转场 |
|--------|----------|----------|------|----------|
| 1 | （1） | （5） | （3） | （6） |
| 2 | （2） | （6） | （4） | （1） |
| 3 | （3） | （1） | （5） | （2） |
| 4 | （4） | （2） | （6） | （3） |
| 5 | （5） | （3） | （1） | （4） |
| 6 | （6） | （4） | （2） | （5） |
| 7 | （1） | （5） | （3） | （6） |
| 8 | （2） | （6） | （4） | （1） |
| 9 | （3） | （1） | （5） | （2） |
| 10 | （4） | （2） | （6） | （3） |
| 11 | （5） | （3） | （1） | （4） |
| 12 | （6） | （4） | （2） | （5） |

事实上，我们有5个团队在工作；所以我们总共有5套混合槽和成型场地。

理想情况下，砖厂应该位于规划建设范围之外，这样它就不必因占用场地而不断地腾挪地方。此外，如果它在建设区域之外，它就能成为永久性的。它对村庄总是有用的，因为村庄始终在不停地建造和翻修房子。它也应该建在输水渠和排水渠之间，并靠近供应泥土的地方，比如说挖了一个人工湖，那么它应靠近那个人工湖的堆土场（tippings）。

在谷尔纳，由于我们的制作场地受限，无法建造永久性的砖厂。

# 第十九节　农民住房

　　农民与城市居民的住房在属性上各不相同。农民一家的生活全靠一两头牛和一英亩左右的土地。假如牛死了或庄稼歉收，这家人就得挨饿，因为没有保险计划、没有救济金、没有政府的慈善食堂来拯救他。

　　乡下和城里人不同的生活方式，反映在他们的住房上。在城镇里，住宅是给人住的，而在乡村里，住房要放得下成堆成捆的货物和主人家的牲口。在城里，厨房是一个有炉子、水池和龙头的小房间。在农村，宅子里到处是后勤服务区。不光是墙上橱柜里放着两三个罐头和一两块面包，还有挂在屋顶上的各色物件，牵拉在犄角旮旯儿绳子上的衣服，堆在地板上的粮食谷物，塞在泥墙洞口里或落在用作架子的泥壁上稀奇古怪的各种物什。屋子里没有电力插座，也没有小罐煤油，倒是堆满了可以生火的东西：柴禾、玉米、棉花秸秆、干粪，靠墙堆码着，或者在屋顶上堆放。

　　飞扬的尘土和孩子们之间，母鸡在乱窜，屋子里甚至还有奶牛，比起一栋纯正的家庭居所，它更像是一处有人入住的粮仓。农民的日子过得紧巴巴，恨不得一分钱掰成两半花。他辛苦收拾柴禾之类的东西，自己烤面包，这样一星期就可以省下一点钱。他以吃脱脂牛奶制成的酸乳酪过活，因为黄油得拿去换钱。他永远尝不到绿色蔬菜的滋味，因为他所有的土地都在种植经济作物。他总是捉襟见肘。虽然尼罗河始终不会干涸，庄稼也总有收成，但在埃及，每6英亩农田要养27人，这只够保证农民年复一年的粗茶淡饭。为了维持目前悲惨的生活

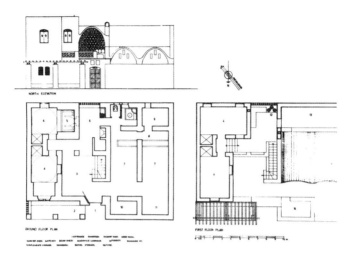

◎ 农民住宅设计

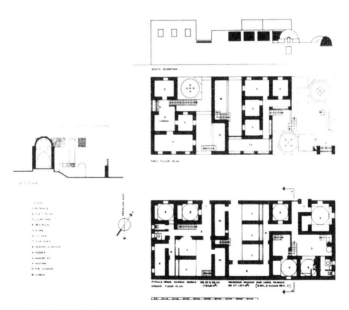

◎ 两户农民住宅设计

水平，他得珍惜每一片叶子和每一粒可以售卖的庄稼。他嫉妒又温柔地对待他的奶牛，像对待自己的孩子一样。事实上，他会坦承，如果孩子没了，他倒是解脱，但牛没了，他得花钱再买一头。

于是，我们不得不在谷尔纳村的房子里留足储藏空间和宽敞的畜圈。我们想尽各种替代方案。在埃及，储存在屋顶上的燃料常常会引起最具破坏性的火灾，迅速蔓延并把整个村庄、牲口、庄稼和所有东西付之一炬。因此，把这些易燃材料安全地存放在某个大一点的公共建筑里大体上是明智的，就像把普通牛棚设在远离房屋的地方看起来更卫生那样。但农民既不愿放弃庄稼，也不愿抛下牲口。女人怎么能整天在大街上跑来跑去拿柴禾和挤牛奶呢？再说了，母牛得经常看护照料，当它离开里主人的家，人们会忧心忡忡、牵肠挂肚。

那么，为什么不把房屋打散在田野里，各得其所呢？这也行不通，因为一处孤立的、小小的、保护不善的房子，将是小偷再好不过的目标了，而且向分散的房子提供服务，远比向一个紧凑的小村庄提供服务难得多。

后来，我又规划了另一个村庄，那里的房子都背靠菜园，菜园里种着卷心菜和果树，奶牛沿着菜园边上的小路走到房子的牛棚里。这将保留整个村庄的乡村气息，使之成为一个小型的田园城市——其实是一个"蔬菜花园村"。但在谷尔纳村，由于场地很小，我们不得不把这些建筑挤在一起，我们不得不给每间房子留足畜圈，并在建设红线以内配上储藏空间。有鉴于此，所有的房子都要是两层的。

◎ 泥砖住宅

圈养牲口，储存饲料，处理粪便，寻找堆放柴禾、杂粮、粮食和个人物品的地方——这些都是农民经年累月面临的问题。他们的解决方案往往笨拙、原始，且很不方便，但我们可以从中学点什么。有时候，从他们把院子里所有后勤事务分类的方式中，我们可以得到积极的暗示。有时候，我们能明白哪些事情不该做，比如把易燃作物和饲料储存在紧挨着的房屋屋顶上。

家庭的后勤事务——洗衣、做饭、如厕，都集中在中央庭院的周围，庭院里有一处凉廊，一家人可以在那里吃饭。一楼还有客间和畜圈。楼上是卧室和柴禾储存箱。对于生火做饭，这个位置非常便利，但要以高侧墙小心翼翼地防止火灾，以及通过大量卧室的布局将其与相邻柴草间隔绝。

人类学家关注人类，往往拿使用工具来标注人类发展的各个阶段，于是文明就被标记成石器时代、青铜时代、铁器时代，直到蒸汽和电力时代。建筑师很可能会画出一把平行的比例尺，其中的刻度会是人类使用家庭便利设施的时间。他会记下厨房水槽时代、管道时代、冰箱时代等。他还会注意到，埃及国内的大多数农民都退回到了石器时代。倘若要让农民的厨房达到最现代化的标准，花费将超过他一辈子的收入。一台冰箱或一个电炉，就像一架飞机一样，远远高过他的经济能力；哪怕像水暖五金制品、水槽或陶瓷洗脸台这样看上去不起眼的设施，对他来说也太贵了。他也买不起村里商店出售的再普通不过的生活必需品。村里也没有电力和排水设施。如果想让他的房子住起来更舒适，打理起来更方便，那么就要制作一些简单的家用设施、设备，具备和城里工厂做出来的贵重设备一样的功能。

© 泥砖住宅

◎ 石头地基上的泥砖房

◎ 露台

◎ 屋顶

农民缺少一些东西，没有这些东西，他的家就改善不了多少。第一，空间；第二，能力，把各个分散的单元整合为便利、高效的整体之能力；第三，材料，即使用料甚少，也可以改善环境，比如只要一点水泥，几根管子，一袋石膏，他就可以自己做一个烟不会呛到房间里的烤炉、一个卫生良好的厕所和一个自来水系统。但凡有一丁点儿想象力，他就能自己打造一个灶台，在凡尘中升起炊烟。

村里没有水泥和石膏，但有陶器。在上埃及，村民把他们的油、奶和水储存在自己做的无釉罐子里。对于水来说，这是一个很好的容器，因为它会变凉，但对于油和牛奶来说就不是了，因为它们会渗透到陶器内部而变质。如果村民能给他们的罐子上釉，那该多明智啊。如果他们有上好的釉料，可以在低温下烧制，我们就可以用村里的窑炉来制作釉料陶器，满足很多其他用途。如果能便宜地生产出釉面砖，就会大大提高房屋的舒适度；我们可以给部分的墙壁贴上瓷砖，这样就容易清洗；瓷砖便于擦拭、冲洗，让家务更轻松，墙壁更明亮。在墙龛式床的四周，在座椅的后面，在灶台的地板上，我们应该铺上光洁防水的瓷砖，用它作为橱柜的衬里，而不是虫子弄来的泥浆。瓷砖还会带来视觉上的变化，墙壁纹理会在明亮、坚硬、多彩的表面和刷白泥浆的柔软素净之间交替。即便是人体，既有柔软的表面——皮肤，也有坚硬的表面——指甲；瓷砖就是泥砖房子的指甲。

瓷砖行业的繁荣也将带动装饰艺术。罗塞达和达米埃塔曾一度生产瓷砖，瓷砖主要用在当地的房子里做装饰墙裙。如果我们的瓷砖流行起来，可以让孩子们来画瓷砖，并在谷尔纳村建立一所绘画学校。

创办这一行业应该不会太难。古埃及人能完美地制作陶瓷；在佐瑟第三王朝陵墓中，墓壁贴着蓝色瓷砖。谷尔纳旧村的坟墓里，到处都是釉陶的小雕像和圣甲虫。如今，古董造假者依然仿造得出和古代一样的圣甲虫，不过他们通常从熔化古代陶器的碎片来获得釉料，而不是用原材料制作一个新的。这般美轮美奂的仿制品，这般精美的模型和雕刻，即使知道是现代做的，也能卖个好价钱。这一行最好的工匠中，有一位名叫谢赫奥马尔·马塔阿尼，他的每只圣甲虫可以卖到2埃及镑。我想让他来帮忙创办釉陶学校，但说服不了他放弃自己的职业秘密。他的不情愿，或许是担心同行竞争，情有可原，但仍感遗憾。我们应该开设一所学校，在那里可以科学地讲授陶器工艺，研究能在当地窑炉温度下运转的釉料，应该尝试设计能达到更高温度的简单窑炉。这样一所学校将促进乡村的产业发展，随着时间的流逝和消融，这种产业将永久地建立起来，并形成自己的方法和模式。

## 19.1 卧室

住宅中房间的形状源于建筑材料的属性。当泥砖变干变硬和再次变湿时，它的物理性质会发生变化。

有一种房间平面的布置好像特别适合泥砖建筑。方形的穹顶房间，上面有拱形的壁龛，再现了古老阿拉伯房屋的喀式大厅布局，中央大厅很高，没有家具，中间可能还有一个小喷泉，设有壁龛，每个都有内置的座位，地毯居中铺在地板上，长毯四下环绕，供人通行其上。这样的房子在老开罗也能找到。他们独树一帜的中央大厅——多尔喀源于一种开敞的庭院，整个设计让人联想到伊拉克的老房子或埃及福斯塔特（Fostat）的早期房子，带有中央庭院，侧面是壁龛。之前的谷尔纳住宅中，我已经使用了其基本平面，我把它用在了学校的教室里，也很自然地用于新谷尔纳村的私人住宅里。

曲线形泥砖屋顶的全部强度都源于其几何形状。要把这么简陋而脆弱的材料横跨一个房间，人们在设计拱顶时要格外小心，并且要有足够的安全系数。虽然拱顶大多坚固又方便，但不如穹顶结实。桶形泥砖拱顶的跨度为3米，穹顶的跨度为5米。它的球状外形具有蛋壳或现代混凝土壳体的所有优点，如今它们的双曲线顶盖横跨在欧美的音乐厅、机库和看台上。

泥砖最大的敌人是潮湿。泥土会因雨水、露水、地面的毛细引力或空气湿气而受潮。为了保持干燥，或杜绝潮湿的影响，可以使用各种补救措施。为了防止下面的潮气上升，必须敷设防潮层，砖可用沥青稳定土壤制成的防水砂浆保护。一旦泥砖得到防潮保护，它们就永远不会坏。在埃及的巴嘎瓦特区和哈尔加绿洲地区，有一些带穹顶和拱形的建筑，统统没有防护，但它们已经耐受了1600年的沙漠风沙，只因为它们没有受潮。

但对于生活在潮湿地区的普通农民，这些保护措施要么太贵，要么很难落地实施。谷尔纳的气候虽然很干燥，但我想让它成为一个真正的示范村庄，埃及任何地方，在没有任何技术帮助的情况下，农民都可以安全地复制它的建筑。有鉴于此，我选用了3米的穹顶跨度和2.5米的拱顶跨度，并把壁龛两侧的墙体厚度增加了25厘米。这会让结构极其坚固，因此，就算只用普通的防潮层和简单的砂浆来保护，也可以经受任何天气的考验。

为了给这种房间盖上屋顶，我们首先在壁龛上方建造拱顶。然

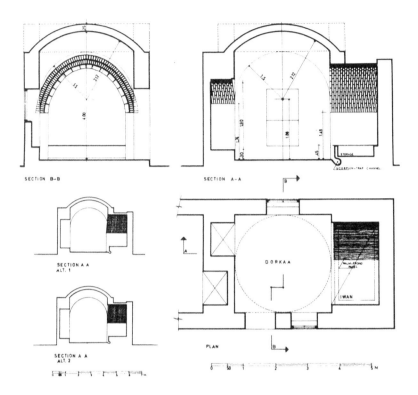

SECTION B-B

SECTION A-A

SECTION A A
ALT. 1

SECTION A A
ALT. 2

DORKAA

PALM-FROND
PANEL

IWAN

STORAGE

SCORPION-TRAP CHANNEL

PLAN

© 卧室平面

后，我们用这个拱顶作为拱券的衬筒，拱券必须在开敞的那端支撑穹顶。在其端部，用砖在拱顶之上砌筑两道圈梁，加固到它足以承载穹顶。通常，由于拱顶的曲线会向支撑墙体倾斜，所以，承载拱顶的墙体也要向中心广场稍稍出挑一点点。这样，拱券的顶部应该与墙体完全对齐，确保穹顶坐落在一个完美的正方形上。

房间的用法如下：拱形的壁龛（iwan）有一个墙龛式的床，床下有储物空间，并且有一条蝎子槽，可以阻挡昆虫爬到床上。这个床龛的对面是另一个小拱顶，下设一个橱柜，橱柜取代了农民常常用来挂衣服和其他东西的绳子，这样更整洁。这样一来，中心区域就不会堆放家具，赋予房间空间感和尊严感。对于普通农民房来说，这将是一个很大的改进，它们往常狭小、昏暗、又不通风。

农民没有窗户，或者即使有，也安装不到位，总是有一股气流灌进来；他会把窗户堵上，在屋顶附近掏个小洞。但是，睡在新房子壁龛里的床上，远离门和窗之间的气流线路，不会受到穿堂风的干扰，他会非常舒适惬意。

## 19.2 烘焙

烤炉在角院里。那是一种普通的泥灶，市场上就能买到。有一个习俗，一户人家在烘烤面包时，要允许左邻右舍借用其烤炉加热面包。这样，这些人家就可以3天烤一次面包，节省柴禾。

埃及冬天很冷，所以农民会想法设法给自家屋子升温。通常，除了院子里的烤炉，卧室里，他们还有一个烤炉。这个构筑物很大，特别占地方。因为它没有烟囱，屋里烟雾缭绕，门缝里偶尔钻出几缕。屋内谈不上任何通风设施，烟雾熏黑四壁，又暗又闷，不堪忍受。作为取暖设备，烤炉效率并不高，一家人通常不得不睡在它上面（当然是在烤炉放空后），也经常把奶牛牵进来，既可以蹭热，也可以保暖。

另一种常用的取暖方法是木炭火盆，特别是在不烤面包，炉子没有点燃的情况下。然而，炭盆给人的热量太少，还会释放有毒的一氧化碳气体。无论烤炉还是炭盆，都低效且有害。

为了找到经济实用的取暖方法，你得去气候苦寒、落后贫穷的地方。为此，我去了奥地利，在蒂罗尔地区村庄里发现了一款出色的取暖和烹饪设备，数百年来，那里的农民一直在使用。这就是瓷砖壁炉，一种炉灶，内部的分区系统相当复杂，它将燃烧的热气前后引导，让热量在逸散之前有更多的时间向室内辐射。当烧到只剩下几块炽热通红的煤块时，就关炉门封烟囱，这样它整晚都是暖烘烘的，持久而舒适，就像床上的热水袋。

在奥地利，瓷砖壁炉是由简单朴素的材料制成的：内部是耐火黏土砖，外部是称作"瓷砖"的釉面装饰砖，其设计和应用已经成为一种著名的民间艺术。还有一种更简单的方法，就是把河床上的大而扁的鹅卵石砌成薄薄的墙，用石灰砂浆填实。

对于埃及来说，以最廉价的材料实现瓷砖壁炉原理，似乎是最有望解决供暖问题的办法。为此我找了一位老婆婆，她曾用泥土和驴粪做过一个普通的乡村烤炉，我们教她用同样的材料做瓷砖壁炉。她学得有模有样，很快就做了出来，制作成本和烤炉一样，大约30个皮阿斯特。

随便烧什么东西都行，甚至是日常垃圾和厨房废弃物。我为稍微富裕些的家庭设计了另一款烤炉，靠油和其他液体燃烧，像火炉一样。

其中一款，是在卧室里靠墙设置一个烤炉，烤炉的门开向外面的庭院。另一款加热器可以随处安放。房子在最合适的地方都设计了烟道，无论哪里需要瓷砖壁炉，只要能买到这些炉子，把它们接上去就行。

## 19.3 烹饪

农妇一般在地上生火做饭做菜，锅子架在火塘边的两块砖头上。她们夏天在院子里、冬天在屋里做饭。烧火会产生烟尘，食物靠近地面，会落灰尘，就近存放的大量燃料，有时会着火烧毁房子，甚至整个村子。室内不断使用明火，会使屋里满是油烟的味道，还会熏黑墙壁，这一缺点因劣质燃料的使用而变得更糟，例如干燥的棉花秆、喂牛的干草，以及地里捡的任何木棍稻草。这些东西发热少，又占地方，火势不大却极易产生烟尘。

我们的挑战是理顺烹饪系统的组织排烟。首要之事，就是做一个永久性的厨房，夏季和冬季都可以在那里准备和烹饪食物。为此，我选择了家庭起居室或凉廊，朝南进入庭院，也借此进入卧室。我早已将燃料储存安放在了屋顶，趋利避害。如今我在厨房设置了一个便于随时取用的大燃料箱，在火炉的右边。燃料可以从顶部塞入，然后从地板上的一个开口取出。灶台本身，是经过长时间观察和仔细分析女人做饭时的动作后设计的。

◎ 奥地利式瓷砖壁炉

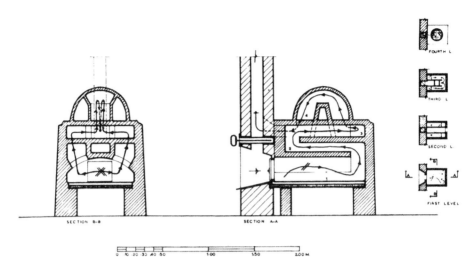

◎ 奥地利式瓷砖壁炉，剖面

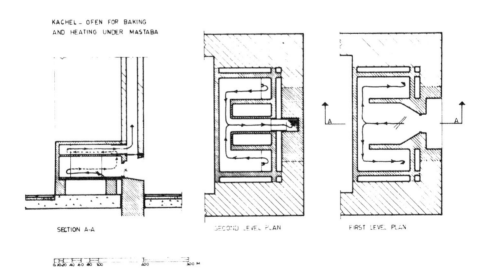

◎ 谷尔纳的泥砖制成的壁炉，剖面

为穷人造房子　242

◎ 农家烹饪方法

◎ 壁龛里的壁炉

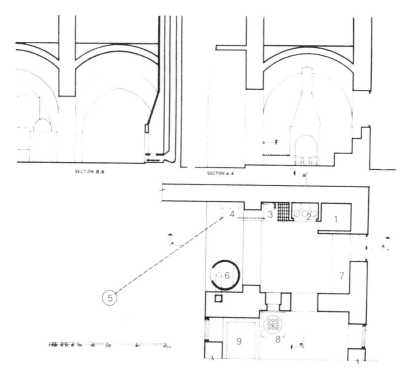

◎ 烹饪凉廊、剖面图和平面图

　　1. 燃料箱；2. 炉子；3. 下沉区；4. 隔油池；5. 深坑；6. 夏季烤箱；7. 座位；8. 壁炉式烤箱；9. 床

谷尔纳太热了，对厨师来说，保持蹲着的姿势很重要，因为早已证明这比站姿要舒服很多。事实证明也是如此。炉火围在固定的炉栅里，炉栅上有一块耐火砖，用来安放锅子，上面有一个大烟道，用来收集并排出烹饪时的油烟。实际上，最终的结果和许多欧洲厨房的惯常布局没有区别，只是将高度减少到12英寸左右。不过，要注意的是，功能设计上没有捷径。而且，如果不分析每个单元的使用方式，只是简单假设"因为埃及妇女坐着做饭，所以采取较低矮版本的欧洲布局"，就得出我们问题的答案——倘若一个人采取这般懒惰的态度，那么会犯下各种严重的错误。

紧临壁炉左侧是一个水池，由一根管道从屋顶水箱供水，再通过管道排到院子里的隔油池和深坑。

因为到了夏天，无法忍受在卧室的瓷砖壁炉里生火烤面包，我在厨房外面还做了夏天备用的烤炉。事实证明，这些厨房做工精细，很受欢迎。甚至当主人使用普赖默斯炉时，也觉得把它们放在壁炉里很方便，正好放在罩子下面，这让我很高兴。没有什么比卧室里的普赖默斯炉更难看、更邋遢的了，而且炉子上还有一口沾满煤烟的、满身油污的锅，边上有一个需要清洗的彩色台面板（不知怎么的，这两样东西似乎让彼此都更脏了）；把锅从卧室里拿掉，这让房子朝着宽敞整洁迈出了一大步。厨房可以是个漂亮的房间，特别是使用本地制造的餐具时，但当这些餐具出现在不合时宜的地方，它就成了让整个房间丑陋不堪的那个焦点。

## 19.4　供水

我们提供盥洗室、淋浴间、洗衣房和厕所的关键问题在于给排水。这几个单元模块布置紧凑，有利于废水排放，也有利于从屋顶的上釉储水罐里引水。储水罐只能由公共水泵手动加满，看起来似乎不如每栋住宅里都有自来水那么理想。自来水确实有很多优点，但使用时得小心，得慎重考虑它对社交的影响。在印度，一些村庄的住房里有自来水供应，姑娘们却依然乐此不疲去河边，将盛满浑水的沉重罐子顶在头上带回家。因为汲水是她们外出的唯一借口，是她们让村里小伙子瞧上一眼的唯一机会。一个待在厨房里从水龙头汲水的姑娘，可能永远找不到心上人。

在乡村社会，无论印度还是埃及，我们一次又一次地看到，不太灵活而近乎过时的传统架构是怎样为各种意想不到的现实目的在服务。如果人们拿走了传统生活中一样有用的东西，那么我们有义务用其他某样能发挥同样社会功能的东西来代替。譬如，如果取消公共取水点，那我们必须提供其他手段来促进约会——事实上，的确要让小道消息的流传更方便。前面讲过"哈曼公共浴室"或"土耳其浴"复兴这件事提醒了我。随着乡村母亲们越来越坚定地借用哈曼浴室来评判合格女孩的样貌、性格并行媒妁之言的话，女孩们每天到井边排长队的活动就不再那么令人心旌荡漾，这一趟寻觅夫婿的远征，将褪变为一件烦心家务活。这样，一代人以后，村里女人或许会坦然接受在家用水这件事。很难想象，埃及村子里再也见不着黑袍裹身的女人头上轻松顶着一壶水罐、腰身挺拔、仪态万方，女王范儿，将多么令人遗憾。谁也不知道，在院子里拿着桶俯身拧开水龙头，会不会毁掉我们埃及女性闻名遐迩的仪态呢？

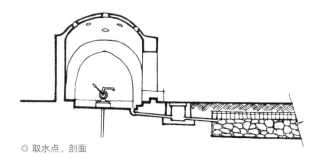

◎ 取水点，剖面

◎ 取水点

在谷尔纳，我们暂时只能依靠公共水泵。每一两个邻里组团拥有自己的手动水泵，从不带任何有害细菌的深处抽水。水泵安装在带穹顶的一间小屋子里，屋子的四周有座位，女人们可以坐在那里边聊天边等待。

在所有村庄及城市的贫穷街区里，水井和供水点溢出来的水会把周围的一大片都弄成泥潭。我的水泵房下沉了两级台阶，铺上了底板，水不会漏出去，自然不会让外围满地泥泞。溢出的水通过一条暗渠排走，管沟设有检修井，便于疏浚，最后，水会流入附近广场，浇灌果树。这样的供水点真是一举两得；实用方面，有充足、干净的水源；社交方面，绘就了一幅愉悦、清爽、悠闲的风俗画。

水一拿回家，姑娘就会把它搬上楼，倒进屋顶的蓄水池里。这里有一两个大的阿里巴巴缸嵌在屋顶上，用镀锌铁管相连。它们放在阴凉但通风的地方，保持水的凉爽，水缸内部上釉，防止水分流失。没有上釉的罐子，会让水分外渗并蒸发，虽然这样可以使水更清凉，但这份损失不值得，更没必要让水不停地渗到泥屋顶上。这些罐子直接放置在浴室的正上方，其中一个底部有一个连通镀锌铁管的出口。如果其他地方需要用水，将以这根水管，连通悬挂在房间中间天花板上的类似管子来供水。这样做，一旦管子发生滴漏，就会让家人不堪其扰，被迫修理，然而，经年累月，靠墙水管的渗漏总会损坏墙壁和灰泥。

这套系统可改进之处是在地面增加一个蓄水池，再安装一个小型手动泵以便灌满屋顶的罐子，免得还要把水罐搬到楼上。通常，村民把水储存在院子里一种叫齐尔水罐的无釉大罐子里，然后用一个薄薄的杯子或小罐子舀水。他们一只手拿着这个小容器倒水，另一只手还得拿盘子，或抱着婴儿。如果能给他们一个水龙头，双手就可以腾出来洗洗涮涮，这样干起家务活来就方便多了。

## 19.5　洗衣

大多数埃及女人在水渠里洗衣服，或者，稍微富裕一点的，在一个叫作"tesht"的大盆里洗衣服，这是重要的嫁妆之一。谷尔纳没有水渠，所以房子里面要有洗衣房。在细致观察和测量了实际洗衣服的人，甚至自己试过了位置之后，我设计了一个简单的布局，一个砖墙和底板抹上水泥的浅坑，中间有个圆形架子托住"tesht"，靠近架子处有一个便利的座位，角落里有一个水槽。这样，女人就可以像往常一样，坐在洗衣盆旁边，同时让衣服一直泡在洗衣盆里。她会用水管从屋顶的罐子里接水，洗完后，只要把"tesht"的水倒在坑底，水就会从角落的一个洞里流到深坑里。

同一个洗衣池既可以给婴儿洗澡，也可以当作浴室。事实上，虽然我把第一个洗衣池放在院子的一个角落里，那里通常是女人洗衣服的地方，但在后来的设计中，我把洗衣池移到了浴室里；洗澡的人可以坐在中间的架子上，在冬天，把热水和冷水在水槽里混合，而在夏天，可以用头上的冷水冲凉。这些坑的最大优点，就像公共水泵周围的水槽一样，可以防止污水四溢漫流，或者被倒进院子和街巷。他们既不会打扰当地的洗漱习俗，也让整个过程变得更整洁、更干爽。

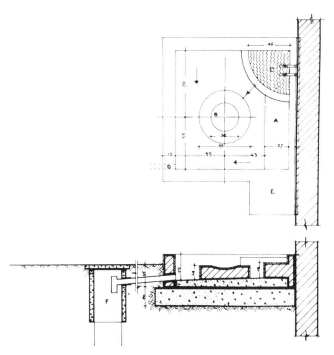

◎ 洗衣区

　　A. 座位；B. 圆盘支撑式洗脸盆； C. 洗衣服的盆
　　D. 排水；E. 清洗过的衣服的挡块；F. 集水坑

◎ 洗衣区

◎ 洗衣区

## 19.6　厕所

在埃及，几乎每个农民都患有钩虫病，以及一种或多种肠道疾病，这些疾病是通过感染者排泄物直接传染的。由于没有适当的厕所或排污设施，伤寒、血吸虫病、痢疾和钩虫病猖獗。它们慢慢地侵蚀患者，使之既不能安心工作，也不能享受生活。消灭它们迫在眉睫，建筑师对此可做的事情有很多。如果乡村房屋能提供洁净的厕所、冲洗系统和卫生的排污系统，这些疾病的发生率将大大降低。

许多地方当局已经尝试寻找便宜卫生的厕所。由于安装欧式抽水马桶十分昂贵，需要有充足的管道供水，以及宽敞而复杂的污水处理设施，所以实验人员尝试了沙厕和深坑。沙厕系统由两条深沟组成，每条深沟轮流使用6个月。在目前使用的马桶上方会有一个座位，使用者可以把排泄物倒在沙子上面。不用的深沟就盖上，6个月后，里面的东西就可以拿出来当肥料了。不幸的是，在实践中发现，6个月的时间不足以使粪便无害化，人们发现蛔虫还是活的，而且仍很有活力，所以这些粪便和新鲜的一样有害。

另一种尝试过的体系是深坑。院子里挖一处深坑，在上面摆一张厕椅。这虽然很实用，却不太人性，因为露天厕所毫无隐私，马桶本来可以放在屋子里，但深坑很快就会溢满，所以要不断地挪来挪去，很难建成永久性的室内马桶。除此之外，在有顶盖的房子里挖茅坑会苦不堪言，每半年要找个地儿设茅厕也真是麻烦。

对谷尔纳来说，我认为某种用水的排污系统必不可少。一名军队工程师阿卜杜勒·阿齐兹·萨利赫上校设计了一种系统，通过带阀门的一根管道，控制两个出口，可以在用户自己洗碗时经济实惠地冲洗马桶——一根是用于个人洗涤的细管道，另一根是用于洗碗的大流量管道。这些水可以汇入一排房子——约莫10户人家的——化粪池里，理应没有问题。我估计，一个农户家的用水量大约是一套普通城镇大别墅的1/10。后来我突然意识到，共用的化粪池或许是滋生邻里纠纷的源头，因为它既非私人的也非公共的。为此，我决定给每户家庭提供一个独立的排污系统。它由一个大的清污井组成，设计作为小型化粪池使用，再排入庭院中作为渗滤坑的深坑。这样，马桶就可以放在一个地方，保持洁净，等深坑填满了，也很容易在院子里别的地方再挖一个新的，并把它和化粪池连接起来。

## 19.7　牲口棚

怎样给农民的牲畜搭设牲口棚的问题，会在农民慢慢住满村庄时冒出来。倘若是在一处穷乡僻壤，那么安置牲口会有一定的空间，也有足够的空地来应付粪坑带来的不便；但在一个有数百户人家的村庄里，况且每户人家都有两三头牲口，人类与牲口就不得不挤在一起，一点儿也不健康。

牲畜吃饲料，拉粪便；这两种活动界定了建筑师的设计。他必须为动物提供与饲料场相连的饲料槽，并提供一些积粪堆肥的方法，而且不能把全埃及的苍蝇都招到村里来。

农民这样克服粪便的问题：每天，他把新鲜泥土铲到牲口棚地板的粪便上，慢慢一直堆到屋顶，每隔一段时间把这堆混合物铲出来，用小车运到田里去。不过，这法子挺浪费肥力；许多有价值的成分蒸发或沤烂了。最好的解决办法是那种欧洲粪池，一种不透水、有盖子的水箱，所有动物的尿液都排到里面，稻草和其他各种蔬菜垃圾也可以丢进去，形成富饶的堆肥。然而，这只在有大量牲畜的地方才行得通；两三头牲畜的尿液杯水车薪，不能顺利流入坑里。因此，我决定将两者结合起来——保留农民用土覆盖粪便的系统，但每天把它们铲到一个有盖的、不漏水的坑里。在需要的时候，肥料可以从这里运到田里。

当时的牲口棚是由一排畜栏（stalls）组成的，每排畜栏宽3米，上面有一个拱顶。每个畜栏可以容纳两头牲畜，并有一个饲料槽，饲料槽通过一条畜栏后面与料场相连的廊子来加料。畜栏对面的小院子里，有一个窄长的坑道，半米来宽，上盖拱顶，粪便就存在这里。它的底板找坡，两端高差约一米半，和墙体一样是砖砌的，内衬水泥。

屋顶是普通的泥砖拱顶——由于很窄，因地制宜，简便朴素。这种技术是怎么改变农民院子外观的呢！他现在不必把木头和茅草堆在一起，搭成几间简陋而凌乱的棚屋，而是可以尽情享受自己的奢侈，用上有顶盖的空间——棚屋、仓库，几乎可以满足农场所有的奇怪需求，他的建筑物真的很便宜，洁净而优雅，足以改变整个村庄的面貌。

# 第二十节　防治血吸虫病

## 20.1　人工湖

我的规划中，占据村庄基址一角的人工湖，是谷尔纳最重要的特色之一。虽然，以湖面占据大量良田的举措貌似轻率，况且建筑师关心养鱼养鸭也是不务正业，但我的轻率背后却有一种让人寒意陡生的必然。

埃及的瘟疫是一种叫做裂体血吸虫病的疾病。这个国家几乎每个农民都有血吸虫病。血吸虫病夺人性命，蚕食人的精力，毒害人的生活、工作和娱乐。血吸虫病是造成这些缺陷的最大单一原因，这些缺陷拖垮了我们的农民：冷漠和缺乏毅力，在人们的社会生活和劳作中都打上了烙印。

这是任何农民都摆脱不了的厄运。水给予人类和庄稼生命，也给予人类血吸虫病。每当他进入沟渠、池塘或稻田的水里，每当孩子在排水沟的水坑里扑通着玩，每当女人在河里洗衣服，血吸虫就会来袭。农民怎么离得开水呢？虽然治疗血吸虫病是长期的、昂贵的、危险的，即便他治愈了，他肯定还会回到致命的沟渠。对水稻、玉米、棉花、甘蔗和人类本身来说，水是生命，而水也是血吸虫的家园。

这究竟是种什么病？那是一种寄生虫，从受感染的水中进入人体，大多寄宿于膀胱、肝脏等器官，穿透、吮吸宿主器官，直至其成出血的海绵状。它在体内大量繁殖，很快会导致宿主疲倦、贫血和出血；个别有毒的寄生虫是致命的。它通过受感染的水体传播——寄生虫的卵随宿主粪便排出体外，毛蚴会钻入一种钉螺体内，在螺体内存活良好，夺其性命后，尾蚴从螺体逸出，游入沟渠或池塘。它们在水中生存，一旦温暖的人类肢体与这种水体接触，它们就迅速侵入皮肤，脱去尾部后，随血液来到肺部，然后进入肝脏和膀胱并产卵，又再次排入水中。

这些尾蚴或血吸虫蠕虫感染埃及的所有水体，每个农民都在这种受过感染的水里劳作和沐浴。为了灌溉田地，农民大多使用"tambour"，也就是阿基米德式螺旋抽水机来操作，他们必须双腿高挂，悬坐水中。哪怕是更原始的"沙杜夫"，即一种水桶加上杠杆的机器——也会溅出足够的水，让尾蚴进入人体。

在三角洲地区，大米是重要农作物，这里农民大部分时间都在水里劳作，众所周知，血吸虫病在这里比上埃及更普遍。他们需常年使用灌溉系统，全年通过水渠灌溉土地，而不是像上埃及那样可以依靠每年的洪水。这些永久性灌溉沟渠中的水是尾蚴的主要据点，使它们能够在上埃及干旱的田地快要消灭它们时，生存下来。这是承建商的说法，他们应该知道——一个来自三角洲地区的工人，只能干上埃及人1/6的活。

除此之外，在炎热的夏天，每个人都在水渠和池塘里洗澡。孩子尤其喜欢在他们能找到的每一片水中戏水，在沟渠、水坑和积水塘里嬉戏。可以肯定，只要在埃及的水渠里站上10分钟，任何人都会感染血吸虫病，所以这种疾病的发病率这么高也就不足为奇了。

当然，这么可怕的疾病早已引起了医生和卫生员的注意。有一个

◎ 孩子在没有被感染的沟渠中

◎ 人工湖规划平面图

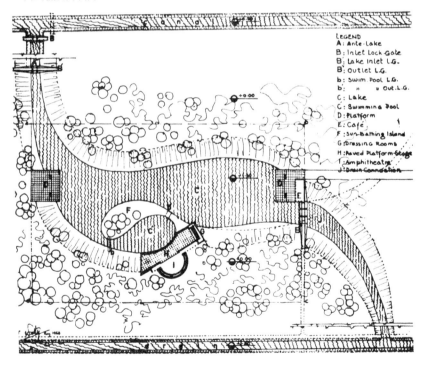

LEGEND
A : Ante-Lake
B : Inlet Lock Gate
B': Lake Inlet L.G.
B": Outlet L.G.
b : Swim Pool L.G.
b': " " Out. L.G.
C : Lake
C': Swimming Pool
D : Platform
E : Café
F : Sun-Bathing Island
G : Dressing Rooms
H : Paved Platform-Stage
I : Amphitheatre
J : Drain Connection

人，巴洛医生，一生都与这种疾病作斗争。巴洛医生是美国人，在中国生活多年后来到埃及。他提出了一个简单的应急办法，即净化整个尼罗河，从源头到河口，连同所有的支流、所有的湖泊和全国其他的静水水体，完全消灭这种寄生虫。这么激进的计划将是非常昂贵的，而且其结果也不确定。因为，如果在埃及无数的水渠和沟渠中，只要有两只尾蚴幸存下来，这种讨厌的物种就会像诺亚方舟中的动物一样，恢复到以前的数量优势，并再次感染整个国家。

尽管净化整条尼罗河或许不切实际，但我们可以净化部分河流，并保持其永久的安全。因为尼罗河流经那些浇灌我们田地的所有小运河，而且农民在控制水流方面很有经验。有什么能比通过边渠引水更容易的呢，边渠可以从干渠上截流，汇成人工湖，并一同净化。并且，何不将边渠拓宽成一个小湖呢？

于是，人工湖的想法应运而生。如果村民能在没有尾蚴的地方游泳，那么这种疾病就必然会开始消退。此外，如果他们在田间劳作时能得到防护，血吸虫病最终将彻底消失。

人工湖或许还能解决另一个问题。我是一个爱整洁的建设者，所受的训练会自然而然想方设法地去清除挖土制砖留下的坑洞。埃及各地，每个村庄都有造砖后留下的坑。它们甚至有一个名字叫"伯尔卡"——这里是疟疾的主要来源，因为蚊子会在积水中繁殖。"伯尔卡水凼"是臭名昭著的疾病巢穴，有几位政治人物在其项目中，把填掉它们的计划标在首位。然而，不知何故，伯尔卡水凼仍然存在。读者也不会头脑简单到主张回土填埋，因为你会想到，土一定是从另一个洞里掏出来的，而反过来这个洞也一定要填平——这也许是解决失业问题的一种招数，却治不了疟疾。也许可以用从沙漠里运来的沙子来填满这些伯尔卡水凼，因为沙漠里的洞无关紧要，但之后要有人支付运输沙子的费用，这得花很多钱。

我有了把谷尔纳的伯尔卡水凼变成一汪湖水的想法，因为在我家的一个农场里，也有一个伯尔卡水凼，和其他农场一样，只是有一条小水渠穿过它。因此，它的水总是流动的，洁净的，我们在里面养鸭养鹅，既好看又有用。毫无疑问，解决伯尔卡水凼问题的办法不是一填了之，而是加宽加深，把它们和水渠连起来，这样它们的水就不会淤积。即使是远离水渠的伯尔卡水凼也能处理：在水渠岸边恰当的地方挖出泥土填满它们。

当向公共卫生部寄生虫科主任马哈茂德·穆斯塔法·希尔米医生展示我的计划时，他批准了，并提出了一些改进建议：第一，为了不让藏有尾蚴的钉螺站稳脚跟，我们应该用石头围砌湖畔，让钉螺吃的水草无法生长；第二，为了保证水能彻底净化，在干渠旁边的湖的上游，挖一个长度约200米、沟渠形状的"前池"，并在端头设水闸，这样，水就可以在进入湖泊之前，得以保存和净化。于是，水将被双重净化，一次在前池，一次在湖本身。

硫酸铜粉末会从水闸旁悬挂在水流的袋子里溶入水中，这可以消灭钉螺、蠕虫和幼虫，但不幸的是，消灭不了自由游动的血吸虫病尾蚴。要处理这些问题，必须把水封在没有钉螺的"前池"里48小时，这样尾蚴都会被消灭。至于蚊子，我们得把浅表10厘米的水换掉，每次我们把前池净化后的水放进湖泊，这部分水就会自动换掉。有了水闸系统，做到这一点很轻松。当上游闸门关闭时，下游闸门可以排出所需要的水量；然后下游闸门关闭，新鲜的、净化过的水从上游的闸门流入。

关于人工湖的一个要点是，它不能比为该地区服务的排水渠高出太多，因为如果它的水位太高，便会渗入周围的田地，破坏农田；另外，如果湖泊与排水渠处于同一水平面，那么它就会变成农田的细小排水渠，从而大大改善农田的状况。正确的做法是，湖中的水位应该比排水渠高出10厘米，这样一来，上层的水就可以从一个小堰上流走，这个小堰也可充当一条永久的溢流通道。边渠将把干渠中的水沿着200米的长坡引入湖中。

不仅在埃及，而且在整个热带地区，血吸虫病是一种非常普遍的疾病，毋庸置疑，应该鼓励设置没有血吸虫的湖泊。[①]

这片湖水和谷尔纳别的特色一样，成为埃及其他地方的一个榜样。我已说过，大多数村庄的荒凉，那里每平方米的土地都用来种庄稼，没有空间，也没有心思为人们提供休闲设施。我们确实可以在实用性基础上证明湖的合理性，但我从来没有想过它能像邮局那么实用。我期冀每个村庄的人工湖都建在一个小的乡村公园中间。

这个公园，连同湖水，将为埃及村庄提供一项全新的东西——一个休闲和娱乐之处，柳树倒映在清澈的水面上，芒果树、番石榴和

---

① "由于血吸虫病病态症状的严重性、在社会经济方面以及在全世界的广泛分布，它是最重要的蠕虫病之一（由血管内的蠕虫引起的疾病）。据估计，世界上约有1.5亿人感染了这种疾病，在传播过程中，某些钉螺作为中间宿主。新型灭螺剂（环酚衍生物）的发现及其在血吸虫病防治中的应用结果，为采取更有效、更经济的防控措施带来了希望。"《世界卫生组织报告》。
——英文版原注

柽柳之间，小径蜿蜒，波希尼亚、相思树和蓝花楹上蓦然绽放的花朵——一个4～5英亩的地方，从商业性耕作中保存下来，村里的人将发现大自然有比棉花地更温和的一面。

为此，我们的公园必须有别于带草坪、花坛和树木的理想公园——欧洲景观公园——它需要一大群园丁来养护。我们的公园要阴凉、宁静和优美，却无须任何打理维护。因此，它也完全不同于传统铁路站场的花园或市立公园，那里只有枯萎的草坪、铁艺的栏杆、修剪过的灌木，也有别于那些缩微版的、一本正经的凡尔赛式公园，那种许多地方政府喜闻乐见、却又弃之不理的公园。乡村公园要有树木；但决不要有人工种植的草坪，不要有花坛，不能装栏杆。它的规划设计要包容众生、抚慰心灵，坚固耐用，经得起热闹喧腾。公园里一定得有树木、岩石、沙子和仙人掌。它的美和慰藉的力量，绝非来自带图案的花坛，而是来自植栽的搭配、蜿蜒的小径、岩石的摆放，以及颜色、色调、质量、形状赏心悦目的组合。

我主张利用公园为这个村庄提供水果。普通的芒果树能提供大量的水果和树荫。一个大的单株每年能结出2000枚芒果，几乎不需要照料。不应该使用那些比较娇嫩的外来品种和杂交品种，因为，它们的果实虽然更好，但需要太多的照料，而且都很矮小、不遮荫。波希尼亚、蓝花楹和凤凰木等树种可以带来丰富的色彩，柽柳是坚韧而阴凉的树种，细密的针叶铺天盖地，在柽柳下散步和乘凉十分舒适。

决定湖泊大小的因素有两个：制砖所需的土方数量和保持相对清洁的最低水量，后者由预期洗澡人数及饮水牲口数的变化区间决定。一栋房子需要100～150立方米的土方，平均可以安置5人。那么一个

5000人或者1000户人家的村庄，至少需要1万立方米的土方。如果湖泊的平均深度是2米，那么它的面积将是5万平方米，大约12英亩。

这早已超过了第2个条件，只要有一片4英亩的湖面，就容得下每天的全体沐浴者——人和动物。假如每15天换一次水，它都会比普通城镇游泳池里的细菌要少。由于土地珍贵，而且，就像在谷尔纳，挖一个大于4英亩的湖是不可能的，但不要忘了，用来造房子的土不一定来自这个湖，也用不着远离老屋去找寻。

尽管埃及需要重建，但重建所需的材料早已在现场就绪。每个村都有现存房屋，土方大都会用在我们要新建的房子上。平均而言，每个村庄所需的取土量不会大于5英亩的一片湖。

在一些人眼里，5英亩的一汪湖水和5英亩的一个公园着实是一种不可原谅的奢侈。在这片土地上，地主大多贪婪成性，哪怕栽一棵树来给房子遮荫他们也不愿意，因为这会夺走他们每年半蒲式耳的棉花，一想到要大肆牺牲10英亩的生产用地，他们就心疼不已。不过，也有地主对自己的土地没那么小心眼儿：伊斯梅尔帕夏在其吉萨宫殿的花园里，有一片不小于10英亩的景观性的湖泊，聊以自娱。5000人才分享伊斯梅尔帕夏一半的欢愉，这当然不多。而且，我不只是要他们开心，也是为了他们的生活。每年10英亩土地的租金是200埃及镑。对于一个5000人赖以生存的村庄，这笔钱花销难道很大吗？

先知告诉我们，要把孩子们培养成会骑马和游泳的人。为埃及的所有村庄备上马，这很难做到，但我们可以也必须给他们一片湖泊，这样至少遵从了一半的圣训。我在米迪的体育俱乐部见过孩子们体格是怎样改善的，通过游泳，他们怎样从虚弱、羸弱、软弱，变成优雅而强健的运动员。如果我们把湖泊给这片土地上最穷的农民孩子，他们就可以实现这种转变。目前他们确实在游泳，但血吸虫病蠕虫给他们带来了可怕的伤害。

在所有面临大规模乡村重建问题的国家，当局——不，让我们不要含糊其辞，首相——应该这样解决这个问题：每一个村庄里，到处都是血吸虫病，人们在糟糕的房子里溃烂，应该挑一块场地给湖水。精通土壤力学这门新科学的工程师要检查地面。当根据土壤的质量和水渠的远近选择最佳地点后，应该当即开挖湖泊。政府应尽快提供挖土机械，将其堆放起来，以备制砖者使用。

至少还有一个国家不反对修建人工湖的设想。道萨迪亚斯协会为伊拉克政府做规划的时候，政府采纳了这个思路，并颁布法令，规定伊拉克每个村庄都要有一片人工湖。

其实，政府还应在建设区域外，提供一个设备尚可的永久砖厂，作为挖湖的必要补充，并适当提供冲压机、模具和混合槽等，这样就可以保证建筑工人有源源不断的砖块，村民可以得到一个永久的便利设施。一旦有了土，人们就可以建造，但是供土的主动权须得由政府掌控，政府也有能力提供重型机械，而且政府可以起到突击部队的作用，或许比建筑师和建设者的作用更好。

此外，如果土壤分析表明，需要添加更多的沙子以使其适合造砖，那么政府就要运输沙子。这两项作业——挖土和加砂，使之达到合适的稠度——一般都是在建房之初，成为最易击倒农民的因素。当政府为农民解决了这些问题，他会备受鼓舞。因此，如果政府调度资源挖掘湖泊，它将为新建住房和消灭血吸虫病作出重大贡献。

## 20.2　防护服

这片湖是一个没有血吸虫病的浴场，它本身并不能阻止寄生虫进入人体，因为如前所述，所有的灌溉作业都要站在受感染的水渠和沟渠里，所有农民都得给自己的土地浇水。因此，对付血吸虫病的2号武器一定是某种防护服。

日本人向他们的农场员工发放橡胶靴，成功地大幅减少了血吸虫病。对埃及来说橡胶太昂贵，但或许有别的东西可以代替它。经过一番琢磨，我灵光一现，如果把一条普通的农民裤子加长，把腿脚全部包住，再用亚麻油把裤子浸泡到大腿的高度，它们也许能很好地防水，或许还可以防尾蚴。我请当地的裁缝做一批裤子的样品，用的是和工人短裤一样的棉布，用煮沸的亚麻籽油浸泡，然后在外面晾干。穿的时候，我把橡胶鞋底（用旧汽车轮胎做的，很便宜）绑在下面，发现它们完全防水。我把它们送到开罗，公共卫生部的马哈茂德·穆斯塔法·希尔米医生那里。他说，它们能100%地防住尾蚴，穿上它后，他就可以在实验室培育尾蚴的池塘里涉水而过。他说，哪怕是一块织得很密的布，未经处理，也能发挥60%的保护作用。

## 20.3　教育活动

这是我们的第二道杀手铜，是我们对血吸虫病的第二波攻击，行之有效而且便宜，举国上下每个人都用得起。下一个问题是怎样发起攻击，怎样使我们的武器投入战斗。要说服人们穿上裤子，要用消过毒的湖水。为此，得让他们弄明白水中的尾蚴，弄明白尾蚴钻入身体之后会发生什么。要全面开展宣传运动，千方百计地动用大众传播手段，让农民自救。火车站里倒是挂着不少破烂不堪的宣传画，画得不太准确，也根本看不懂。要把这种血吸虫生存和蠕动的样子展示出来。让他们看电影；带上显微镜把放大的幻灯片投影到墙上；让他们从河里捞一桶水；让他们亲自准备幻灯片；让全村人看到一条3英尺长的大虫，游过村务礼堂的墙面。还要铺天盖地教育孩子。如果他们看不懂这部电影，就把这件事简化成一个童话故事。我为他们写了个剧本，《比尔·哈齐亚的可怕故事》，我自己扮成一个"相当"可怕的恶魔，戴着一个瞪大眼睛的防毒面具，披着一张白色床单，肩膀上缠着一条汽车内胎，把自己撑得鼓鼓的。

这出戏开头，忐忑不安的父亲坐在门口，等候妻子生产。生了个儿子，护士出来道喜，随后，村里所有的小孩接二连三跑到门口探头探脑，看望新生儿。出生后的第7天，有一个热闹的庆祝活动，叫作"赛布娃"（sebva），众人载歌载舞，分食糖果，但在聚会进入高潮的时候，恶魔——比尔·哈齐亚猝然从摇篮的一头冒了出来。只有这个婴儿才能看见他，孩子自然哭了起来，比尔·哈奇亚做了个威胁的手势后，就溜走了。

一转眼，孩子马哈古卜10岁了。他的父亲病了，越来越虚弱，还贫血，奄奄一息。父亲得了血吸虫病，临终之际，嘱托妻子不要让他们的儿子下水。但是，这个男孩怎么躲得了水呢？失去了父亲，这个家更穷了。马哈古卜得找份工作。上哪儿呢？母亲告诫他永远不要下水，但唯一能得到的差事在一台沙杜夫机器的水桶上。他从一个农民走到另一个农民跟前，哀求他们给一份远离水渠的活计，但根本找不到。他走来走去的时候，魔鬼总是跟在他的后面，要么躲在树后，等他一碰水就伺机扑向他。

最后，他实在太饿了，母亲也太饿了，绝望之际，他决定违背对母亲的承诺去水里干活，而对母亲闭口不提。他转身走向了水桶。他的脚一入水，比尔·哈齐亚就像魔鬼一样跳到了水渠边，拿出一个大罐子，开始往男孩身上喷洒尾蚴。

慢慢地，男孩变了。他脸色蜡黄，病快快的，日渐虚弱。他想和小伙伴一起玩，可是没了力气，人们把他带进屋里躺下。孩子们又一次悄悄跑到门口，表情担忧，打听他的情况。病情越来越严重，母亲明白，他一定是下了水，眼看他就要像父亲一样毁于血吸虫病了。

就在这个悲伤的时刻，两个陌生人进入了村庄。其实，他们不是别人，正是巴洛（Barlow）医生和阿卜杜尔-阿齐姆（Abdul-Azim）医生，身着白大褂，戴着大眼镜，很容易认出来。他们紧紧地拿着包，开始询问村民。

村子里有人生病吗？

是的，马哈古卜病了。

他看起来怎么样？

他全身蜡黄。

还有呢，他流血了吗？

是的，他很虚弱。

他们冲进屋里，从包里拿出听诊器和显微镜，为马哈古卜做检

◎ 比尔·哈齐亚（裂体血吸虫病）恶魔形象

查。哦，是的！我们早就料到了。这是比尔·哈齐亚犯下的。他是个恶魔，巴洛医生从中国一路过来都在追捕他。现在听着！我们要治好马哈古卜（他们拿出一个巨大的针筒，给马哈古卜注射了几加仑的药），但是我们要找的是恶魔。我们要抓住他，宰了他。

医生召集所有孩子，开了一个战争会议，讨论干掉比尔·哈奇亚的方法和手段。马哈古卜的一位特殊朋友——一个勇敢的小男孩跳了出来，甘当诱饵。他要进入水中，染上疾病，引诱恶魔来毁灭自己。巴洛医生笑着说，没有必要感染这种疾病。看！他在包里一阵翻找，在一片赞叹声中拿出了肥大的裤子。他解释，这些是很特殊的裤子。它们在亚麻油里浸泡过，如果孩子们穿上它们，就可以安全入水，恶魔将无计可施。男孩穿上它们，走进水中。比尔·哈奇亚探出了脑袋，可是一瞧见这条裤子就怒不可遏地退了回来，勇敢的医生朝他开枪，他藏在衣服下的内胎开始放气，发出巨大的嘶嘶声，气绝身亡。

比尔·哈奇亚消灭了，但是病害还没有彻底消失。医生再次召集孩子们，严肃警告他们不要下水，除非他们穿着浸泡过油的裤子，特别是不要游泳。可悲的是，这个魔鬼已经毒害了所有的水，所以如果人们在水里游泳，它仍然会带给他们疾病。等到一片新的、优美的湖泊挖好了，那里宽阔、洁净，周围有树木，湖中还有小岛——一个像开罗帕夏的湖一样，就不会有危险了，每个人可以成天游泳。

# 第二十一节  谷尔纳，一个试点项目

对我来说，谷尔纳既是实验，又是实践。我期待这个村庄能为重建整个埃及的乡村指明道路。我曾一度期待，一旦看到住房有多么便宜，我们的农民会掀起一场住房自建的运动。为了给将来的自建者最完整的信息，我亲自从土方开始建造这个村庄，细枝末节也事必躬亲，弄清楚该怎么做，花多少钱。我们要自己做砖块，自己调砂浆，自己挖土方，自己采石头，自己烧石灰，自己开沟渠，自己铺管道，自己开车搞运输。事实上，我们接管了所有的工作，而在大多数这种公共工程计划中，它们通常是委托给私人承建商的——顺便提一句，这是一种只有文物部方能许可我们的自由，因为文物部处理的是棘手的文物古迹，在政府部门中，只有文物部才被允许雇用自己的工人，并通过自己的工头和专家直接督造工程。

我希望，通过密切关注人工和材料采购的每一个细节，能对这个竣工的村庄做出详细的成本分析。我要知道每一分钱都花在哪里了，于是，我能自信地说出，这么多公共建筑和住房，这样或那样的村子，将要花多少钱，多少人工。我的研究成果或可用于将来的任何项目，最终，我们会在那道吞噬无数财力的神秘鸿沟之上——在当局的规划和房屋的落成之间架起桥梁。

虽然在谷尔纳，我们要付人工工资，但我们的规划和控制体系，应该也能用在村民无偿劳动的那种村庄。我们还能为由承建商建造的那种村庄编制预算，因为可以在材料和人工的净成本上增加一个利润百分比，然后把这个百分比付给承建商。我特别期待，自己的研究成果能为管理农民社区"互助自建"计划的人士提供明确而有用的数据。

我还期待，通过我们的耐心，能恢复在这个地区曾遍地开花、如今却已失传的拱形屋顶建造技术。这门技术一直朝南部的苏丹方向衰退，而如今在努比亚已岌岌可危，濒临灭绝。一旦失传，建造这些屋顶的智慧将永远消失，再难恢复。一旦切断父子、师徒间的薪火传承，世上再多的古文物研究也还原不了这种知识。假如我们在谷尔纳的实验成功，并引起埃及建筑师和公众的关注，或许能慢慢地把这些手艺带回那片曾经滋养哺育它们的土地。

谷尔纳或许可以为国家安置政策指明一个切实可行的方向，这项建设计划将以埃及能负担得起的价格，为其供应所需的数百万套住房。基于当前的实践，使用正统材料、方法和建造体系的建设计划不时有人提出，但从未通过委员会的第一次讨论环节。原因一如既往——钱太少。因此难免在规划和建造之间的某处环节，因成本暴涨，令会计核算人员望而却步，计划就此取消。规划者再耐心地制定另一个规划，但结果还是一样——它的成本总是远高于任何政府所能承受的。

何以至此呢？有一个根本原因：建筑师一般不给农村的农民做设计。农民连做梦都想不到要雇请建筑师，而建筑师做梦也不会去想怎么去用农民卑微的资源。建筑师为富人设计，惦记富人能付多少钱。建筑师大部分工程都在城镇上，所以他重视城镇资源。他假设存在经验丰富的建筑承建商，假设存在城镇建筑中常用的纷繁材料，天然假设他的客户付得起这些费用。无论建筑师受托在哪里建造，他自然而然想到的都是混凝土和承建商，他从来想不到私人的城市建造体系之外的其他可能。

当然，所有的规划当局都依赖建筑师的专业意见。因而，所有的规划当局也在毫无意识的情况下，接受了建筑师先入为主的乡村住房观念，而且在脑海里生成了乡村住房的画面。在他们眼里，乡村住房一般由商业建造公司承建，并且建造用的是混凝土。

农村住房计划的高成本，不仅源于所用材料的昂贵，还源于把工程执行交给私人承建的体系。泥砖是一种量大、价廉的建筑材料，这点已然明了。我还希望表明，其间还有一种工程组织方法，不论规模与地点，在与承建商的合作中可以节省沉重的开销。作为农民的材料，泥砖，只有采用了农户的建造技术，才可获取，也只有当我们采用农户的操作方法，才会像农户的建造那样价廉。

直到最近，政府才开始关注大多数农民的悲惨生活以及日益严重的窘况。同样地，尽管人们为自己造房子已经有数千年的历史，但直到最近，他们才开始向建筑师咨询房子的设计问题。早些时候，房子是建造者（如果他是乡下农民）唯一创造的东西。

建筑师是昂贵的奢侈品，所以只能在有钱的地方找到他。由于他为相当富裕的客户工作，建筑师不会一直在意建筑成本的降低。建造费用最终由执行这个工程的施工承建商决定。像建筑师那样，专业承建商往往也很贵，所以，也只能在有钱的地方找到他。现今，埃及的有钱人喜欢住在城镇上。此外，只有够大的城镇才能提供充分的工程量，才能维持建筑师和承建商的生意。因此，专门从事建造业的人——实际上，他们是唯一具有大型建造经验的人——居住在城镇里，只有在城镇的特殊条件下才会有建筑经验。建筑师在设计时总是预设他的设计将由建筑承建商执行，而承建商总是假定存在一些较小的公司，他可以把工程分包给这些公司，并有充足的材料和劳动力供给。

当一届政府或其他部门想要建造时，它会从建筑师那里得到技术建议。建筑师在设计和准备估价时，认为工程将通过商业建筑承建商的惯常代理机构执行。对于城镇里的一个项目——一家医院或一幢办公楼，这种方式的建造成本是当局可以接受的。但是，在当局考虑乡村大规模的建造时，尤其是安置大量农民家庭时，这个工程的巨额开销即刻打脸，无计可施。因此，尽管提出过许多雄心勃勃的乡村重建计划，但摊开将要发生的成本，没有一个能在委员会会议上一次性就侥幸过关。

这种高成本得归咎于合同制度。总承建商把工程分包给分包商，分包商各自承接砌体、木工、抹灰、卫生设备安装等子项目。分包商转手把工程包给临时的建筑班组，后者才会真的去雇工，并在具体工序上监督他们。几道中间商，逐一渔利，层层抬价。如果从供应商那里购买现成的材料，往往也很贵。

由私人承建商执行的大型房屋重建项目还有其他两个缺点：第一，总承建商几乎和规划管理部门一样远离工程，因此他不能对施工过程作任何具体的控制。通过临时的建造班组、分包商、总承建商到规划机构的责任链层层转包，导致对单个项目的成本做不到精确核查。承建商也没和劳动力市场密切接触，因此，由于没有工人愿意来做这项工作，工程要么耽误，要么贵得离谱。

第二个缺点是，当一个项目够大时，它会严重扰乱劳动力和材料市场，这些商品的价格遭到哄抬，远高于正常水平。因此，庞大的建造计划不能保证任何经济性，而且，房子非但不便宜，反而会越来越贵。因为没有建筑师知道建造的真实成本；他只知道承建商的惯常报价。甚至连承建商也不知道成本；他们都受行业经济的摆布，对不熟悉的大型项目，报价时连一点儿信心都没有。

那么，为什么规划部门要一口咬定合同制度呢？那只是因为他们依赖建筑师的技术指导，而建筑师没有任何其他的施工经验。在讨论农村住房计划时，人们很少考虑替代私人承建商的办法。

不过，最近有一个替代办法获得了青睐。这就是被称为"互助自建"的体系，联合国住房机构和其他机构都在积极推动这种基于劳动力保障的住房安置计划。简单来说，这一原则是政府、联合国或其他慈善机构，向贫困乡村的农民提供建造自宅的设备和材料，农民提供无偿劳动，在机械设备和材料的帮助下，改善自身境遇。

这个体系的问题是，"自助"要和"互助"一样持久。农民要学会怎样使用水泥搅拌机或怎样装配预制屋顶，而一旦免费材料停止供应，农民的生活就又和从前一样糟糕——当然，除了他们已有的房子外。关键是，他们施展不了所学的技能，因为他们买不起材料。

另一层风险是，他们终将失去自己的原有手艺，那种让本土材料派上用场的老手艺。这可能是因传统工匠刻意不再使用老方法，盲目崇拜外来技术（alien methods）虚妄的优点，或者，更讽刺的是，外来技术（alien method）将把传统工匠逐出他们的岗位，夺去他们的饭碗，逼其另谋生路。于是，当短暂的人工建造期告一段落，昂贵的机械坏掉、境外材料（foreign materials）的供应不上，就没人可以用老办法建造了。

实际上，"互助自建"只是成功地给了当地手工业者一种虚幻的进步感和优越感，同时引诱他们进入希望渺茫的死胡同，不久之后，这个复杂的行当将对他们关上大门。要么他们成为新方法的狂热拥护者，比国王更倾向于保皇主义，蔑视他们的旧技能，要么被赶去当农场工人。不论哪种情况，他们的手艺都毁了。

有时，美好进步的国度里，宽敞整洁办公室或窗明几净大学里的那些人，会对不幸国家里数百万人的贫穷和肮脏感到不快。他们容不得这种"眼中钉""肉中刺"；就像讨厌的乞丐堵在门口，总想快点摆脱他。富人怎么对待乞丐？他会拿出半克朗的钱给自己买个安心——或者，干脆造一间济贫院，还给入驻的乞丐立规矩。在教区中，济贫院的解决方案，也许早已声名狼藉，但在国际事务中，有时我在想，它仍然在以"互助自建"的形式笼络人心。

"送他们100万套预制房屋。"
"给他们20船水泥。"
"给6便士让他走开。"
"多难闻的气味——给他们弄些排水管。"
"那么，起码他们应该住进筒子楼，总好过现在他们住的那些可怕棚户区。"

可他们不想这样。在加沙周围，难民搭建的棚屋，比任何一个由外国慈善机构搭建的单调沉闷的示范定居点，都更加动人、更有自尊，而在努比亚，每个农民都像地主一样住在自己宽敞的宫殿里。但愿"互助自建"真的是这样！如果援助者看得到农民的长处，就有望帮助农民实现自己的创造力，这不但能纾缓埃及农民的困境，而且还能使埃及建筑赢得一个让世界艳羡的机会。

大规模的执行计划中，最常提出的两种制度，合约制度和"互助自建"，都解决不了像埃及这样规模的问题。同样，其他解决办法，诸如动用军队、学生志愿者，甚至强迫劳动——也行不通。如果借由某种慈善事业，让农民得到了为他而建的村庄，他就得不到亲手建造的技能和经验，当军队和其他人都撤走了，房子就会一天天的糟朽，村民也无力修缮。好比一个想要花园的人，在某个周末，从一家商铺请来了十来位园艺师傅，打造了一座花园。一周之内或许还不错，但要一直打理得有模有样，他可没这本事，想都不会去想——花园不是太大就是太奇特，反正他奈何不得；无需多久，这里仍是一片荒芜。反之，如果他用自己的时间、自己的双手来打造，他会理解吃透其中的一点一滴，并让它的魅力常驻。

"互助自建"制度想要成功，必须符合下列条件：

（1）给农民的材料一定要便宜，便宜到农民有能力购买，便宜到政府可以免费赠送。

（2）所提供的材料应当是：当项目计划画上句号时，农民可以在没有政府帮助的情况下自己获得。实际上，这意味着，它们必须是普通的地方材料。

（3）处理这些材料不需要熟练的劳动力，不应超过农民的能力范围：比方说，不超过村里泥瓦匠或木匠的水平。材料还应使大部分工程可以由无人督造的劳动力完成。

简言之，"互助自建"必须帮助农民用上他们自己已经掌控或容易上手的技能，用上当地的、几乎零成本的材料。最重要的是，有人提议用钢材或混凝土，甚至每每提到木材——来帮助农民建房时，这些几乎都要进口的材料应该受到最大的质疑。只有当这些材料可以在本国生产，价格足够便宜，而且住户也买得起时，才允许在国家安置计划中使用。

另一套系统已在埃及一些地方投入使用，但并不广泛。那就是"核心"系统，在该系统中，规划当局设计一两个标准版的房子，建成每幢房子的"一小部分"，余下的部分由使用者自建。政府建成的部分是核心，使用者贡献了该有机体的其他部分。不幸的是，核心部分通常是由混凝土或烧制砖建造的，农民可负担不起同样的材料，所以只能用泥砖来做加建。这两类建筑之间缺乏一致性和连贯性，这么一来，在名义上"核心"部分，政府的贡献微乎其微。就像其他"自上而下的援助"那样，该核心体系没有激发当地的手工艺，也没有让农民做好自建的准备。

除非那些负责安置农民的技术人员——建筑师和工程师承认，唯有农民自己的热情才能催生一种蓬勃向上的、自我延续的建筑传统，而且唯有当农民看到自己真能白手起家盖起好房子，才能点燃这样的热情；否则，在此之前，任何欠发达国家的任何国家级住房计划都不会有机会成功。

若要得到一朵小花，不要拿纸片和胶水来制作，要把你的勤劳与智慧用来打理土地，播撒种子，静待发芽。同样，若要借助村民建房的天性，我们必须亲力亲为整饬土地，培育一种社会氛围与趋势，建造活动自会在那里蓬勃发展；绝计不能把精力浪费在建造本身，无论它们多么精巧多么迷人，都会像手工花卉那样苍白和徒劳。事实是，种子撒在土里，随时会生根发芽，破土而出；在漫长的数个世纪中，植物早已适应了这片土地，枝繁叶茂指日可待。我们只需给一点鼓励，除一点草，松一点土，或许再从水壶里洒上一点水。有一点科学知识，一点政府鼓励，一点聪明才智，就足以重新焕发农民的建房积极性，这比任何现成的政府建房计划都要强。

# 第二十二节　合作体系

我们知道材料是现成的，而且很便宜；我们也早已熟知材料的使用技术。关于工程的组织协调，农民本身能教给我们什么？在那些还没被商业建筑承建商染指的地方，村庄应该怎么安排他们的建造活动？

他们合作。村里盖新房时，大家都要来帮一把。众志成城，房子很快就盖起来了。这些乐于助人的邻居分文不收。如果一个人花上一天时间为其同村人盖房子，他所期望的唯一回报就是有朝一日同村人也会为他盖房子。这样，建房成了一种共同劳作，如同收割一茬庄稼、扑灭一场火灾、操办一桩红白喜事。努比亚的村民宛如蚂蚁或蜜蜂，无须指点无须监督，自然而然地相互帮助。

然而，只有社会本身处于真正的传统之中，合作体系才能以这种传统方式来处理传统问题。一年十几套新房子，对一个村庄的劳动力资源来说没有太大的压力，仍有时间打理田间地头和其他生活事务。同样，当一个人以他所种植的东西为生，而钱是一种稀有商品时，当他不知道钱能买到什么的诱惑时，会欣然舍弃他的时间去盖一两栋房子。从来没人告诉他"时间就是金钱"，但是当要建一整个新村庄时，那么建造就会占用整个社区超乎比例的时间。当一个人为了工资而干活时，他就不愿白干了。

即便如此，倘若合作建房体系可以发挥作用，它将比任何雇佣专业建造者的体系好太多。首要也是最重要的一点是，由住户亲手建造的村庄是有生命的有机体，会生长能延续，而由雇工建造的村庄是没有生命的东西，工匠离场的第二天就会开始分崩离析。其次，合作建设的村庄将比雇佣劳力建造的村庄便宜得多——事实上，这也是唯一足够便宜，连埃及这样的国家都能负担得起，可以遍地开花的村庄模式。

倘若传统的合作体系能够在非传统条件下运作，那么显然，它也可以推广并应用到大规模的住房计划中。

在合作体系中，自愿投入时间和劳动力的基本动机是指望自己能得到类似的帮助。"将心比心"，事实上，每一位邻居，帮别人建一幢房就收获了一份他人帮自己的权利，等于在劳动力银行开了一个账户。如果这一原则能得到认可，如果一个人的工作量可以被确切地计算和统计，合作体系将开始吸引最为唯利是图的农民。

当然，人人都想要比原先更宽敞、更洁净、更漂亮的新房。只要有人告诉他该怎么做，人人都愿意为自己造这样的房子。问题是，本质上房子是一种公共产品——一个人单枪匹马盖不成一座房子，但100人可以轻松盖起100栋房子。"好吧，"农夫说，"我想要一栋房子，我们来盖吧——可我为什么要给艾哈迈德盖房子呢？"前提是可以准确、公正地衡量农民对房屋的贡献，并把它作为对社会的一笔贷款而记录下来，由社会以房屋的形式来偿还，才能说服多疑的农民加入集体合作建房的计划中。

为了衡量每个村民借给社区的工作量，并用社区欠他的建造工程量来说明这笔贷款，有必要详细了解两件事：其一，任何额定人工到底完成了多少有效工作？其二，一所房子的各个子项到底有多少定额工时？第一项数据可以通过仔细的工作排序和进度检查系统获取。第二项数据是我们在谷尔纳工作期间发现的，我们分析了每一项工程的成本，并为每种建筑的每一阶段工程设立一个标准——可以用金钱或工时来表示。

# 第二十三节　在职培训

如果一个村庄要由它未来的居民建造，那么我们得教会他们必要的技能。无论合作体系能激发多大的积极性，假如人们不知道怎么砌砖，它就起不了什么作用。建设一个村庄需要相当多的熟练工人，这个数量太大了，不可能雇用外地人，这会使成本过高。

一般来讲，提到培训，人们就会想到学校，就会自然地想到建立技术学校来培训农民掌握必要的建筑技能。我必须强调，技术学校回应不了我们对熟练工人的需求。他们免不了会教一些过于深奥的课程，而我们所需要的只是会砌6种砌体的工匠；他们过于学术化，会让学生对课本里没有的做法产生偏见；他们颁发毕业文凭，会让学生觉得自己高高在上，从而鄙视体力劳动，宁愿去当一名政府机关的职员；他们工资很高，会让项目的建设成本居高不下；最后，他们会教出一批训练有素的手工业者，而一旦自己的村庄竣工，这些人就会失业，既干不了本行，也干不了农活。

不，我们需要一种方法，教会农民务实建造的要点，这样他才能为自己村庄建设做出有益的贡献，但我们不想把他从能干的农民变成手艺好却没活干的泥瓦匠。他要具备在自己土地上砌墙垛和造仓库的动手能力；他将有能力帮助邻居盖房子，能保持自己家园的完好与整洁，但打心眼儿里依旧认定自己是农场工人，而不是建筑工人。技术学校的课程确实有用武之地；我们需要好手艺的专业技工，他们将成为国家的永久雇员，可以在技术学校接受适当培训，但大多数半熟练工人需要的是不同的实训教程。

我主张对这些工人进行在职的培训。很难在私人住宅等小型工作岗位上培养大量的学徒。想要以合作体系建设村庄，就应当从公共建筑开始，这样可以为村民建造技艺的培训提供大量的机会，而且，这些技艺今后可以应用到他们自己的住房中。

此外，如果公共建筑和私人住宅的建造方式一致，那么村庄就能保证建筑上的和谐，村里也看不到那种自诩官方的、自感优越的建筑异类——这种疏离不仅是一种表面现象，也体现在百姓对官吏的态度上。

通过对村民进行公共建筑方面的培训，首先将公共建筑作为村庄的中心率先建成，我们可以利用建筑主管部门聘请的建筑师与能工巧匠传经送宝。之后，即使当局负担不起大量私人住宅的费用，这些技能也将被植入，村庄的中心就立在那儿，居民将会自行传承下去。

有些施工操作一学就会，譬如，方形房间的放样。有些又难度颇大，譬如，建造拱顶就是一门技术要求很高的活儿，在努比亚，徒手画出正确的放样曲线，一个学徒约摸要学3年。当然，也可以给经验不足的建造工人一个正确的曲线样板，这样，他所需的就是细心而非知识了。为了加快学徒的培训，我们在谷尔纳村就这么干了，效果还不错，但我们的工匠大师傅阿卜杜勒-阿齐兹对我火气十足。他说，从前，只要犯上一丁点儿错，他就会手心挨打到痛哭，而如今，这群小子没吃什么苦头，我们就把这些秘密和盘托出。我思忖再三，阿卜杜勒-阿齐兹的想法是对的。他的态度就像中世纪的泥瓦匠——法国同业公会的手工业行会会员，他们竭尽全力保守建成哥特式大教堂复杂精致拱券的秘密，其间的每一处推力和压力都计算得恰到好处，泥瓦匠追随大师傅制作每一道拱券，却始终不越雷池半步。无论是中世纪的欧洲，还是谷尔纳或努比亚，泥瓦匠的成熟都需要相当长的一段时间，才能做好承接最高秘诀的准备。和其他知识一样，手艺真的没有捷径。譬如，工程中公式的应用很容易，但倘若理解不了其推导的来龙去脉，还是会有麻烦。

对匠人来说，技能成熟是匠人精神价值成形的重要经历，而精通任何一门技能的人，也会在自尊和道德上成长。其实，农民在建造自己村庄时所带来的个性变化，比他们在物质条件上的变化更有价值。每一位匠人收获理解与尊严，而村庄集体收获了唯有合作才能得来的一种社区性，一种相互依存的手足之情。由于建造技艺的精神价值，我更青睐营建过程中那一段看似艰辛的跋涉。譬如，跟泥砖相比，夯土貌似也有许多优点——尤其是省掉了制砖工序，造墙就不需技巧，只需蛮力。然而，我一直认为，比起花上数小时把土夯进木模里，砌砖是一项更高贵的活动。实践甚至还有助于技能的提升，一个依赖模板才能正确放样曲线的泥瓦匠，也不能安然将拱顶落在不平行的墙体上。

我早已解释过，只有把一个人的工作记录在案，作为对社会的放贷，并以造房子的形式偿还，合作建房体系才能奏效。此时此刻，比起未经培训的生手，泥瓦匠熟手的劳动报酬高出一筹，理所应当。再说一次，如果社区允许泥瓦匠花费宝贵的时间指导学员，那么就应该有人为这个时间付费。因此，在职培训计划应要求其学员，以低于正常市价的费用，以其学到的新技能为社区服务，以此来支付培训费用。我制订了下列在职培训方案，并应用于谷尔纳。

帮工——做非技术性工作的年轻人和男孩——叫来观看泥瓦匠的工作，这样他们能对所做的工作有所了解。培训课程以口头和书面形式进行宣讲，详细说明128项培训的各个阶段、要教授的技能，以及每个阶段的相应报酬。那些乐于学习并显现出任何一点才能的帮工，列入通往泥瓦匠最终资格梯队的第一级。培训分5个阶段：

A．学员：日薪8皮阿斯特（和没有技术的新手待遇一样）
B．学徒工：日薪12皮阿斯特
C．泥瓦小工：日薪18皮阿斯特
D．泥瓦匠：日薪25皮阿斯特
E．工匠大师傅（moallem）：日薪35～40皮阿斯特

那些被定为A级阶段的学员，将教他为一个矩形单元进行布局放样，砌一皮、一皮半、两皮砖厚的砖，砌相交的砖，砌墙角和门窗侧壁的砖。所有的这些墙都要干砌，不用砂浆。经过两周的培训，学员要接受考试，看他能否在一个钟头里严丝合缝地砌好200块砖。如果通过了，他将在真刀真枪的建造过程中，帮两个泥瓦匠大师傅递材料。受过培训之后，他也会带着更多的理解观察大师傅的工作，并从中学习。他要在这道工序上待上两个星期，工资和普通小工一样（8皮阿斯特）。

接下来，学员进入B阶段，返回课堂，接受更多的业务培训。他会像以前一样砌墙，但这次要用到砂浆。他将用红砖加泥灰砂浆砌筑1/2砖厚的隔墙。他将学会在不同厚度的墙壁上建造1、$1\frac{1}{2}$和2砖厚的方柱，1、$1\frac{1}{2}$砖宽的壁柱。如果在两周的课程中，掌握了这些操作，他将回到为期两周的主工序上，在那里，他将协助两个泥瓦匠大师傅

补砌上他们建造的墙的中段部分。这是一项有用的工作，但并不需要一个合格泥瓦匠的技能，因为帮工不用负责墙面的对齐和找平。当学员做这些的时候，他的工资是12皮阿斯特——比一个卑微的小工还多，因为眼下他已经升到学徒的级别了。我们可以说，他的工作价值大概是两个泥瓦匠大师傅的$\frac{1}{4}$，即日薪20皮阿斯特。他的工资和工作价值之间8皮阿斯特的差额，可以作为社区培训的回报。

圆满完成这项为时两周的工作之后，他将进入C阶段的课堂。在这里，他会学习在2块砖厚的墙上建造$1\frac{1}{2}$砖厚的分段拱券，跨度分别为0.9米和1.2米（用于门窗），以及跨度为2米和$2\frac{1}{2}$米的尖拱。这次只有一周，如果考试通过，他将成为一名泥瓦小工，这道工序上班一周的日工资是18皮阿斯特。我们现在可以认为，他的工作值得一个泥瓦匠大师傅的价格了（日薪50皮阿斯特[①]），所以我们能从他身上每天获得22皮阿斯特。

他的下一门课程为期两周，他将学习在没有衬筒的情况下，在$1\frac{1}{2}$米和$2\frac{1}{2}$米和3米的跨度上建造拱顶，并建造一个3米跨度的拜占庭穹顶（落在帆拱上）。为了从这一阶段毕业，他要能够以1m/h的线性速度（152块P.M.L.）建造$1\frac{1}{2}$米跨度的拱，60cm/h的线性速度（204块P.M.L.）建造2米跨度的拱，30cm/h的线性速度（272块P.M.L.）建造$2\frac{1}{2}$米跨度的拱，20cm/h的线性速度（340块P.M.L.）建造3米跨度的拱。一个穹顶，有1400块砖，两名学员要在两天内完成。当泥瓦匠是两两配对工作的时候，这些标准要求对于两个学员来说是双倍

---

[①] 50 PT per day，原文如此。若按照原著p124 "E. Master mason (moallem)：daily wage，35-40 PT."，以及从此段内容判断，应为40PT per day，即日薪为40皮阿斯特。——译者注

的。从这个阶段毕业后，学员将获得泥瓦匠的头衔；如果他没有通过资格考试，将重新回到泥瓦小工这道工序至少一个月，之后，如果他愿意选择回来，可以选择重修这门课程，但前提是得不到报酬。

这位毕了业的泥瓦匠，现在每天可以挣25皮阿斯特，可以随意挑选自己中意的工序作为工作岗位。经过这一阶段的培训之后，实习生不管是否通过考试，他未来的职业，他所做的工作，或者他所接受的额外培训，都一律由他自己决定。这样，只有最热切的人，才甘愿接受下一阶段的训练。

这个阶段是让学员最终获得泥瓦匠大师傅的资格。他要在对角斜拱上建造圆顶，直径分别为3米和4米，而且要在不平行的墙体上建造拱顶，拱顶大的一端跨度为3米，顶点要始终保持水平。这是一项格外棘手的业务，因为推进过程中，起拱点要逐步抬高。然后他要建造一个由拱顶支撑的楼梯。该课程为期两周，通过之后，学员要在石匠那道工序上工作一周，学习怎样处理石头。最后，他将得到了一份表明他能做什么的证书，宣告他是一个训练有素的大师傅。一个大师傅的完整培训需要17周，花费大约800皮阿斯特，即8埃及镑。时间是充裕的，对于那些很快上手工作的学员来说，学得会更快，学员甚至在最终毕业之前，就能偿还8埃及镑的全部投资。而如果我们考虑到他作为一名大师傅的第一个月，他每天的工资比平时低10皮阿斯特，如果他的等级仍然是泥瓦匠的话，他每天的工资会比平时低15皮阿斯特。我们发现，我们在每一位学成出师的学员身上都略有利润盈余。由于一般的毕业生将工作数月后才能达到应得的全额薪水，他将偿还足够的钱以支付教员的薪水。

◎ 泥瓦匠培训中心

这种培训制度是一种实用的、受欢迎的方法，培养我们所需的熟练工人。如果政府希望使用熟练工人，那么这种培训制度甚至对承建商也有益，因为承建商最担心的是如何在偏远地区找到所需的劳动力。我接触了几家大型承建商，想知道他们是否愿意使用这样训练有素的泥瓦匠，他们对这个思路表示热列欢迎。这会实打实地帮他们省钱，因为要说服一个住在城镇里的泥瓦匠到某个遥远的村庄去，承包人必须给出他平时工资的两倍。尽管这样，如果政府把设备借给当地的小建筑商而不是雇用大承建商，那么一个项目会更加便宜，因为不管怎样，最后都是小建筑商来做实际的工程，这样，如果他们有机会以正常的方式使用他们买不起的设备，大承建商的利润就可以从账单上剔除，并促进了当地企业的兴盛，也使当地的工匠培训更容易落到实处。这一做法的实用性，在法里斯的学校建设中得到了不折不扣的证明，尽管已连续3年发布招标合同，但从来没有一家承建商为此提交过投标书。

我们买了价值200埃及镑的设备，借给当地的小建筑商，结果，这所学校的成本仅为那些交通便利地方一般学校的1/3。法里斯（Fares）学校有10间教室，一个专门设计的大型图书馆和一个大型多用途房间，后面是露天舞台，费用为6000埃及镑。而省会阿斯旺镇的另一所同类学校，只有9间教室和用作图书馆的一间普通房间，费用为16000埃及镑。

泥瓦匠大师傅毕业后月薪至少有30皮阿斯特。[①]达到了泥瓦匠水平的毕业生，就可以直接去接这些活了，不用再继续去深造泥瓦匠大师

---

① 此处原著拼写30PT，疑似应作300PT，即300皮阿斯特。——译者注

傅的培训，那么他的月薪是360皮阿斯特，而不是240皮阿斯特。如果一个泥瓦匠大师傅在毕业后的第一个月里，在工作中表现出很高的建造技能，他的每日工资将涨至35皮阿斯特。如果他在这次加薪后的下一个月，继续表现出技术上的进步，他最终将获得每日40皮阿斯特的全额工资（见附录二）。

# 第二十四节　谷尔纳村并非终结

对我来说，谷尔纳村本身并不是最终目的，而是通过重建村庄，在埃及乡村彻底复兴道路上迈出探索性的第一步。谷尔纳村尝试了一种全新的农村住房建设概念，并证明是切实可行的。本书第一部分介绍了在全国范围的村庄重建运动中应用这一概念的方案。

可能有人会反对，认为农村住房不是埃及面临的最紧迫问题；人们最好把注意力放在提供工作、粮食或其他更基本的需要上。没人能否认，埃及最紧迫的任务是改善人民生活。到目前为止，大部分人口都生活在农村，也就是说，大多数埃及人是农民，他们生活凄惨。因此，埃及任何政府和任何政治学说，都要以是否持续提高农民生活水平来评判。

那么，改善住房是提高生活水平的首要条件吗？也许不是，难道是食物吗？生活水平不只取决于人们吃的食物数量，但也不取决于他们寿终正寝的年纪。联合国经济及社会理事会提出了一些"衡量生活水平的组成和指标"，其中包括"娱乐""人类自由"和"工作条件"等。健康和食品消费确实考虑在内，住房也考虑在内。生活水平是由许多因素决定的，住房决不是一个微不足道的因素。这也是我作为一个建筑师，可以给出建议的地方。

即使住房条件被列为"生活水平"的因素之一，住房质量也往往仅依据一个房间和卫生条件来评价。然而，事实一再证明，一两个房间和一个卫生间并不足以提高生活水平。过度拥挤的房间，到处是鸡或其他牲口的房间，都不会给人带来满足感和安全感。如果住房是决定生活水平的因素之一，那么它要提供空间和美感，还有卫生间。不幸的是，由于住房依然排在营养之后，营养是维持人们生存的因素。规划者往往认为，最低限度的住房是他们能承担得起的全部，还有些人认为，一旦提供了一个贫民救济处来养活失业者，他们的责任就卸下了。

贫民救济处是不够的，最小的住房也是不够的。任何家庭都需要大小合适的、安静私密的房子，里面要装得下牲口和其他的生活必需品。有些当权者说，不可能给农民这样的待遇。他们一语道破买好房子的难处。埃及农民的平均年收入是4埃及镑。农民们怎么买得起房子，更别说大房子了？即使有政府贷款，他们中的大多数人，也买不起摆在他们面前的最简陋的实用设计款。这些人说，农村没钱，他们说得也没错。房子是要花钱的，而且越大越贵。无论如何，我们也负担不起给全体农民提供住房，所以，为了尽可能多的安置，我们提供的房子只需满足最低品质的保障就行。贫民救济处的做法就是底线。

这些人被年收入4埃及镑的这一数字吓懵了。因为他们认为房子是工厂生产出来的东西，是大工厂和大企业直接或间接制造的产物，所以他们想象不出来，年收入4埃及镑的人能买得起的房子是什么样的。其实，只要他们的思想还受货币制度的束缚，被禁锢在合同、分包、投标和报价的知识结构里，他们就永远看不到为民众提供适宜住房的任何办法。迄今为止，针对埃及农村住房问题提出的每一个解决方案都是基于这样一种假设：混凝土房比土坯房更好——改良农民住房的第一步是"改良"材料，而不是设计。这种"改良"的材料无一例外都是大工业生产的：钢铁、水泥等。当然，这些都得花钱，而且房子里的东西越多——其实是房子越大，你花的钱就越多。我们的规划者于是就得出了不容置疑的结论：我们给不起农民宽敞的混凝土房屋。我们不仅给不起宽敞的房子，连最小的混凝土房子都给不起有需要的全体农民——这是一个常常被掩盖的事实。

不，任何牵扯支付工业生产的建筑材料和由商业建筑承建商的解决方案都注定失败。我们的钱不够。如果要建造足够数量的房屋，就要在没有钱的情况下建造。我们要走出货币体系的框框，绕过工厂，忘掉承建商。

怎么办？怎么才能不花钱重建4000个村庄？

答案就在下面这张照片里。照片上是努比亚农户的一个房间。这所住房和阿斯旺周围村庄的几百所住房一样，造起来没花一分钱。方圆10英里，没有建筑承建商。它没用混凝土，没用钢筋，除了现场生产的材料外，根本没有别的材料。大概花了1周，就建成了——它所属的整栋房子是在3周内完成的。这些都是它的实际优点。就其美学品质而言，这张照片足以说明一切。只要打听一下，在世界上任何国家或国际当局赞助的任何大规模住房项目中，你在哪里找得到如此对空间的掌控，如此对比例的拿捏，如此和谐、尊严与和平。对于有眼光的人来说，这个房间是埃及住房"问题"的答案。

问题的哪些方面得以解决了呢？第一，是钱，它实打实的是用泥土建造的，而且分文不花；第二，空间，钱的问题解决了，房子的大小就没有了限制，10间房和1间房同样便宜；第三，卫生，空间意味着身体和精神上的健康，而泥土这种材料，不像茅草和木头那样是昆虫的栖身之

◎ 位于努比亚的阿斯旺·加尔卜村的拱顶房间

地；第四，美观，单是结构本身的要求就几乎保证线条的愉悦。与此同时，零成本的方式给了设计者在空间美学创造上完美的自由，不会感到一丁点儿预算上的压力。

这间房子是如何解决埃及全体建筑师和规划师的困扰的呢？什么是努比亚农民有的，而我们建筑师没有的？第一，他们有一项技术——用泥砖做拱顶，这就把他们从开支中解放了出来，使他们不花钱就能造一栋完整的房子，还带屋顶，样样具备。第二，日常生活中，他们有合作的习俗，造房子的时候，左邻右舍都会来帮忙，不存在雇工和劳务结算的问题。这张照片有双重含义：一是用泥砖造房子，二是借用未来住户无偿的义务劳动来造房子。

如果这张照片的含义这么丰富，那么不妨合情合理地问一下，在此阶段，谷尔纳实验还有什么可补充的？好吧，6000年来，努比亚人一直在这样造房子，但没人理会这个暗示。要求经验仅限于城市建筑的建筑师用泥土来做设计之时，需要一些令他们心服口服的东西。当需要大规模的建设——整个村庄，上百栋房子时，他们想知道，努比亚人的方法是否能适应这种规划，而不失价廉物美的优势。他们可能还想知道，泥砖房子是否可以结合现代文明所需的卫生设施和其他便利设施，以及是否可以证明跟用更体面的材料造出来的房子一样结实。

我认为，谷尔纳并没有给出所有问题的终极答案。但关于现代设施便利性和耐久性这两个主要问题，确实得到了令人欣慰的回答，并且我们还证明了，农民的技术和材料可以用于大规模的、由建筑师设计的建设计划。对于成本这个关键问题，谷尔纳只给出了一种答案。因为，谷尔纳是一个十分特殊的例子。我们不是在村民的通力合作下重建一个现有的村庄，而是在一个新地方建造了一个安置人口的容器，这违背了村民意愿，使他们背井离乡。

乡村建设想要真的便宜，离不开农民自愿的合作，靠有偿的劳动便宜不了。我想了一个办法，把村民传统的合作建房习俗融入大型项目中，譬如建一个完整村庄，但是由于谷尔纳村民反对搬迁，我无法将这个方法付诸实践。我不得不雇佣工人并支付工资。不过，把这部分人工成本从总数中抽出来并不难，从而可以估算出类似项目中使用无偿合作的人工成本。在谷尔纳村之后，我很向往有机会在一些大型建筑项目中尝试这种自愿合作的体系。

## 第二十五节　米特·艾尔·纳萨拉，一个胎死腹中的实验

　　机会来了，1954年，米特·艾尔·纳萨拉村大部分被烧毁。200户人无家可归，住在帐篷里，窘迫不堪，政府想方设法尽快重新安置他们。

　　每户人家都将得到200埃及镑的补助，其中100镑是工程部直接发放的，另外100埃及镑是市政和农村事务部发放的贷款。显而易见，这笔钱不足以让一个家庭通过惯常的中介纽带即私人承建商，为自己建造一座新房子，所以，社会事务部长邀请我担任一个委员会的顾问，该委员会将供应这些新房子。

　　我发现，无家可归的家庭希望政府像童话里的教母那样给他们新房子。普遍的态度是："好吧，既然他们能给我们200埃及镑，为什么不给400或1000埃及镑呢？"我认为，200埃及镑足以支付当地无法制造的木材、管道等材料以及熟练劳动力和技术援助的费用，前提是村民自己要投入非技术性的劳力，并出借他们的牲口帮忙搬运材料。

　　我们很快醒悟过来，不可能把这200户人家所付出的劳动和欠每户人家的建造工时都一一记录下来，如果我们想区别对待每户人家，就永远保证不了劳动力的正常流动。人们总是会外出去集市或农田，我们应该花更多的时间来组织，而不是建造。不可能不分青红皂白地招人，也不可能用任何形式的花名册招人，因为他们不领工资，所以这种方法是一种强迫劳动。有鉴于此，我们决定把人口分成大约20个"农户社群"，并要求每个小组选出一位代表，即一位长辈，我们可以和他商议。"农户社群"将负责在适当的时候找到其劳动力配额，

房子将移交给"农户社群",合同将与以这位长辈为代表的家庭小组签署。每个这样的农户社群大约有20个家庭,起码可以出30个劳动力,它可以安排一些事情,使贫困家庭比其他家庭付出的少一些,它可以保证劳动力的供应,同时允许个别家庭在其义务上有一定的自由度。

## 25.1 基层社区发展

决定了这点之后,有必要向村民解释这些建议。起初,他们很反感采用泥砖的设想,但向他们解释清楚这么点儿钱决计买不到房子,而依靠这个体系,他们能有一座又大又美的住宅后,他们接受了。基于在谷尔纳获知的数据,我们很快完成了预算,经过计算,可以以每栋房子84埃及镑的费用重建村子,还剩16埃及镑可以装进村民的荷包,也犯不着让他们再去贷款100埃及镑。

这些估算采取了一个完整的工程计划形式。村里有一份规划图标明了每个农户社群的住房在哪里,一份时间表显示了哪些工程由农民的非熟练工来做,哪些由政府雇佣的熟练工来做,以及哪些劳动力将要花在培训上。各方均按合同约定提供一定数量的劳动力,不履行这一义务的任何农户社群,都将失去获取政府援助的所有权利。

这些建议一旦解释清楚了,村民也同意了把钱花在建筑师和工匠身上,而不是花在混凝土上,我们就得向他们展示将得到什么样的房子。

我们安排了5位"长老"和5位村里的泥瓦匠一起前往谷尔纳,他们将在那里受到谷尔纳人的款待,参观那里的建筑。同时,我们准备了一些样板房平面图，并用这些平面图，对每个样板房所涉及的劳动力数量和种类（专业的或合作的）作了详细估算。我们挑选了新的分区位置，但在规划布局之前，我们一直等待，直到有时间调查家庭的社会结构，确定群组规模，任命长辈代表，并讨论农户邻里单位的家庭分布情况。所有这些都要在我们开始设计各家各户的房子之前落实。

着手房子的设计时，我们将考虑每户人的规模与其他合理的要求——例如，我们不反对一个家庭为一栋超大的建筑物或豪华的设备支付额外费用——但丑话要说在前头，我们主要关心的是为那些困苦的人提供住房，而不是满足那些有能力负担私人建筑师费用的人多变的要求。

在每个村庄，都有一种传统且合乎情理的倾向，把"政府"看作一种异教的神明，敬畏、抚慰、祈祷，并从中衍生出意想不到的寄托，但村民很少想到，政府是你可以与之合作的，甚至可以与你达成协议，合理解决问题的。我们不得不告知米特·艾尔·纳萨拉的村民，政府的权力既非神授也非无所不能，恰恰相反，他们由其提供的200埃及镑精准界定，现在，政府还能做的是为怎样最有效地花钱提出好建议。一切花销，包括建筑师、工程师、机器、泥瓦匠和办事员的费用，都要从这笔钱中开支。如果村民利用我们的专业知识，不花什么钱就能住上便宜的好房子，但前提是他们得提供自己的纯劳动力与和大部分运输，而且是无偿的。

这件事情上，村民很快就弄明白了这些建议，兴致高涨。跟谷尔纳人不一样，他们在帐篷里生活悲惨，接受我们的计划并没什么损失。不幸的是，和谷尔纳一样，政府辜负了异教徒之神的名声，陡然将建造每一栋房子的责任从各个部委移交给了市政和农村事务部，而后者对我所推动的方式并不认可，并随即把工作交给了它自己的建筑师，要以正统且昂贵的混凝土方式来完成。因此，米特·艾尔·纳萨拉的项目从未按我设想的方式执行。不过，从村民对我们解释的热烈反响来看，我可以得出一个比较乐观的结论：在埃及的大多数村庄安置中，合作建房是可行的。

尤为鼓舞的是，当村民得知制砖可能要用到河床上的沙子，而且得在河水上涨的前几周把沙子挖上来时，他们全都自行带上驴子和骆驼，挖上并运来我们需要的所有沙子，不需要等待合同或协议，不需要等待长辈或我们的任何一份书面文件来对他们的工作进行说明。

在米特·艾尔·纳萨拉（Mit-el-Nasara）项目里有一个有趣的技术发现，那就是怎样快速制砖。由于村民亟须住房，我们不得不快马加鞭，想方设法地节省时间。包姆·马平公司的土壤力学顾问伊扎尔博士来帮助我们，他建议通过在机械水泥搅拌机中将干料（泥土和沙子）与经过精心控制的蒸汽量混合来加快制砖速度。蒸汽会比水更好地渗透到土块中，并将每个颗粒包裹在一层水膜中，从而使土和水以正确的比例瞬间完好融合，而无须制作过湿的泥浆，再放置几天晾干。

我们发现，这种蒸汽浸润的混合物，如果再使用温盖特机（Winget）那样大的机械压力，即8个大气压下制成的砖，可直接用于建造。我们在开罗大学工程系的实验室里对当地的土样进行了分析，发现还须加入一定量的沙子来改善颗粒级配，这样，砖的抗压强度将达到每平方厘米40千克。这些样品砖是在包姆·马平公司的车间里用简易设备制作的，该公司对我们的发现很感兴趣，并准备为我们生产村里的砖块提供大量帮助。

不过，这里要强调，之所以建议使用机器，是因为村民急需住房。在一个普通村庄里，人们已经有了某种类型的旧房子，可以慢慢地造新房子，根本不需要机制砖。每平方厘米40千克的强度是有冗余度的，而且，由于这种砖比晒干的砖密度更大，导电性更强，甚至会对人产生不利影响。当然，它们也更贵。

许多建筑师和工程师在解决低成本住房问题时，有一种不幸的倾向，总要引入些根本没必要的、昂贵又复杂的因素。依我看来，建房中许多以水泥和沥青提高土壤稳定性的实验都是被误导了。阳光下晒干的普通泥砖完全可用来盖一般的房屋。而且在埃及制作起来几乎不花什么钱。加一层防水砂浆的保护就够了，如果采用性能稳定的材料，用这种防护砂浆更经济，无须加厚整个墙体。

工程师与村民的看法不同，工程师认为一种材料的强度越高越好，他想让泥砖达到混凝土的标准，但这么做的过程中，泥砖被换成了一种工业制品而不是农家产品。他做的砖块过于坚固，高出农民的制造力或购买力。真正的低成本住房决不需要不存在的资源。如今，遍布埃及的泥砖住宅，无须机器和工程师，我们务必要抵制住诱惑，不要试图去改进那些已近完美的事物。

# 第二十六节　乡村重建的国家规划

谷尔纳项目的启动是为了应对一个特殊局面，它不是任何农村发展计划的主要部分，但是，今后将任何乡村安置项目，除了洪水和火灾引发的孤立的紧急事态外，都以改善乡村生活水平为目标。

使居民住房达到最低的宜居标准，仅就此而言，埃及的每个村庄都需重建。

然而，这些都是国家政策的问题，是国家和地方政府应该关心的问题——我只是想记录下这样一种观点，即只有当安置计划作为更广泛的国家重建计划的一部分时，它才能得以实施。

若要实施如此庞大的重建计划，那就不是建筑层面的简单操作。倘若一个国家的每个村庄都要重建，就必须制定所有乡村全面开发的总体方案，重新考虑全部人口和土地的平衡问题，确定城乡人口的均衡配比，以及农村人口在乡村的合理分布，以期实现乡村所有资源的全面开发，并在全体人口中的公平分配。因为埃及承受不起任何资源与潜在财富未尽其利，也不能任其子民长期贫困。

这种重建方案应按精心规划的阶段推进，要不然就会有很多麻烦。培训要先于建设，每一次变更都要考虑在内。正如在灌溉方案中，引水之前要准备好排水系统，所以在社会经济计划中，要准备好处理人口和劳动力的突然过剩问题。例如，机械化农业将带来失业，除非有工作岗位等着吸纳多余的农业劳动力。

同样，手工业的工业化会造成大量的失业，任何因此增加的产出都会被由此带来的社会苦难所抵消。在乡村现代化的规划时，所提出的任何办法，每次的成效都要用数学精确计量；政客们模糊的乐观主义不再是严肃规划者的充分指南。

埃及人口已达到3000万，仅有600万英亩可耕之地。具体一点可能更好懂，一个25口之家，仅有6英亩田地赖以为生——若想衣食住行宽裕，孩子还能得到良好的教育，分明难以为继。

人口过多与生活水平下降的关联，在一个家庭中显而易见；但在一个国家中，两者之间的因果效应目前尚不清楚。人口过剩会表现为疾病、失业和犯罪等现象，通常，它们会归结于其他原因。我们倾尽全力，只为在绝境中做到最好。这的确很崇高，但埃及贫困的根源是人口过剩。人口过剩有两个基本办法补救：减少人口，增加生产。节育措施或向外移民，可以减少人口，从而减轻资源压力。

埃及的农业资源几乎已经开发殆尽。最乐观的估计是，由于阿斯旺大坝和新河谷项目，可耕种的土地将增加200万英亩。因此，即使人口保持在目前的水平，仍将是每25人依靠8英亩为生——人还是太多了。

不过，可以更有效地利用资源。例如，矿产资源开发还大有余地，这意味着工业化。生产的工艺标准可以提高，从而提高生产力，而生产可以直接用于出口的货物，这将比直接生产粮食等基本必需品的回报更大。

国家有权促进节育和生产力，但往外移民甚至出口，取决于别国是否需要埃及的定居者和货物，因此整体上并不遵从于计划，而是国际政治的范畴。

正是在这里，预测任何与重大经济行为相关的复杂因果关系时，我们需要统计学家的全部技能。正是在对总体时局进行全面、长期的预测时，统计数据才对我们有用，而不是针对个别房屋的设计有用。

生活水平提高和人口数量增加一样，都会对国家资源造成压力。埃及人口早已过剩，而且还在迅猛增长。她的自然资源是一个固定量，因此，任何住房领域标准提升的尝试，势必加剧局势的负担，或者拖累其他的关键需求或工业投资。

造房子通常认为是一种非生产性的投资消耗，但这有待商榷。还有人说，生产最终是为了增加民众的福利。除此之外，还有一个事实是，建筑投资会使一个国家拥有建筑产业——工厂、技术工人以及经验。此外，民众健康和幸福的改善势必会反映在总体的生产改善上，因此，住房投资至少可与新设备和其他实物资产的投资相匹配。

无须大量投资就能迅速开发的唯一资源就是人力。在生产家庭用品（包括住房）的过程中，合作性的手工生产起码会与工业生产一样有效，而且不需要外汇。释放埃及人民的生产潜力将是一种经济进步，堪比开采一个大型油田，社会效益将不可估量——这就是所谓"人类聚居学"的效能。

因此，整个项目的开发推进速度受制于其中的最慢要素。这些要素是：

（a）自然资源的种类和数量，即矿产、农业、水利等；

（b）人力资源，即农业、渔业、矿业、工业、手工业等行业的工人数量及其技术水平；

（c）民众的生活水平，这取决于收入和支出方式。

有些人宁愿把钱花在纵情享乐上，比如娶更多的妻子或者买更多的电视机，而不是花在健康食物和良好住房之类的必需品上，这并不妨碍规划者尽其所能，为其所想。理想情况下，人们应该做出明智选择，但当局应该让这个选择变得轻松，甚至限制人们做出不明智的选择。

这项计划因此将分成一系列的阶段推行。其中第一步是人力资源的开发，例如，为切实需求的技能提供相应的培训。这一阶段将分步实施，以便在合适的时间提供合适数量的适宜技能。最要紧的是，这一阶段的培训重点要放在急需的有用技能上，以便培训过的工人为下一阶段的工作做好铺垫。虽然各种各样的抽象训练、学术研究和纯科学是少不了的，但不应被看作教学计划中唯一需要传授的知识。不仅在埃及，而且在世界各地，现有学校、大学都在竭力迎合各种学术研究。总体发展规划第一阶段的培训，要填补的空白是重建广大一线的实践教育。解决提高我们生活水平的问题，需要在镇委会、村议会以及家庭本身的层面上采取主动和投入精力。通常，总体规划和政策不会渗透到这些层面，而是停留在高层政策和高层金融领域，在这些领域的交易单位动辄数百万，高于从事以米利姆①为交易单位的人的头脑。

---

① Millieme，米利姆，埃及的货币名称，等于1/1000埃及镑。——译者注

如同实体规划应该落实到一砖一瓦、一草一木的层面上，社会经济规划也要顾及我们服务所及的最贫困的家庭和个体。不幸的是，无论一个发展中国家的个体多么贫困，其政府总会有数百万英镑用以资助农村发展的各种计划和项目，而这些数百万英镑——外国援助抑或国内税收，会引得各种专家与组织蜂拥而至，他们的唯一目的是赚钱。花别人钱的魅力在于，钱能花在花钱人身上。战后的几年里，到处都是规划机构和商业组织不负责任地炮制的烂尾项目，它们和机会主义者是一丘之貉。他们制订了宏大的计划，将其出售给了一些容易上当受骗的政府（政府因此而获得了积极进取和充满活力的声誉），政府把相当可观的费用支付给他们，而当政府懵懵懂懂地意识到项目并不像承诺的那样在进行时，他们已经赚到了钱，也不在乎了。既不会大笔投入在泥砖或其他地方建材上，也没有大张旗鼓地对当地"贱民"的生活方式做详细调查。因此，我们不指望商人对合作建设感兴趣。但是，由于这样的重建计划将花费很多年，在此期间，人口和经济状况将发生很大变化，所以，只有在彻底调查了埃及人住区的各个方面，并对未来趋势进行了认真预测之后，才能提出一些鼓励人口迁移的建议。这种调查要考虑到服务人员的需求，以及随着国家的发展，他们未来可能的需求。这将是一项牵涉社会学家、社会民族学家、经济学家和人口统计学家共同参与的调查，它将描绘出人口作为一种有生命力的有机体的一幅画卷，将对人类和机械等多种描述性科学产生影响。简而言之，这将是一个人类聚居学的调查。

没有这种调查，就得不出高屋建瓴的规划。没有对事实的了解，没有对未来模式的预判，就着手规划，肯定会失败。花在人类聚居学调查上的钱永远不会浪费。即使对事实有所了解，我们能为农民做的事情仍然寥寥无几，决策依据仍然不足。迈出的每一步——特别是官方当局的每一步——每建一间房、每铺一块砖，都是事关埃及未来的一次决策。这些决定祸福相依，倘若不能有助于国家找到良好务实的解决方案，会将其引向拙劣，无效方案会混乱又昂贵。只有对全国农村进行了全面的科学考察，才能确定我们重建计划的目标是否正确，唯有如此，才能确定任何一项既定的决策是否真的有助于我们实现这些目标。

例如，在区域规划中，需要确定哪些聚落是集镇，哪些是大村，哪些是小村，并将这些类型的聚落按合理的比例均匀地分布在整个区域。也就是说，我们要制订一个关于该地区聚落理想分布的规划，并将其叠加在聚落的总体现状上，看看有什么变化是可取的。无论怎样，不要有明显的、激进的迁移，或许任何一处村落的选址都不变才是更好的。对于乡村规划，埃及建筑师有两种态度：一种是与旧村庄截然分离，远离老村庄新建一个村庄；另一种是将原村一点一滴的"原址"重建。我赞成后者，前提是从一开始就要布局架设公共设备和公用设施，且有鉴于此：当一个聚落重建时，尽量以最大的经济投入来达成，即使是暂时的，也不要将村庄一分为二，一个新的和一个旧的。如果新村庄建在一个全新的地方，离老村庄还有一段距离，那么在一段时间内，一个小村庄将会喧嚣而杂乱，而另一个小村庄则会遭遗弃而凋敝。另一方面，如果新村开始建设时毗邻老村，最好是靠东一些，以便利用居住区向西的自然扩展[①]，那么按照重建计划，新建筑将逐渐取代同一地点的旧建筑，使整个改造过程更紧密地融入村民的日常生活，而不会把村里人一分为二。

---

① 据观察，在没有西部和北部增长的自然障碍的情形下，人类聚落向这两个方向扩展。——原著注释

全是农民的聚落不太能构成那种有机的社区。适宜的生活水准要有门类齐全的各行各业，它们可以提供相应的服务来维持这种水准。

有计划地布局人口，蕴含了对每个聚落特定职业构成的均衡建议。建设一个新村或重新规划一个旧村，有必要去判定一个村子里，各工种分别需要多少人——木匠、织布工、理发师和教师等。但这样的计算只能以区域为范围来进行，因为许多职业相对而言需求并不多；譬如，一名医生可能服务于10个以上的村庄。根据1931年的人口普查，英国农业村庄里平均只有41%的劳动人口从事农业，剩下的59%分布在各种行会、行当和服务业中。而在伊拉克，农业村庄里90%以上的劳动人口在田间地头劳作。可以肯定的是，一个村庄的生活水平与就业的多样性密切相关。一个社区的教师、医生和店主数量，或许是其繁荣和稳定的真实反映的最佳指标之一，就像水管工的数量体现了卫生状况一样。不幸的是，规划者找不到多少信息来帮助他估算乡土聚落的理想职业构成。联合国和其他机构，例如国际劳工组织，不时地对现有聚落进行调查，人们可以分析多个国家的人口统计数据，但一个国家的数据并不能说明另一个国家的情况，这些研究也无助于确定生活所需的就业多样化的最低要求。

不管怎样，在这一与规划者休戚与共的事务上，事实的缺乏并不是目前无所作为的理由。当前，开始研究"基本人口单元的最低生活限度"（依据联合国的"构成"清单）迫在眉睫。

如果要在合理时间内完成全国农村的建设项目，无论采用何种工作制度和组织形式，都要聘用足够数量的建筑师、工程师、管理人员和非熟练工人。如前所述，在我们提出的合作体系中，会在建设公共服务建筑的同时，逐步培训技术工人。

除了检查地基的土壤承载力和地下水的相关问题之外，土壤力学工程师还需要装备，准备好调查土壤对各种用途的适用性：制作土砖、稳定土砖、烤砖、防水砂浆，以及生土混凝土。他们将得到一个研究中心实验室的支持，对作为建筑材料的生土性质进行全面调查。由于建筑用土的使用量即将增加，我们可能会把更多的研究资源集中于此，迄今，研究资源主要用于水泥和混凝土。

除了中心实验室，还将有一些安装在卡车上的流动实验室，用于现场勘察。每辆这样的卡车将服务相当大的区域，所以总共有10辆就足够了，每辆卡车由一名土壤力学工程师负责。

需要一定数量的办事员和会计师。随着我们从合同制转向全新的合作制，需要新的会计制度。它既要适用于由政府以有偿支付开展运营的合同制公共服务项目，还要适用于合作建造的私人住宅。这样的会计系统已然存在（见附录三），因此，无须会计人员再自行创建任何系统，而只需简单地用好既有系统即可。顺便说一句，比起合同制，它们更为节省，因为控制制度将不像以往那样，在政府和承包者之间复制。

当然，只有那些合作建房传统已不复存在的村庄，私人建房才需会计制度。像哈尔加绿洲（Kharga Oasis）这样的传统社会里，根本不需要会计核算，因为人们会自然而然地参与建设，不会斤斤计较。事实上，合作建房村庄里的风雨共担能提高社会的自尊和士气，让村民同舟共济，激发高昂的精神红利。

每位建筑师都将负责一系列的乡村项目，他们要经过事先的专门培训。不幸的是，如今建筑学校提供的培训，对于处理乡村问题的建筑师而言简直百无一用。这种以欧洲学校为基础的培训，旨在满足城镇的需要，建造办公楼、公寓、银行、车库、影剧院和其他大型建筑，全然忽视了农村的需要。在欧洲的建筑学校，这种片面性可以原谅，因为像英国这样的国家，80%的人口居住在城镇，只有5%的人在田地上劳作，截至目前，该国的大部分财富来自城市工商业。但在埃及，90%的人口在地里讨生活，90%的财富是在田里求富贵，在建筑学校里，对农村的需求毫不关心，肯定是相当不负责任的。然而，正是因为这种学术上的冷漠，在我们村庄重建这件极度严肃的事情上，人们的态度完全是毫不在乎。

　　至少，在短期内，想要改变所有大学的课程来弥补这些缺陷是全无可能的。最起码，得有一支全新的师资队伍吧。因此，为了培养出足够了解这些农村问题的建筑师，就要为他们开设研究生培训课程。这样的课程应持续两年，除了研究埃及农村的整体状况，还应该包括人口、社会和经济方面——农民的建造方法和材料，以及城镇和村庄规划的原则。当学生全盘通晓这些事情后，他也要同样通晓埃及建筑所能做的一切，通晓埃及本土风格的整部历史。

　　正如中世纪法国大教堂的泥瓦匠，在完成法国所有大教堂的朝圣之旅前，没资格把一块石头垒在另一块上，我们的乡村建筑师也应该到最能体现埃及建筑伟大传统的地方朝圣——吉萨、贝特·哈拉夫、底比斯，赫莫波利斯和哈尔加，他们应该参观考察那些依然守望传统的地方，譬如阿斯旺和遍布各地乡村的谢赫陵地，那里可以见到使用农家材料建造的、肃穆、质朴、庄严的建筑，它们比普通农民房子更具有场所感，且尚未受到外来材料和艺术的侵蚀。

这座极其丰富的埃及文化博物馆值得认真揣摩。学生不能对这些地方走马观花，像一个匆匆路过的游客，而应潜心研究每个案例，手工测绘它，推敲评判它。这种对建成实物的研究，并与农民建房的材料、施工方式以及设计观念等方方面面的关联研究，将会深刻影响学生对待建筑的态度。首先，他会从将要设计的各类建筑中，从三维形体的足尺体验中，会在材料肌理中所获颇丰。如今，在建筑院校里工作的人思维都太过抽象，纸上谈兵，以至于那些持证执业的建筑师总是以一种更近乎纸上的风格来设计建筑，而非贴近真实的生活。学校课程已完全脱离真实的建造，建筑师几乎不再考虑实体的物质——他在办公室里画图纸，转手交给承建商，甚至连完工的建筑都不曾见过。教学计划中，建筑美学和技术领域的课程相互脱节，也不注重建筑与环境之间的关联，于是，我们发现建筑师执业中普遍存在对自然环境实情——如山形、树态、人乃至汽车这类机械的歪曲，以便使效果图符合他们的建筑风格，而设计本该与环境相辅相成。

但如果我们两年期的乡村建筑课程，从真实的建造开始，借此再回推到建筑师的设计图，在整个过程中，可以在学生的面前展示那些构成我们伟大建筑传统的造型、尺寸、色彩、肌理与感觉，那么毋庸置疑，我们传统中的某些东西将会在这些学生的设计中呈现。

每个村庄都要有一名建筑师来督造，他至少得要待到建设者数量足以维护总体布局之前，且直至村庄的建设者已能娴熟地建造某一类房子之前。即便这位建筑师奔赴另一个村庄之后，他也要通过定期巡访，关注前一个村庄，直到它的重建工作落地。

我们假设埃及有4000个村庄，需要在40年内重建。然后，我们要以每年100个村庄的速度重建。雇用的建筑师人数将取决于每个人在每个村庄里停留的时间。

我们每个村庄平均有5000名居民，应该至少能提供50名泥瓦匠。如果3个泥瓦匠一个月造一所房子，那么50个瓦匠可以在6年内建造大约1000所房子。而建筑师应该可以在3年后离开村庄，只是偶尔回来给村民提供建议。因此，在项目启动的第2年之后，任何时候都会有300～400个村庄在建设中，也就需要有300名建筑师参与这个计划。

为了使这300名建筑师自信地工作，他们需要接受"人类聚居学"方面的专门培训。但建筑师也要全神贯注地热情工作，为此，他们必须有丰厚的报酬。这项工作是完全合算的，也许在未来的数个世纪里，这就是在创造一个国家的环境。不论这项工作多么有价值，但凡建筑师不能维持体面的生活，他就无法专心地工作。我提议设立一个工资标准，就像大多数建筑师的费用占建筑成本的百分比一样。

在合作体系下，每栋房子的实际成本可以忽略不计，但是如果一个村庄是由建筑承建商建造的，那么任何一栋房子的成本都不可能低于500埃及镑。那么，把房子成本的1%付给建筑师，也就5埃及镑。如果他在一个村庄工作3年，盖了1000栋房子，就能挣到5000埃及镑，一年能挣1550埃及镑。对于一位年轻建筑师来说，这是一笔不小的数目。此外，可取的做法是，薪资表应考虑对年资的认可，呈现大幅度的定期增长，以保持这些业界专家专业服务的高水准，而这些专家在地球上其他任何地方都不存在。因此，薪资表可以从每年900埃及镑开始，逐年增加50埃及镑，最终达到2400埃及镑。这份工作值这个价，算不上太高，因为全体建筑师服务的年度账单也仅约为50万埃及镑。

50万埃及镑的总额不算多。请记住，这是建筑总开支的一个百分比，并非是世界上建筑师可以获得的最低百分比。建筑造价的1%，对于建筑师设计的房子来说少得离谱。在瑞士，按照法律，你必须花2%的资金来装饰房子，与之相应，私人执业的建筑师，建筑取费标准不低于总价值的10%，也不能高于1000埃及镑。

应该记住，这1%或50万埃及镑是提供创造性工作的要素，这是一个低成本住房计划能真正成功的必要条件。此外，一份金额充足的薪水可以让建筑师免于财务之苦，让他专注于实际工程。政府的建筑师往往会对其雇主心生怨恨，因为那些私人执业建筑师挣的比他多不少。如果政府的建筑师认为政府太抠门，那么他们就会采取这种态度："何必呢？给多少就干多少呗。"如果雇主大方一些，这种梦想破灭、缺乏热情的做法就可以改变。大方生慷慨，一个收入丰厚的建筑师会把全身心投入工作当成自己的责任，不会对政府的服务愤世嫉俗，相反，他会庆幸自己摆脱了物质上的烦恼，为自己成为一个真正的艺术家扫清了道路，也给了自己最大程度发挥才华和情感的机会。

这一笔相对较小的支出将惠及众生。我们将获得一支艺术水准颇高的建筑师队伍，团队化合作，不断地建议、批评和提升彼此的作品，一支从商业压力中解脱出来的艺术家队伍，能全身心地投入，追求作品的精益求精。300名这样的建筑师将是国家的栋梁。

在德尔·麦迪那，就有这样一群建筑师、画家和雕塑家，在一处"艺术村"共同劳作和生活。在整个中王国时期，代代相承，负责古埃及最伟大的艺术作品——精致多样又传统的艺术，真正的、最好的集体艺术。

难道我们需要的这300名建筑师，就不能在德尔·麦迪那这样的村子里生活一段时光吗？我们的农村重建计划肯定需要一个中心来协调工作，也需要一个研学和培训学校。为什么不把乡村建筑的研究，抑或更广泛的乡土主义研究、协同中心和培训学校合而为一，成为一个"乡村艺术村落"呢？我们早就有"艺术之城"的项目，花费了100万埃及镑。那么，我主张，何不把将要建设的这个村子，即乡村重建计划中的首个村庄，建成一个乡村研学中心呢？它将与各部委及其他科学和艺术机构紧密相关，但仍然是一个真正的村庄，且与重建计划中的某个现有村庄靠得很近。它应该根据已经制定的原则来构思和建造，它应该由建筑师自己来建造，作为他们课程在乡村建筑中的实际应用。它最终应该有图书馆、教室、实验室、讲堂和会议厅，但也应该包括实践作坊，乡村工匠可以在那里打磨锻炼他们的手艺——陶器、编织、木工、建筑、抹灰等。

那里会有来自阿斯旺的泥瓦匠，开罗的彩色玻璃窗制造者，沙基亚（Sharkeya）的垫子和篮子编织者，还有建筑师。每个人都会有一所房子，和家人住在一起，向学徒传授手艺，全都是社区的一分子。这里也将为游客、工匠和其他人员，以及对我们活动感兴趣的外国建筑师和艺术家提供场地。

作为一个国家，即便是穷得叮当响的一个国家，也会投资一支国家交响乐团，这是一个国家的永久荣誉，所以它也很可能会投资一支国家的建筑师队伍。哪怕这个国家有3000名小提琴手在街头巷尾演奏，但在艺术上，也比不上一支有100名音乐家的常驻交响乐团，后者可以培养一种传统，把时间悉数用来提高表演水平。同样道理，3000名建筑师各自独立的工作，通过私人承建商为私人业主服务，不能与300名共同工作的建筑师相提并论，后者在有意识地创造一种建筑上的国家传统。

国家的建设计划首先要对资源和需求进行一次全国性调查，然后制定一个总体规划，在这个规划中，将为每个地方制定详细的规划。因此，规划者将在两个层面上工作。一个是在"最高指挥部"——中央决策机构；另一个是当地，决策执行。不用说，这两个层次之间不会有严格的排他性，也不会有一种层次优于另一层次的感觉。相反，专业人员将在指挥部和当地之间切换自如，所有人都有责任分担规划决策。

从一开始，就要筹划一下整个规划机构所需不同专业的比例。到目前为止，我们只能提出两点：建筑师要承担工作的重任，所以他们人数要居多，而且他们要得到其他专家的充分支持。我们建议，整个团队的构成暂定如下：

1. 建筑师、规划师　300人
2. 土壤力学工程师　10人
3. 结构工程师　5人
4. 经济学家　15人
5. 社会民族学家　15人
6. 地理学家　6人
7. 行政管理者　15人

尽管建筑师将在整个重建期间持续工作，贯穿40年，以便团队中始终有300名建筑师，但其他工作人员，诸如地理学家和经济学家，将处理一些一劳永逸的事情。于是，随着时光流逝，专家数量会逐步减少。不过，我们应从一开始就计划建立一支人类聚居学团队，最起码要有这些学科的代表，并且大体上要由这样的比例构成。

　　当区域的或者国家的调查、规划落实之后，就到了开启实际建设计划的时候了。每支团队将选一个村庄前往调研。

　　建设计划的第一步总会是组织招募劳动力和准备建筑材料。在自愿合作体系下，只有在对人口进行分析并将其划分为农户社群即巴达纳之后，才能招募劳动力。这种人口划分一律由村民自己决定。不管怎样，这些家庭都会很自然地归集在一起，任何家庭都不能因为行政管理的清晰或设计的便利，而进入某个特定的社群。假如有些巴达纳有20户家庭，而另一些只有5户或6户家庭，这一点儿也不重要。也没有任何理由把任何一组社群限定在有亲属关系的家庭中，我们利用了农户社群生活在同一个邻里街坊的自然趋势，但毫无亲属关系的家庭也很可能会住在一起。阿拉伯谚语说："先选邻居，再选房子。"

　　如前所述，每组农户社群将由一名代言人——谢赫长老，代表本组成员与规划部门签订所有协议，他是双方指定的中间人。作为成员的那几户家庭要签署一份同意入群的声明。

　　接下来，每户家庭将要陈述房间数、牲畜栏和面积大小上的需求。当我们知晓每处巴达纳需要多少房子时，我们将可以计算出每日所需的劳力——并适当顾及诸如收获季节之类的时间段，因为那时候农田里抽不出多余的劳动力。当某个巴达纳很清楚自己的职责时，规划部门将与其代言人签一份合同，许可为一定数量与尺寸的房屋配给相应的劳力。

这些数据收集汇总之后，将编制一份村庄规划，展示其现状及将来的发展。在这份规划中，每个农户邻里的位置与边界都将被标明。给予每处巴达纳的面积是各栋住宅面积之和，再加上以此为基数乘上一定系数所得的邻里广场及内部街道面积。每位代言人都将依据农户邻里成员给他的合法授权，签署农户邻里位置的确认书。

每个农户邻里的边界将在最初的规划中确定，但内部的布局、单体住宅的选址、广场的形状等，则有待于建设过程中的详细设计（在实际建造过程中，设计工作将逐步推进，直至村庄完工）。这样，主干道的路线、公共建筑的选址，以及主要的开放空间从一开始就会定下来。但农户邻里的内部，我们还不知道具体怎么弄，很久以后才能弄清楚哪儿是私有的（宅基地），哪儿是属于公众的（邻里广场）。

如果要把精心推敲的个性化设计造福于村子里每一栋房子，这种不确定性特别必要。要做到这一点，建筑师需要时间。如果在村庄的任何地方着手任何一道施工工序之前，都要在平面图上标出每栋房子的布局的话，那么建筑师将被迫进行大量的设计，将被迫多次重复地使用某个单一的设计，并且，一旦绘制出第一个平面图，他作为创造性艺术家的存在也就没有必要了。

最主要的建筑材料是泥土，它来自人工湖的开挖。因此，当村民按农户社群来划分，熟悉建造方案和劳动组织时，就要开始挖掘这个湖，同时必须规划和绿化湖岸的周遭。

　　湖泊选址由若干因素决定。第一，土壤必须适合制砖。因此，需要在最理想位置进行钻孔试验，由土壤力学工程师分析是否适合制砖，是否还应混合一定数量的砂子。如果湖泊最佳地点的土壤不适合制砖，则需另觅一处采土场。这处湖泊或许会设在村庄娱乐的最佳地点，而湖中挖出的泥土可回填采土场。第二，湖泊选址要充分考虑村民的习惯。如果他们有个常去游泳的地方（称作morda），那它应该成为湖泊的一部分，这样村民就可以像以前一样走同样的路线。

　　决定湖泊选址的其他因素有：为湖泊供水的水道位置、盛行风的方向（凉爽的西北风）、炎热多沙的偶然风向（来自东南方向），以及砖厂的位置。由于湖水将位于类似公园区域的中央，树木会起到把风降温和清洁的作用，因此最好将其放在房屋的东南方向，以挡住东南方向的热风。掏出的泥土要堆放在砖厂附近，砖厂应离湖很近，尽量减少搬运驳接的麻烦，同时也要远离房屋和房屋的下风口，因为从窑炉里会散发出刺鼻的气味（烧石灰和烧砖的窑炉会设在砖厂里）。因此，理想的砖厂选址在湖和公园的南面到东南角一带，公园的树木将把它与村庄隔开。

　　挖湖和在砖厂附近倒土，确实是在为公共工程部做事。几台机器和一条窄轨轻便铁路就可以在几周之内完成这项工程，比起农民用简陋的手工工具来要快上不少。快速挖掘湖泊不容小觑，这可以节省公共工程部工程师的时间，他们要监督实际上很复杂的工程操作，也可以节省农业部的鱼类养殖专家和园艺师的时间，他们要监督渔业建设和公园的园林绿化与种植。如果长时间人工挖湖，还没挖完就会有水渗出，如果在输水渠和水闸系统准备就绪之前就出现积水内涝，就会湖水淤积、蚊虫滋生。还有，我们千万要确保在开始建设之前，已经拥有整个村庄所需的全部黏土，这样就不会因为缺少建筑材料而耽搁。

第三章 ／ 赋格：建筑师、农民和政府部门原本就此结束，算上全书第一章那些前瞻性、建设性的素材在内，在第二章最后章节再添点有用的忠告，我本想就此搁笔。对于公众和建筑师，所有不吐不快的也都讲完了。

但谷尔纳实验失败了。这个村庄从未建完，至今也不是一个繁荣的乡村社区。如果让读者以为，前文解释的原则在实践中会自动成功，这对读者不公平。然而，如果我让这些原则受到谴责，只是因为执行它们的这一次尝试失败了，那对我和我的祖国不公平。耽误的不仅是谷尔纳，还有为埃及农民带来体面生活水平的真正希望。

由于谷尔纳从未建完，整个泥砖建造的理论，连同使用非工业材料和传统技术所隐含的对农村住房的态度，一并被指责为胡思乱想和不切实际。不仅没有完成谷尔纳的建设，也没有尝试寻找其他可行的方法来造农民的房子。从谷尔纳建设如火如荼之际，到停工之后，部里的建筑师用最文雅委婉的语言，把它描述成一次令人惋惜的失败，是沿着一条永远不会成功的小路上的感伤之旅。这些诽谤已成为各部委走廊里的流言蜚语，甚至出现在1961年的一份外国报纸上。[1]因此，在尘嚣甚上之前，我得回应这些指控。

农户的蒙昧和官僚的敌意是我完成谷尔纳建设的掣肘，含糊其辞地这么说一句很轻松，但让这个项目的历史来自我澄清会更有说服力。下面的内容，根本算不上谷尔纳的工程日志。为了让读者了解这项工程为什么半途而废，我来列举几个最显见的诡计和阴谋。再说一次，我不愿意被说成是屈从于这些不幸的懦夫。更要强调的是，这些阴谋诡计只是丛林里的几株大树；与之相比，算计、使坏、低效和拖

---

① 《每日电讯报》（*The Daily Telegraph*），1964年10月20日。——原著注释

延，这些纠缠不清、滋生它们的遍地荆棘，才更让我沮丧低沉。说实在的，这些日常琐事太过烦人，我想让我的顶头上司也知晓；不过，一本正经的打报告反倒投诉无门。例如，人工工资没能及时发放的时候，他们就会罢工，这事时有发生；因为我没有在订单上注明钉头，结果商店给我送来20公斤没有钉头的钉子。不过，我确实向副部长沙菲克·戈尔巴尔（Shafik Ghorbal）提过，整理一份愤懑琐事的材料汇编，定期寄给他看；他可不欢迎这个提议。

由于这些障碍，谷尔纳工程的进展磕磕绊绊。弄到一点儿钱或者一些物料，我们就开始疯狂地造房子，房子会像沙漠雨后的花儿一样疯长，而一旦我们看起来，正在造或者要去造房子，就会出现物资供应的短缺，工程也随之迟滞和停工。前3个阶段，30个月里，我们只工作了11.5个月。第4阶段之后，施工几乎全部停歇，唯一可做就是清点库存。但要从头再来过。

# 第一节　第一阶段：1945—1946年

1945年8月，设计工作开始，当时卡迈勒·布洛斯·汉纳·贝伊移交了土地。与此同时，我写信给老朋友博加迪·艾哈迈德·阿里，他是一位哈吉，请他把我们的泥瓦匠伙伴召集起来。这些人跟我一起从一个村庄到另一个村庄，就像一队游吟诗人，为大地主建造农场和休闲场所。我也请博加迪·阿里尽量多招募一些新的泥瓦匠。我们的吉普赛人生活要结束了。我们再也不用在某个偏远又不信任我们的村庄里，在当地建筑工人的敌意目光下打开我们的工具。我们要建一整座村庄，我们的客户是政府，我可以向人们承诺有很多的工程和稳定的工资，终于有机会把这个行业的秘密——此前曾让我摸不到门道的秘密，一并教给新学徒，因为在我们建造的村庄里，当地泥瓦匠总是理直气壮地提防我们的入侵，这会夺走他们的生计，所以拒绝学习。其实，阿斯旺泥瓦匠也是秘不传人的，不愿和别人分享他们的技艺。

同年10月，工地开工时，我已完成了村里的规划和大部分公共建筑的设计，以及与可汗客栈相连的一排实验性房屋设计。这一排包括各种形状和大小的房子，谷尔纳村民可以从中了解新住所的可能性，这样，当我为特定家庭设计房子时，他们能更有效地和我协商沟通。我打算把这些实验性房屋与可汗客栈相连，作为工业部派驻管理它的官吏住所。

在我们买下场地与营建开始的间隙中，我主要在开罗工作。一天，我在文物部的办公室里，有人说，派来帮助我的助手也在大楼里。问我想不想见他们？一听有这等好事，我心里乐开了花，恳请尽快安排引见。我们走到一个房间，那里，6个年轻人站成一排。我们互相致意，然后开始逐一结识。

我走近第一个人。

"请问你叫什么名字？"

"米歇尔。"

"很高兴见到你，你是建筑师吗？"

"不，我有木工证书。"

"哦，你呢？"

"阿敏·伊萨，专门做装修的。"

"哦。那你呢？"

"艾哈迈德·阿卜杜拉。"

"那你一定是建筑师了。"

"不，我的专长是壁画。"

"那么，你呢？"

"穆罕默德·阿布·埃尔·纳斯尔。"

"很高兴见到你，我猜你是雕刻家什么的吧？"

"不。我的专长是编织。"

"谢谢你。你呢？"

"阿塞（Azer）。"

"也是编织工吗？"

"不，我什么专业都没有。"

"那你的资历是什么呢？"

"嗯，我有小学证书，能读能写。"

我回过神来，想了想，没有督导来帮我，其实倒也无妨。重要的是建筑，而建筑将由阿斯旺泥瓦匠完成。他们可以在没有督造工序的情形下工作，甚至可以对合格的建筑师传授一二。

在此之后，文物部任命了一位助理主任来帮助我。他是一名建筑师，1933年毕业于美术学院。想到又有一位建筑师来帮助我，十分高兴。谚语有云，孤掌难鸣，我和专业上的助手相处更有信心。

但是，当我见到我的助手时，他立即用最自负的语气向我保证，我们在谷尔纳的个人生活将是舒适的，这让我有些出乎意料。他说自己厨艺出色，让我相信，他能保证我们在上埃及所需的一切食物。他接着详细介绍了我们可能要消费的大米数量、提纯后的黄油数量，怎样获得鸡蛋，以及怎样确保鸡肉适合食用。我得说，我以前从来没有想过吃什么，而且鉴于我们就在卢克索河对岸，那里遍地是豪华的食品杂货店，他大概多虑了。

可是，当时我们还在开罗，我正急着要在现场开工。我对项目的热情和严格的时间计划，让我觉得每一分钟都很宝贵，每一秒的损失都意味着少砌一块砖，于是我让这位可怜的年轻建筑师坐下来，赶紧投入一堆数字和清单的丛林中，催他帮我编制一份我们需要的全体设备和材料目录清单。

政府给了我一本新的铁路乘车许可证。于是，我急于上马建造的时候，就派我的助手先去公共工程部物料科拿经纬仪、库克水平仪、卷尺等，然后去现场筹备清真寺地基事宜。我认为从这座建筑入手是合适的，因为它是村庄的精神中心，也最适合举行奠基仪式，也因为清真寺的朝向是现成的——在那种情况下，我一直小心翼翼地设定校准，它的角度是北纬121° 10′。助手和我一起去看过那个场地基址，而且对我的规划了然于心，于是他满怀信心地去了。

与此同时，我打算留在开罗，安排运送第一批必要的材料和设备。鉴于我们所有建筑都要用石头做地基，所以我们需要卡车来运石头，然后我们像摩西（Moses）一样，需要稻草来做砖。[①]

我怀揣铁路乘车许可证，坐火车奔赴卢克索。第2天早晨7点，火车到了，我带着大箱小箱、一卷又一卷的规划图纸、仪器、留声机、唱片和其他杂物——因为我要在谷尔纳呆很长一段时光，发现一大群人声势浩荡来接我。这群人——成为我在卢克索车站进进出出时的一大特色——是由各色人等组成的，他们要么与这项工程有千丝万缕的关系，要么想在这项工程上做事。我像个苏丹那样，带着这些人动身前往谷尔纳。在那个古老村子里，有人给了我们一间歇脚的屋子，我想在里面休息一下。它是那种方方的、压抑的德意志式建筑，明显是从开罗的特菲基大街移植过来的，它曾隶属于一所德国考古学校。我一直不喜欢它，因为它的窗台与下巴齐平，地砖花里胡哨，可当我不得不住在这里时，便挑了一个相对不那么令人讨厌的房间，它位于屋顶，景致良好。

稍事休息后，我骑着驴来到工地。当我走近时，我瞅见了最鼓舞人心的场景，那就是清真寺的所在。我走到助手站着的地方，看到所有的地基都用石灰做了漂亮的标记。特别高兴的是，我的助手曾经是我在美术学院测量课的学生，于是，我拍了拍他的背，以身为教师的

---

① 《出埃及记》第五章。——译者注

自豪问他：

"你是怎么把它布置得这么好的呢?"

"哦，"他说，"我只是在地上画了平面图。"

"是啊，但你是怎么定朝向的呢?"

"朝向? 嗯，我想最好和路平行。"

"但是朝向——角度——麦加——你们没有用经纬仪吗?"

"经纬仪?"

"公共工程部的那些仪器!"

哦，是的，那些仪器。可是你说我们要迅速采取行动的。你知道的，给政府留下深刻印象，做个秀。别担心，看起来不错。

他继续啰嗦，操着令人生厌的尖嗓门，滔滔不绝提出一连串既荒唐又不道德的建议，这是我有生以来，第一次发现自己的耳朵并不是一个完美的器官——不像眼睛那样可以闭上。我下定决心，一有机会就甩掉这个助手，去干点要做的实事。

整个谷尔纳项目的主要优点是成本低。在每一个阶段，我都要把其他费用降到与泥砖相仿的档次上。这就意味着要审慎地分阶段进行作业，这样就不会有工人或泥瓦匠在工地上无所事事地等待材料。要在适当的时候，为制砖工人备好稻草，为泥瓦匠准备足够的砖块和石头。否则，我们就得支付太多的非生产性工资。

除了公共建筑，我们不得不在3年内建造大约900栋房子。在上埃及，一年只能工作10个月，因为7～8月，阴凉处的温度都高达45°C，烈日下高达80°C（113°F和160°F）。也就是说，在30个工作月内，我们就得建900栋房子，每月30栋，每天一栋。

我分别估算了建造一栋小房子和一栋大房子所需的材料和人工。然后找到了这两个估算的平均值，从而预测出我们每天需要多少材料，以及需要什么人力和设备来维持这种供应。

我们要求买两辆卡车，盼着在下一年的预算中再买4辆。这样就可以把重型装备的费用分摊到一个施工季度以上。

我决定在建筑材料生产上尽可能多做些工作。我心里清楚，只要有了这些砖，一旦开工，阿斯旺泥瓦匠一定会让房子像蘑菇一样冒出来。

由于主要材料——砖块和石头——都是我们自己制造和开采的，首先要考虑的是有足够的劳动力来推进生产。工人主要分为两类：熟练工和非熟练工。负责技术的工人，他们大多是来自阿斯旺的泥瓦匠和采石工，我给哈吉博加迪·阿里留了位置。博加迪来到了谷尔纳。他解释说，只是为了帮我一把，自己年纪太大了，干不了什么活了，但看在过去的份儿上，他愿意尽他所能帮我把新项目做下去。此外，他还带来了自己的儿子，也是一个泥瓦匠，上过手工艺学校，有木工证书。

至于那些非熟练工，都将在当地招募，我把这事托付给了艾哈迈德·阿卜杜勒·拉苏尔。别人把他介绍给我时，说他是谷尔纳的名人之一，出身于名门望族，是著名谢赫穆罕默德·阿卜杜勒·拉苏尔的儿子，他以前为国家文物部工作。

我们还记得，制砖的泥土是来自开挖人工湖之后从运河沟渠的卸载堆场运出来的泥土，制砖的沙子来自沙漠，制砖的稻草我得设法购买。为了供应混合泥浆的用水，我在开罗买了4个手摇泵。为了安装和维护这些泵，我们需要一个水管工，阿卜杜勒·拉苏尔给我带来了他的堂兄谢赫特拉辛·哈桑，他是一个体格魁梧、性情温和的人，他们很快就上手干活了。我决定雇佣25个4人制的制砖队，阿卜杜勒·拉苏尔要最迅速地把砖块生产出来，如果我需要的话，他会给我找50～100支队伍。这25支队伍每天可以生产大约75000块砖，我们应该能够在泥瓦匠开建之前备好大量的砖块。其实，这些制砖工人并非来自谷尔纳，而是来自附近的其他村庄，因为一般来说，某些行当大体上都集中在某些特定的地方，例如，你可能会发现，一个村庄有100个制砖工人，而另一个村庄却一个也没有。在某种程度上，这是一种遗憾，因为按照我们的方针，所有的劳力，特别是熟练工，都要从谷尔纳来。不幸的是，我们在那里发现熟练工很少：7000居民中，只有4个采石工和2个泥瓦匠。

　　这个村庄建造地基的石头不得不自行开采，但附近只有两个可能之处。一个在国王谷的北部，紧挨着哈齐普苏特王后的古代采石场，另一个则在相反的方向——王后谷的南部。第一处有坚硬的石灰岩，适合做地基；第二处有软质石灰岩，只适合做石灰。从这两个地方采石并非易事，因为石灰岩地层与厚厚的类似混凝土的凝聚骨料层交替出现，需要很长时间才能清理干净。谷尔纳的早期采石工手艺很落后，他们把山坡上很容易找到的石头都炸开了，而上部的石头悬空，十分危险，这增加了我们的开采难度。后来，有一位出色的采石工用一系列步骤把小山包凿掉了。

当然，在这么重要的文物区，文物部门不会放任我们炸毁或运走任何我们想要的东西。于是，成立了一个委员会，成员包括卢克索文物总督察、底比斯墓区主任、墓地管理员、我的助手和我本人。我们标出了分配给我们的区域（后来，我像古人一样，在我们的采石场里放了一块小牌子，标注上采石的日期和用途，但这让总督察大为光火，认为这是不敬，就把它拿走了，虽然它是在我获得特许的地界内）。

为了开采这个采石场，我打算从阿斯旺引进采石工，那里的采石传统没有断裂过，可以追溯到第十八王朝，当时人们能切割花岗岩的方尖碑。然而，在我们有炸药之前，把阿斯旺人带来是没有意义的，因为这需要得到军务部的许可。

我的原材料（除了稻草）和人工目前都有了保证。于是，只等把这些汇总起来。由于还没有卡车的踪影，我开始查看当地的运输资源。主要有两种，骆驼和驴子，既贵又低效，但在采石场堆石头、让泥瓦匠在工地上等石料，那就更贵了，效率也更低。我们耽搁不起，于是，我请阿卜杜勒·拉苏尔考虑雇些牲口。

我们盖的第一栋楼是绘图室。迄今为止，我们在工地上只有一个帐篷，别无他物，在帐篷里，工作时我们铺不开，晚上也锁不上仪器。我想可以把绘图室建在可汗客栈那排实验性房屋的角落里。虽然没有石头做地基，但我们可以搭一个临时的房子，建在烤过的砖块上，这样我们就有落脚之处了。至于以后，它可以拆掉重建，造个更大的。

为了造这座房子，我让博加迪（Boghdadi）赶紧派人去请4个泥瓦匠，再叫12个泥瓦匠待命。我还让他请了16个采石工，接着把注意力转向了这个体系更糟糕的部分。我的砖石匠在我所购买的稻草上大做文章，而主管部门本应为我订购的稻草现在还没有任何音讯，其他必需品、卡车和铁路也没有任何消息，我给主管部门询问进度的信也杳无音信。这种石沉大海令人不快，所以等4个泥瓦匠到来，开始盖第一栋房子之后，我便坐上火车去了趟开罗，看看究竟发生了什么。也可以借此抱怨一下我的助手，我压根儿信不过他。

我去找奥斯曼·鲁斯塔姆，发现他正打算离开开罗。他被任命为雅法镇的镇长；他是主管部门中唯一理解和鼓励我的计划的人，而他却被打发走了。不管怎样，我告诉他，我的助手没有把清真寺布置成朝向麦加，而是小心翼翼地对着卢克索的冬宫酒店，我要重新检查交办给他的每一件事，他的心思都花在如何给上级留个好印象，而不是做好分内事；我得把他换掉。后来，我又打听我要的稻草，却发现根本没有只言片语提到这事，而且至少在40天内要想得到它也没戏。

至于我助手的事情，奥斯曼·鲁斯塔姆说会尽量帮我，并把我带到文物部总干事德里奥顿神父那里，他同意我物色一个更好的助手。但会是谁呢？文物部在开罗的建筑师都不愿意离开。事实上，他们中的大多数人都公认卢克索是一个流放之地，而我不想有一位认为自己是囚徒的助手。最后，我想起了我的一个学生萨拉赫·赛义德，他大概会对我正在做的这类房子感兴趣。我跟他接上头，问他是否愿意到谷尔纳来。他回复说会来的，虽然他的父母强烈反对。因此我的助手被免职了，萨拉赫·赛义德接替了他的位置。

不用说，我的前助手顿时开始兴风作浪反对我，这股风最初刮向我的新助手；各种人开始向新助手低声警告，要提防文物部雇员生活中存在的马基雅维利式伎俩，也要提防谷尔纳人本身的奸诈。他自然心烦意乱，但没跟我说什么。

　　尽我所能加快运送我的卡车和稻草的进度之后，再从物理科收集了我的助手落下的仪器，然后和萨拉赫·赛义德一起回到了谷尔纳。我们发现第一栋房子的进展很快，还有大量的砖块和石头在等着我们。所以，我马上差人去叫在阿斯旺待命的12个泥瓦匠来，以便继续推进这一排房子剩下的部分。他们来了，也很快就用光了所有稻草。由于不能让制砖工人和泥瓦匠等着公务员，所以我决定从卢克索督察局开设的一个零星采购账户购买稻草。在这个账户上，不允许我们列入任何价值超过5埃及镑的东西，所以我只好一把一把地、时多时少地购买稻草，差不多每两三天买5埃及镑的。

　　任命工人是一份令人眼红的事情，迄今为止，阿卜杜勒·拉苏尔做得挺出色。有一天，我收到墓区主任的来信，信中说，我手下一些工人是众所周知的盗墓者，所以应该解雇他们。信中还说，墓区主任对文物部在这个地区的事务有管辖权，因此只有他有权任命工人，他打算立马行使该权利。我明白他这番话是在其卫兵的唆使下说的，卫兵想插手人工的安排，而他本人并不是真的觊觎这项工作。于是，我回信指出，我们这个项目的好处之一就是可以让人不再去盗墓，所以我们应该欢迎尽可能多的盗墓者。我还提出，如果他给我一份书面承诺，在适当的时间，提供足够数量的人工，我就委任他作首席招聘官，这样就不会耽误泥瓦匠的工作了。于是，他当即放弃了自己的诉求。

更棘手的是采沙——在埃及，沙子并不是一种特别稀有的矿产，但当我的工匠去开采的时候，最近村落的住户出来制止他们，说这些工匠是外人，无权在那里挖沙。同样，这也是因为村民觉得这份差事本该落在自己手里。

## 1.1 狡诈的谷尔纳人

有一天，一个谷尔纳人找上门来。他身材魁梧，站在门口，手有网球拍那么大，局促不安地扭动双手，低头盯着地板，嗫嚅着自报家门。他是谢赫马哈茂德，前来是想告诉我，他对我的评价有多高。一直以来，他认为我是一个好人、有名的建筑师、诚实靠谱的政府人员，而且我比这个部门的其他六七个雇员加起来都值钱。我一边被恭维得红了脸，一边倒想看看他葫芦里卖的什么药。接着，他警告我要提防身边的阴谋诡计，描述了我在谷尔纳遇到的每个人的一肚子坏水，并添油加醋地说了一通几个倒霉公务员的命运，这些公务员因沦为部门阴谋的牺牲品而成了埃及坊间八卦的素材。在第二波恭维马屁话的尾声，他挑明了来意，如果第二天我能屈尊和他一起喝杯咖啡，他会把这看作是他们家有史以来最大的荣幸。虽然他的言辞多少有点儿苍白，可我也想趁机多了解一下谷尔纳人，于是就答应了下来。

第二天上午10点，我去了他家。在那里，他更加煞有介事地恭维了我，可假如这番话出自接替奥斯曼·鲁斯塔姆的新主任之口，那将分外令人受用，但鲁斯塔姆是那种典型的政府官吏，跟他在一起我浑身不自在。马哈茂德请我进屋。我走了进去，满脑子都是农户淳朴、热情、好客的故事，庆幸自己能获邀与他共进咖啡，还有点紧张，生怕违反了这些贫穷又高贵的人们之间信奉的严苛礼节。他引见了他的妻子——在其教派中，这种亲近让人吃惊——然后，她抓住我的手，强行吻了一下，这令我尴尬不已。他请我坐下，继续讲起了奉承话和告诫故事，这时，他的妻子走出来，端着一个旧烟盒，里面是玛瑙、圣甲虫之类的，一堆算不上贵重的石头，一把塞到我手里，鲁斯塔姆则不容分辩地说喜欢什么就挑什么。我回答："这不对，应该由我送给你礼物。"我谢绝了，他还是坚持，可我执意不拿。于是，他收起盒子，板起脸提醒我，就连先知也曾接受过礼物。

接着，他兜着圈子把话题引到他认识的那些有头有脸的官吏身上——某某教授、博士——还解释，他们都认识和信任他，事实上，他是他们唯一信任的人。底牌终究还是亮了出来。"可不可以让我当工头？我在村里很受尊敬，可以保证只雇那些诚实、勤劳的人。"他又一次以最微妙的方式，提及了我众所周知的洞察力和正义感，并难过地摇摇头说，另外有一个高级官员对无私的忠告一概充耳不闻，后来遭人密谋反对，被可耻地开除了公职。随后，他站起来，抓住我的手，一本正经地俯视我，用宗教中最神圣的誓言发誓，一定要让我喝杯咖啡。说实在的，我也想喝，因为我已在那儿待了一个半小时。时间一分一秒地过去，马哈茂德还在喋喋不休，不时地对他一心想要的那份差事提出径直的暗示。临近中午，他妻子端着一个大盘子走了进来。我的精神为之一振，因为马上可以品尝咖啡的味道了，它会给我慰藉，让我提神。托盘放在我看得见的地方，里面摆着我见过的最黄、最脏、最油腻、最恶心的农家食物。

那是一个馅饼，一个又大又湿的馅饼，瞄上一眼我就觉得会食物中毒。我脑子里闪过所有听过的关于农民自尊心的故事，他们是多么敏感，多么容易被冒犯。我想起了贝都因人，他宰掉了最后一头骆驼,为偶遇的路人准备了一顿盛宴。我想到这会儿自己身陷谷尔纳人群中,于是,做了个决定。我站起来,以我们宗教中所有最神圣的誓言起誓,我是来喝咖啡的,而不是被毒害的,我不会碰一丁点儿他那讨厌的馅饼,要么我喝点咖啡,要么我就走人。

他看起来并不怎么生气。于是,我俩又坐下来等了一会儿。约莫一刻钟后,咖啡来了。我感激地接过杯子,正想喝,却发现杯子黑不溜秋、脏不拉几,杯沿有缺口,杯口油腻腻的,显然不曾拿布或水擦洗干净,我实在做不到把它送到嘴边。这个时候,我已经不忍心践踏农民的感情了,这位谢赫也一定已经习惯了城市的粗鲁无礼。我放下咖啡,礼貌地感谢主人,起身离开,一边想着卫生中心的规划,谷尔纳的女人可以去那里上烹饪课。

为了尽量公平地分配工作,我想,不妨请各村的谢赫列一份名单,写下他们村里适合做工的劳动力,这样我就能按人口比例,从每个村庄中抽调这么多工人。我给谢赫们一一写信,陈情想法,却如泥牛入海(后来我发现,但凡事后会解读为同意谷尔纳迁入新址的做法,他们都不愿白纸黑字的授人以柄)。最后,我把他们召集到谢赫马哈茂德家里,他是德高望重的谢赫塔耶布的儿子。碰头的时候,谢赫们告诉我,他们已全权授权阿卜杜勒·拉苏尔和谢赫马哈茂德——我的馅饼朋友,代表他们招募工人。就这样,我终究还是和马哈茂德搅和在了一起;毫无疑问,他对他的谢赫兄弟们耍了交际手腕。

在阿卜杜勒·拉苏尔和谢赫马哈茂德各自的势力范围之间,我想最好是做一个清晰、明确的划分。阿卜杜勒·拉苏尔已证明自己是个可靠的好工头,对工地上的事务也很熟悉,所以,我让他负责那里所有的非技术工人——制砖工人和搬运材料的工人。我派谢赫马哈茂德去采石场，招募和管理那里的非熟练工，在那里他不能过多地干涉我。

让阿卜杜勒·拉苏尔当工头有一个缺点：他当然是在生产劳动，但他太热情了。如果按他的方式行事，整个村子，男人、女人和孩子，都会在我们的工资表上。有一次，我们请了一位水管工来更换水泵上的一个垫圈，到了月底，我发现他还在为我们工作。谁都几乎不可能跟踪所有被雇用的工人，也不可能检查所有人的工作进度。可怜的萨拉赫·赛义德，除了整天跟工资表单、收据较劲之外什么也没做。最后，我坐了下来，经过两周的努力，制定了一套精巧的会计系统，使我们能够一目了然看到谁得到了报酬，报酬是什么。根据这一系统，详见"附录一"，劳动者在完成一件工作之前，要经过估算，否则不能得到报酬。这些估算是根据我们为不同类型的工作确定的某些准则做出的。

这个系统还使我们能一眼就看清材料和资金的状况，并从我们的大宗批量核算中分离出任何单项建造的特定成本。事实上，我现在可以给你报出房子中每一个单独部件最准确的报价，就好比我在卖商店里现成的穹顶、墙壁和拱顶一样。我能把价格加起来，告诉你建完房子要花多少钱。

这样，控制好劳动力的调配之后，我开始雇佣更多的泥瓦匠从事真正的建造工作。我从阿斯旺又带了12个人来，在卢克索找到了一些，所以不久后我们就有了40名泥瓦匠，他们以最快的速度盖房子。我们把精力投在可汗客栈街坊附近，很快第一条街道雏形初现。村庄在眼皮底下逐渐成形，这让我格外兴奋，摩拳擦掌，迫不及待。我们挖了清真寺的地基基坑（这次朝向是正确的），准备开始修建，但我们的石头还得依靠骆驼，而要铺设清真寺地基，哪怕其他所有的工程都停工了，石头也不够用，因为这是一座很大的建筑。我在等那两辆卡车，那是在1945年8月知道我们有了那个基址场地第一时间就订购的。直至1945年12月20日，总算来了一辆卡车，而另一辆卡车被文物部收购了，分配给了一个考古学家，他的朋友比我多。简单算一下，若只靠这辆卡车，我们得要13年的时间才能把建造地基所需的石头运至现场。我在一封信中向文物部指出了这点，并提醒他们，我没有得到所需的采石设备。

不用说，依然不见稻草的踪影，这很快就成了我最大的问题。我不得不把制砖队的数量从25支减少到8支，因此解雇了一些泥瓦匠，只留下阿斯旺人，因为我不太愿意把他们送回遥远的家乡。这些人的困扰已经够多了，因为他们的工资迟迟未发，他们当中许多人，不得不等到干了3个月活之后，才能拿到工资。谷尔纳人喜滋滋地把这些不幸之人搜在手里，放高利贷借给他们食物和钱，这么一来，很少有阿斯旺人从谷尔纳的工作中能收获一星半点。

## 1.2  压垮骆驼的最后一根稻草

为了让工程往前推进，我又从卢克索的账户里购买少量的稻草，以满足我们的零星需求。这个账户只能存20埃及镑，所以我们每两三天就购买一次5埃及镑的稻草，不断地用掉这个额度。我不该这样使用这笔钱，这是真的，但如果手头事情全面叫停，唯一换来的将是花更多的钱。

大约在那个时候，我冷不丁从朋友那里听到了一句很有用的话："我要让你为浪费政府的钱负责。"我写信给管理部门，告诉他们，我们的工作进展滞缓，并指责他们在稻草的审批流程上拖延时间，浪费了政府的钱。毫无疑问，这戳到了他们的痛处，为此他们绞尽脑汁设了一个局，要彻底搅黄谷尔纳项目，全身而退。

随后，他们确实加快了稻草供给的采购招标和决标这些招投标业务，但很巧妙地指使他们派来决标的官吏，额外找些借口取消整个项目。

几天卖力的侦查后，这个人向他的上司告发了我们程序中的两个严重违规行为。我们把当地小额账户上的钱都花在了稻草上，使用目的不正当，而且我们大部分员工都不称职。这第二项指控，虽然有一点道理，但如鲠在喉（oddly）的是，正是这些官吏把不称职的帮手硬塞给我的。饶是如此，他们耍的花招还是得逞了，当即决定让谷尔纳的工程偃旗息鼓，并尽快把所有职责移交给其他一些部委。这个决定体现在一份大报告中，传遍了所有部门，征集签名和橡皮图章。最后，这封信交到了副部长沙菲克·戈尔巴尔的案头，值得称道的是，他并没有被自己部门的众多签名吓倒，拒绝在上面签字。

这份拒绝出乎意料，打乱了捣乱者的阵脚，他们顿时发现，搬起石头砸了自己的脚；开除了一批不合格的雇员。被开雇员很快就知道对自己下手的是主管部门。他们对这些以前在背后为自己撑腰的人恨之入骨，散布了许多恶毒的流言蜚语，我根本不屑一顾；摆脱了他们，我很开心，也没兴致为他们声辩是非曲直，弄不好他们还要反咬一口。

那些机关算尽之人觉得胜券在握，他们叫停了下一步的所有材料采购，所以，当我们再次启动采购系统时，这个财政年度已经结束了。为了利用我们的预算，我为整个工程购买了1万米的水管。即便这样，我们还是退回了6000埃及镑的财政拨款。10个月里，我们总共工作了3个半月，修建了一条小街。

## 1.3　破坏堤坝的阴谋

1946年夏天，就在我休假之前，我听到了一个最令人不安的传闻。据说，一小撮谷尔纳人密谋趁着一年一度的洪水期，破坏阻挡河水的堤坝，毁掉还在生长的村庄。正如我所解释的，许多谷尔纳人对于离开他们在坟墓中有利可图的茅屋，不得不为生计而工作的前景一点儿也不高兴。对他们来说，在一个漆黑的夜晚，河水涨得满满当当，爬下去掏穿保护"禾沙"的圩堤，易如反掌。

我即刻采取预防措施；买了许多捆芦苇，来填补任何可能出现的漏洞缺口；安排了12名看守人组成不间断的巡逻队，来守卫西侧堤坝，这是卡迈勒·布洛斯的私人堤坝，另外三面都属于政府，且戒备森严；我让谷尔纳的头领签署了一份声明，说他对新村的安全负责；我把这一威胁以及我采取的应对措施通知了政府主管部门和当地警方。那一年的尼罗河洪水水位异乎寻常的高，但没有人试图让它流进新的谷尔纳。

## 第二节　第二阶段：1946—1947年

### 2.1　又是稻草

虽然我们现在已原则上获得了购买材料和设备的许可，但仍要从头开始，为稻草的供应招标。因此，直到1946年10月15日，工地上才有了稻草，才可以开始工作。我们还获准再买3辆卡车，但过了很久卡车才到位。我们从基纳区任命的、合格胜任的新助手也没有到位。在这段时间里，接替鲁斯塔姆的工程科新主任一直是最碍事的。我一次又一次地给他写信，说的是有关谷尔纳的紧急事项——大部分是关于卡车和助手不露面的问题——他一封信都没回。

尽管有这些磕磕绊绊，工程的开局还算比较顺利，我们造好了一大半集市，完成了可汗客栈，重新开挖清真寺的地基基坑。1946年11月，我接到通知说，在那一阶段的15000埃及镑里，我还剩下6831埃及镑。大部分的材料，我们已经买好了，每月工资大约是1000埃及镑，我估计还可以再干7个月，直到1947年6月底。后来，在1946年12月29日，我收到会计部的一封信，说我们只剩下1403埃及镑了（虽然从11月起什么也没买，只付了不超过一个月的工资），并警告我，如果我因超过这个数额的工资而欠下合同债务，会计部就不会偿还这些债务。不巧的是，当收到那封信时，我已经花了比这更多的钱了，而且不管怎样，我不能只是出去告诉大家放下工具回家。我生气地回了信，说我们不是在儿戏，每隔几周就开始工作又叫停工作，有许多未完工的建筑在那种状态下是不能半途而废的。可是，没有钱，我们就不能继续干活。于是，1947年1月，工作又停顿了下来，直到9月才恢复。

## 2.2　水泵

在第二季度里，我遇到了一件特别无耻的事情，一个官吏利用自己的职位勒索一个毫无还手之力的农民。我们发现，我们一直使用的向现场供水的手动水泵供应不了足够的水，所以我要求主管部门提供一台发动机驱动的水泵机组。他们回信告诉我，发动机和水泵要140埃及镑，管道要460埃及镑，共600埃及镑。这超过了我们的实际承受能力，于是，我四处寻找一些便宜的办法。当人们听说我需要管道时，易卜拉欣·哈桑告诉我，他的地里正好有不用的20米管子，可以45镑给我，并且包安装。我立刻把这个建议转告主管部门，他们照例不作答复。我又写了第二封信，收到了机械工程科的回信，信上说这个价格实在是太、太、太低了——这意味着管子的质量不会很好。

两个月过去了，在此期间，政府回信告诉我，这笔申请要得到财务科长的批准。但他们没把它转交呈送过去，我的水泵也没着落，这笔采购已列入今年预算中，如果这个正在进行的工作季度不予采购和安装，则会列入下一年度的预算。我早已吃过官僚们挥霍金钱的苦头，例如，在我们订购三辆卡车的问题上，我们被告知要以每辆200埃及镑价格购买私人定制的车身，而当时正好有每辆15埃及镑的退役军车的车身在售——所以我写了一封信，说我正对这415埃及镑的预算作精打细算，并重申我将追究主管部门浪费政府资金的责任。这一威胁使他们把申请书转给了财务科长。这之后，有天我刚好在部门办公室里，一位职员对我低声嘟哝，花45埃及镑买到水管是真够聪明的，因为我曾经提到过45埃及镑，当时也不明白他什么意思，只是觉得他多少有点莽撞无礼。

我回到谷尔纳，留意到一贯到车站来接我的易卜拉欣·哈桑不祥地缺席了。他一整天都没露面，我派人去找。信差说他在卢克索。于是，第二天我又派人去，叮嘱信差回来的时候别落下他。最后，易卜拉欣·哈桑被带到我面前，他告诉我，他已经撤回了他那非常、非常低的报价，单是埋设水管这道工序就要45埃及镑，而水管本身还要700埃及镑。我对此很生气，但我的责备没有动摇他，最后决定让他当众解释自己的所作所为。

我请他的几个亲戚帮忙参加，还请了几个曾亲耳听到他提出报价的人，这样我们就可以组成一个"部落法庭"，易卜拉欣·哈桑可以当众自我辩解洗脱。他只说不能执行自己的报价，就不肯再说什么了，只是站在那里，执拗又别扭。

出于无奈，我痛心地说，"你可以给大多数东西定价，但君子无价，除非他自我作价。背信弃义的要价，就是他给自己的标价。现在，我知道了易卜拉欣·哈桑的价格——它是700埃及镑，我可以把它写在标签上，贴在他的背上。"

接着，我扭头转向一旁观看诉讼过程的摄影师朋友迪米特里·帕帕迪劳，用英语说："我真希望一直和我的邻居谢赫艾利打交道。最起码，我知道他是信守自己诺言的人。"

我知道他们听得懂英语，可是很显然，我的话不是故意说给他们听的，却不料反响更大。

这番话传到耳朵里，谢赫艾利蹦了起来，冲着易卜拉欣·哈桑叫嚷：

"我们家族不能有自食其言的人。我向你发誓，我们一定会宰了你。"

可怜的易卜拉欣·哈桑随即崩溃，失声痛哭。

最后，易卜拉欣·哈桑把真相和盘托出。原来，该部门的机械工程师和仓库部门负责人从开罗赶来，易卜拉欣·哈桑被召到墓区主任办公室与他们会面。在那里，当着督察局一个办事员的面，他们问易卜拉欣·哈桑有多少英亩土地。易卜拉欣·哈桑告诉他们，5亩地。"如果你以45埃及镑的价格完成这道工序，你将失去这5亩土地。水管的合理价格是700埃及镑。哈桑·法赛欺骗了你，不管怎样，他无权签署这道工序，有权的是我。如果你不回去告诉他价格是700埃及镑，我们会毁了你全家。"

忏悔之后，我告诉易卜拉欣·哈桑，他当时应该尽快来找我。我解释到，他最初的价格是公道的，因为目前管子成本是每米90皮阿斯特，整个地块大约18埃及镑，剩下的27埃及镑用于埋设管道。

这安慰了他，他同意原价，还哭着在所有证人的面前签了协议。迪米特里（Dimitri）说他一只眼睛因为羞愧而哭，另一只眼睛为那700埃及镑而哭。

在部里某些人的蓄谋恶意真相大白之后，我问心无愧地耍了点伎俩来揭发他们。我给总干事写了一封信，但信中没提及易卜拉欣·哈桑的最后协议，这样就不会有人知道这道工序究竟是不是45埃及镑完成的。我只是问，这些人怎敢联系供应商，并想方设法让他违约。我拿到了一封很古怪的回信，称由于机械工程师在主管部门收到财务科长批准我的申请之前，就与易卜拉欣·哈桑取得了联系，所以没有任何违规行为。紧接着，信中要我承诺此时此刻以不高于45埃及镑的价格完成这项工作。

这封信很古怪，因为它只有总干事的亲笔签名，没有别人的落款。甚至连打字员首字母标记都没有。但它是用阿拉伯语写的，总干事德里奥顿（M.Drioton）不懂阿拉伯语（虽然他用阿拉伯语签名，但签名是他画上去的）。

不过，我还是写了回信，要求对机械工程师、仓库科科长和督察员的行为进行正式调查。我还提到，这项工作是按照最初规定的45埃及镑完成的，因此表明这个阴谋失败了。最后，这封信石沉大海。

后来，在朝廷[①]对谷尔纳表示出兴趣之后，我把这一特殊阴谋的报告寄出去，很快就收到来自副国务卿的电报，说我的举报事关重大，他要亲自来调查。

他来了，并且派了一名部里的律师。当我向律师讲述此事时，他气得跳脚，不敢相信自己的耳朵。

"可是你有书面证据吗？"他说。

循着他的询问，我们发现那位机械工程师已经跑遍了卢克索所有建筑材料经销商，警告他们不要给我哪怕一英寸的管道。这家伙明摆

---

① 埃及王国（1922—1953年）。——译者注

着铁了心，要利用这笔生意搅黄整个工程项目。

后来，我听说罚了那位机械工程师8天薪水。

## 2.3　霍乱

1947年，霍乱疫情在科雷因（Korein）村暴发，迅速蔓延到下埃及各地，政府一时措手不及，束手无策。

尽管谷尔纳位于上埃及，但我认为明智的做法是防微杜渐，预防可能暴发的疫情。老谷尔纳遍地苍蝇，它们光顾同一口露天水井，村民从那里获得饮用水，而且由于没有厕所，一场霍乱所带来的浩劫将比冈比亚疟疾更严重，后者在1943—1944年夺走了1/3的人口。

第一件要做的事情是分析井水成分，不是为了找出什么，而是为了迫使当局采取措施。分析结果出来了——细菌数量严重超标；乳酸发酵达到80%（最大允许值为20%）。因此，唯一的解决办法就是埋管打深井，从很深的地方取水，并阻止人们使用露天井。市面上没有水泵，因为政府已经为疫情地区买下了所有水泵。后来，我想起了抽水制砖的那批水泵，但由于这需要把水泵从工地运回老村庄，所以我要得到文物部的许可。

于是，我随即去了趟开罗，见了总干事德里奥顿。我说服他，洁净的水惠及考古学家及其所在部门的员工，他们歇脚入住的房间也恰好散落在老谷尔纳里，我没提到我们的水泵也能给村民供水。他原则上同意，但把我交办托付给了督察局局长，他要批准这一行动。

这位先生一见到我，就断然拒绝，甚至拒绝考虑我的申请，这让我很痛苦。他说，这是公共卫生部的事，与他无关。

我跟他说，公共卫生部要管两千万人的供养，可是文物部对在偏远乡村工作并暴露在感染风险下的雇员健康负有责任。

他只说了一句："他们可以去下地狱了。"

我答道："假如有人丢了性命，是因我能施救而未出手，我会认为自己就是凶手，为真主所不容。"我径直离去，不在乎他是否认同。回到家中，决心丝毫未变，我要赶最近的一班火车返回卢克索，直奔工地，把水泵连根拔起，愤然插在谷尔纳老村的土地上。那一刻，良心让我自行把握法律的分寸。摊开报纸，我发现政府已经决定隔离上埃及，关闭了所有的公路和铁路。

我不得不待在开罗，直到疫情蔓延到上埃及，当时，我得以获准去追踪它。我怀着忐忑的心情登上离开了开罗的第一班火车，因为在上埃及出现的第一例感染是在巴拉斯，离谷尔纳只有20英里。巴拉斯是埃及的陶器，这个词原本意思是埃及女性头上顶着的大水罐——这种疾病是由上下搬运这种水罐的船夫带进埃及的。

在卢克索下了火车，过了尼罗河来到左岸，我的司机奥斯塔·马哈茂德·拉马丹通常在那里等我。但他不在那里，别人告诉我，他不舒服。据说，到目前为止，谷尔纳还没有霍乱病例，这让我松了一口气，于是我去探望了奥斯塔·马哈茂德。我发现，他在床上躺着，昏迷了3天才苏醒过来。令我担心的是，我发现他有霍乱的所有症状——

呕吐、腹泻和发热，可是直到斯托普拉雷先生听说他的症状并怀疑是最严重的病情，当即请了医生之前，从来没人想到要请医生。当我问起我的秘书盖德先生，为什么不帮马哈茂德时，他解释到，根据规定，马哈茂德没有以书面形式提出申请。我想起了文物部的那句名言："让他们去下地狱吧。"

奥斯塔·马哈茂德康复后，就回到他的卡车上，但显然认定我对他抱有特殊的好感，因为我始终在生那个秘书的气。我一直喜欢他，因为他是唯一好好保养卡车的司机，所以，认准这一点，第二天他来找我，要给他儿子一份工匠的活计。可他儿子才9岁，我解释说，得等他再长大一点吧，这让奥斯塔·马哈茂德气急败坏地走了。

半小时后，他回来报告说卡车的刹车管坏了。我说："好吧，去修一下吧。"搁在以前，他就直接去做了，可是这一次他挺直了腰板，说道："我不是修理工，先生。"连你也这样？[①]他是一名政府公务员，怎么会和别人不同呢？这个插曲让我想起了一首诗：

> 每一颗都是一文不值的彩色廉价玻璃珠，
> 所有珠子都紧紧串在一条贪婪的丝线上。

回来的第一天，我就把水泵搬到了老谷尔纳，把它们安装在了村子周围的战略要地上。在提供了如何获得纯净水的途径之后，接下来的事情就是说服村民使用它，或者更确切地说，劝阻他们不再用敞开

---

① "Et tu, Brute."一个拉丁文句子，意思是"连你，布鲁特斯？"一个用来表达对虐待或背叛感到沮丧的短语，出自莎士比亚戏剧《朱利叶斯·凯撒》。凯撒在被刺身亡的时候说出了这些话，因为他认出了朋友布鲁特斯是密谋刺杀自己的人之一。——译者注

的露天水井。

这时，我才知道医院刚刚配备了一名医生。谷尔纳有所小医院，一般只有当政府要员来参观文物时，才会有医生。那种时候，会从卢克索派一名医生来，并让一些村民冒充病人。

由于霍乱疫情，政府调动了全体医生，其中一名医生被派往谷尔纳。他的名字叫侯赛因·阿布·塞纳。他刚刚毕业，一个十分热情亲切、尽职尽责的年轻人。我找到他，把我的全班人马都交给他来应对这场疫情。我们一起查阅了1903年流行病期间发给医生的指示，因为我们手头没有其他东西，没有血清，也没有消毒剂，只能依靠我们自己的资源。说明书建议使用生石灰，我们可以在自己的窑炉中生产。

霍乱是经口传播的。只要不把病菌吞下去，就不会得这种病。因此，我们所有的预防措施都是为了确保细菌不可能进入任何人的口腔。首先，我们要让每个人都明白，严格遵守所有预防措施的重要性。我们决不能有任何纰漏，决不可有任何疏漏！我们要像手术室的外科医生一样严格。所有的水都要煮沸，无论是饮用的，还是洗涤的。任何可能沾上细菌的东西都不能吃。譬如，从集市回家的例行手续是：进入房子，把装有蔬菜的袋子直接放进开水里，注意不要让它接触任何东西，用来沙尔（lysol[①]）消毒剂洗手，用来沙尔消毒剂擦门把手，就像小偷去掉指纹一样，这才算准备好了。

---

① Lysol，消毒防腐剂，消毒剂。——译者注

我们得让村民们认识到，任何陌生人都会把这种疾病带进村里，所以应该劝返游客。哪怕是传统的待客之道也需暂停，任何来访者都要向当局报告。对于一个一直以向政府当局隐瞒"通缉犯"为荣、甚至以把病人藏匿起来不让任何想把他们送去医院的人看到为荣的民族来说，实属难办。

　　医生和我都认为，只有得到谢赫穆罕默德·埃尔·塔耶布的帮助才是明智之选。他是谢赫埃尔·塔耶布的儿子，一个耄耋圣人，深受村民的爱戴。谢赫穆罕默德·埃尔·塔耶布将接过他父亲的衣钵，他自己也深孚众望。他是村里清真寺的伊玛目，在周五主麻日听念呼图白时，可以向农民解释我们的措施。因此，我们邀请他加入防控霍乱疫情"委员会"。事实证明，这对我们来说很有价值，他能迅速了解情况，掌握相关的医学细节。

　　鉴于大约有300名村民为我们工作，我们决定对他们开展健康运动。我们把他们召集在一起，告诉他们采取预防措施的原因。为了帮助他们理解什么是微生物，我们把微生物"放大"，将其比作"蚂蚁"，蚂蚁会在所有被污染的物品上四处乱窜，一旦接触到任何东西，蚂蚁会留下来，物品也就被污染了。这些"蚂蚁"生活在我们的指尖、水里、蔬菜上，它们的生命力和真正的蚂蚁一样顽强，比真正的蚂蚁更难以捉摸，而且绝对是致命的。这幅画面特别有效，原本是一种抽象的、难以理解的理论，眼下却变成了可怕的现实。我的秘书盖德·埃芬迪，一想到成千上万只看不见的、致命的"蚂蚁"在他的皮肤上爬行袭来，就唰的一下脸色发白，就会联想起他对待奥斯塔·马哈茂德的方式；见到这一幕，我很高兴，他如今才意识到，有些事情可能比书面申请更重要。

此时，霍乱已经在卢克索和加穆拉的西部暴发，那是离谷尔纳7英里的一个村庄，和谷尔纳在河岸的同一侧。给我带来消息的是盖德·埃芬迪，他吓得浑身发软。当时局面很严峻，我们召集了一个由5个小村落谢赫和村长组成的协商会议，请他们加入委员会。我们每天碰头，劝诫谢赫们把这场运动落实到每家每户，要处处提防疫情防控体系的漏洞，要对疏忽大意的情况更加严厉。这一回，大家都打心眼儿里害怕了，当我留意盖德·埃芬迪每天早晨舔着手指拨弄翻看支付清单，那是从工人手里收上来的支付清单，便提醒他，那些"蚂蚁"毫无疑问潜伏在纸上，我对他的恐惧一点儿也乐不起来。

最后，从印度和其他国家送来的血清总算有了供应，当我们开始给村民们接种疫苗时，恐慌的情绪逐渐平息。

谷尔纳得救了，但这段经历再次告诉我，冷漠、愚昧和疏忽是多么容易被原谅为听天由命的借口。

疫情的最后一幕场景如下：竹棚下，我等渡船去卢克索。因为有很多人也一起等，我决定利用这个机会，讨论卫生和微生物。我再一次自豪地卖弄我的蚂蚁之说。一位备受尊敬的白胡子谢赫长辈反驳道，个人的命运是注定的：任何凡人的努力都改变不了"天意"[1]。

"尊敬的阁下，对于从屋顶或悬崖上跳下来的人来说，'天意'是再清楚不过了的。可是，真主亲口说过，'你们不要自投于灭亡'[2]。吞下病菌

---

① Maktoub，"It is written"；"It is ordained."天意、命中注定。——详见书末《术语表》，译者注

② 《古兰经》（2:195）"And spend in (the) way (of) Allah and (do) not throw (ourselves) [with your hands] into [the] destruction. And do good; indeed, Allah loves the good-doers." "你们当为主道而施舍，你们不要自投于灭亡。你们应当行善；真主的确喜爱行善的人。"中文译文引自：古兰经[M].马坚，译.北京：中国社会科学出版社，1981：21.——译者注

就像跳崖一样。"

谢赫回答："人们可以望见山或房子，因为它们伫立在那里，但微生物是看不见的。"

"虽然肉眼看不到微生物，但在显微镜下可以看到它们在移动。"

"不管怎样，我只相信我亲眼所见。"

"但是，尊敬的阁下，我们大多数谢赫的视力都很弱，不戴眼镜就看不了《古兰经》，所以依据你的这番话，他们戴眼镜时就不应该相信《古兰经》里写的东西。"（人群中发出欢呼，因为这是一个干净利落的反戈一击——"啊，啊，啊"）但谢赫说，尽管视力弱的人看不见《古兰经》上的文字，但他的邻居可以看到，人人都知道，可是没人看到微生物。

对此，我回答："医生通过显微镜看见微生物。显微镜不过是一种带有强力镜片的超强眼镜。他是一位值得尊敬的学者，我们相信他，他开的药我们也会服用，我们为什么不相信他说的他在实验室里通过镜片看见的东西呢。"

谢赫随后以一副精致的对句回敬了我，意思与我所说的针尖对麦芒，却得到了人群一阵"啊！啊！啊！"的欢呼。

我说，这首诗并不适用于我们所讨论的情况，人群的喜悦不是来自诗歌里面文字的意义，而是它们在他们耳中的共鸣。"正是诗歌的魔力使先知讨厌诗歌和诗人。"人群再次欢呼起来："啊！啊！啊！"

　　话音刚落，我意识到，出于尊老之虑，特别是我相信，目的已经达成，已然在听众间播下了会结出果实的卫生意识，于是，我做了如下陈词。我曾经说过，无论我们原先认为自己的预防措施多么周密，我们都做不到尽善尽美，总会有一些缝隙，让命运从中穿过。然而，这一事实不应阻止我们竭尽所能不给命运留下任何可乘之机，任何疏忽大意都意味着任性的自我毁灭，而不是接受命运的摆布。

　　这个时候，渡船来了，讨论也收场了。

## 第三节　第三阶段：1947—1948 年

### 3.1　易卜劣厮不愿和解

在上埃及，每年的8月底，尼罗河在来自遥远的埃塞俄比亚雨水滋养下，淤积了厚厚的、肥沃的泥浆，水位上升到最高点，淹没两岸农田。田野里，夏季的玉米快成熟了，农民等着收割玉米，好让河水漫过他们的土地。9月初，经过几天疯狂紧张的劳作，田地已经准备就绪，打开水闸，让水淹没田野。河水水位下降的时候，堤坝要把河水拦截两个月的时间；11月初，河水又排回尼罗河，留下一层新鲜肥沃的淤泥，那层淤泥可以种植冬季的谷物或豆类作物。（这种灌溉系统称作"盆地"或"hod"系统；在下埃及则用不到这种系统，那里的沟渠灌溉系统，常年运转）

小麦、大麦和扁豆，这些农作物是埃及的古老食物，6000年来一直在不断更新的黑色泥土中播种收获。它们发芽、生长和成熟都与河流的汛期一致，其他农作物譬如甘蔗和棉花，是上埃及的外来之物，却不符合这种古老的模式，要加以保护以防洪患。他们的田地被堤坝永久包围，用自流井或抽水渠灌溉。这种圩田地区叫"禾沙"，谷尔纳新村就坐落在一个叫作"禾沙"的圩里。

在1946年的工程季度，有传言说，一撮农民正密谋在西侧堤坝掏一个洞，妄图淹掉整个村庄，以此阻止这项工程，因为工程威胁到他们有利可图的盗墓勾当。当时，我通知了警察，加固了堤坝，并派了12个人看守。那年洪水水位特别高，是有史以来最高的一次，许多村庄被毁。我们的预防措施显然吓唬住了图谋不轨之人——假如存在那些人的话，结果什么事也没发生。

人们可能会认为，新村庄的选址在洪水水位线以下是不明智的，但禾沙（hosha）的三面圩堤都隶属于政府，并有人精心维护：南面是法尔哈纳运河（Farhana Canal）堤岸，东面和北面是铁路堤坝。只有西面的堤坝，当时是由这片禾沙圩场的所有者——卡迈勒·布洛斯贝伊和康翁波糖业公司一起维护的，他把土地租给了糖业公司。

1947年9月3日，我来到这里，开始了第3阶段的工程。当我到村里着手新一季的工程时，发现我离开之前所做的指示都没落实。特别是前一季生产出来的砖块，是在村头西边做的，都没有搬到东边要用的房子附近堆起来。大约有50万块砖。我的新助手拉斯兰·埃芬迪没来上班。几个星期之前，他来到我开罗的家里，威胁说，如果我不把他升职到第6级，他就要罢工。

9月8日，我收到副国务卿的电报，请我10日10时到他开罗的办公室会晤。我猜不出原因，惴惴不安，因为电报多半没好事儿。这时，水已经开始流入谷尔纳禾沙圩场的洼地。既然，保持堤坝的良好秩序是糖业公司的分内之事，而且水位只上升了大约40厘米，那么我只是要求糖业公司警卫去放哨看守，并告诉我的工头在堤坝上派两位看守。

工头艾哈迈德·阿卜杜勒·拉苏尔老是想派尽量多的人干任何一份活，他连忙说，我们应该像去年一样，安排12个人。我解释说，去年我们的洪水水位很高，而今年的水位仍然很低，况且去年还有被人为破坏的威胁。此外，我很快就会从开罗回来，届时我们可以考虑任命他想要的看守。

那天晚上，我和阿卜杜勒·拉苏尔一起站在屋顶上，临走前，我环顾村子四周，发现整个禾沙圩场空荡荡的。没有像往常一样绿油油的甘蔗海，只有一片光秃秃的黑色平原，没有耕种的迹象。当然，这只是按照惯例的每3年换茬，但这一幕给我一种郁闷甚至敬畏的感觉。我问阿卜杜勒·拉苏尔为什么这里空荡荡的时候，他说糖业公司决定不再种甘蔗，因为它为强盗提供了藏身之处。这算得上是一个不敬的回答，因为在一些谢赫提出的请愿书中，这个论点被用作反对迁址的理由。

我向阿卜杜勒·拉苏尔重复了我的指示，让他在堤坝上派两个人护卫守望，他和往常一样，带着一群员工到车站为我送行。

第二天早晨7点，我到了开罗，然后回家。我很不高兴，因为我的女仆法蒂玛不在，我所有的猫都饿了。这种烦恼加剧了一种特殊的低落情绪，自从我收到电报，这种情绪就一直在我心里滋长。我喂了猫，收拾行李。当我把衣服挂在衣橱里时，平时很矜持冷漠的猫——名字叫欧娜，走过来坐在我旁边，用前爪把衣橱的门撑开——表现出一种极不寻常的同情。就在我离开之前，有人给我带了一张纸条，是我的朋友奥斯曼·鲁斯塔姆写的，他是工程和发掘部门负责人，刚从雅法回来不久。他建议我去拜访他，这样我们就可以一起去见副国务卿（Undersecretary）。这并没让我感到多少安慰，虽然他肯定会在即将赴任的职位上支持我。我回忆起最近犯下的所有罪过，如芒在背。当时我刚刚在杂志上发表一篇文章，俏皮地描述了一座虚构的第十八王朝议会大楼，它本应是为了消除

◎ 欧娜（一只猫的名字）

◎ 法老议会大厦

《莱顿纸莎草纸卷》[①]曾描述过的国家腐败而建造的，里面有一位埃及圣人伊普沃（Ipuwer）的告诫，他那个时代与1947年的埃及，有许多莫名的相似之处。我没工夫去和奥斯曼·鲁斯塔姆接上头，实在急于弄个水落石出，想弄明白自己为什么要来这里，于是我直接去了部委，打算从那里给他打电话。我走了进去，内心忐忑，极不情愿地拾级而上，迈入前厅，走向副国务卿办公室。桌子后面的一个职员说："早上好，哈桑·法赛先生！"所有的员工都附和道："恭喜，恭喜！"可以肯定的是，这不是针对我所发表的文章的；或许，我将获得一枚勋章。

显然，我在谷尔纳的项目引起了国王本尊的注意，一纸召我到开罗，就我们的进展做一份详尽报告，供他参阅。我去觐见副国务卿时，他也向我道喜，请我写一份报告，详尽说明我们遇到的麻烦和障碍，并于第二天呈送宫廷法院的院长。

说来也怪，虽然我因为没有遇上麻烦而松了一口气，但对这种从天而降的援手，我又心有不甘。我喜欢独自奋斗，不喜欢自己的人生道路被神奇地铺平。就好像我是小男孩，和另一个孩子打架，忽然有一个大人过来出手帮了我。这不公平，剥夺了战斗的意义，还有一种考试作弊的感觉。

在奥斯曼·鲁斯塔姆的帮助下，我写了这份报告，里面没有怨天尤人，把它呈递副国务卿，他欣然收下，然后，我就回家了。

---

① 《莱顿纸莎草纸卷》（*Leiden papyrus*），19世纪中叶埃及底比斯（Thebes）墓地出土。资料来源，https://holybooks.com/the-demotic-magical-papyrus-of-london-and-leiden/ ——译者注

## 3.2　坏兆头

　　那晚，我做了个最可怕的梦。几个男孩，亲戚家的孩子，正在洗澡，却背着布包，穿戴齐整。水溅了一身，可只有裤子是湿的，粘在腿上。一匹马，像谢赫艾哈迈德·阿卜杜勒·拉苏尔的母马。一名歹人，面目模糊，跳上马背，策马奔去。忽地，摔下马来，那马一溜烟跑没了影；一群黑马，紧随其后，怒目飞奔。马蹄纷沓间，一大帮人出场，蓦地平地风波起，人们四下奔逃，伏地而亡。他们身着长袍，无人追砍，却横尸遍野；我扭过头去，不忍直视。这时，有人从堤坝后步出，外国士兵的扮相，长剑在手，翻手一劈，砍翻了我朋友奥斯曼·鲁斯塔姆，又一剑刺来，穿透了我的肩膀。因不觉疼痛，我有些恍惚："还活着吗？"倏地惊醒，心神不宁，惴惴不安，是夜再也无眠。

　　我把报告交给宫廷法院院长哈桑·尤瑟夫贝伊。他以前去过谷尔纳，知道我的一些烦恼。当他看到我时，他向我保证，国王的关心意味着我以后的事情会变得顺利得多。我的凤愿又复活了，回到了我的身边，我仿佛望见果树栽下了，手工艺学校热闹欢腾，全村熙熙攘攘，沉浸在快乐、有意义、勤劳的生活之中。不仅如此，我仿佛还望见这个完工的村庄为整个埃及树立了住房价廉物美的榜样。

　　那天我在格罗皮餐厅[①]吃午饭，因为法蒂玛还不在，午饭时我把自己的梦说给拉美西斯·瓦瑟夫和查尔斯·巴查特利博士听。他俩解释

---

① 格罗皮餐厅（Groppi）——当时开罗最著名的餐厅。1952年1月26日，埃及开罗的"黑色星期六"，格罗皮餐厅与英国在埃及权利象征的谢菲尔德酒店（Shepheard's Hotel），以及开罗著名的购物中心西库雷尔（Cicurel's）一起被烧毁。——译者注

说，这个梦和我的不祥预感可能预示着，诺克拉什帕夏①一直在跟联合国的谈判中断之后，埃及会做出令人不快的反应。假如像梦中那匹脱缰的马那样，让所有的马匹都跑起来，任何一个不负责任的人，做任何愚蠢的事来引爆它，就可能发生动乱甚至革命。

## 3.3　大沼泽

在回家的路上，我注意到伊斯梅利亚广场上有一张巨大的电影海报——《大沼泽》。这给了我一种不好的感觉——好像是个坏兆头，经过时我把脸转开了。当我到家时，发现了一张奥斯曼·鲁斯塔姆的便条，让我给他打电话，因为他收到了卢克索文物总督察的电话留言，说整个村庄都被洪水淹没了。我感到一阵头晕目眩，眼冒金星，急忙跑到奥斯曼·鲁斯塔姆那里去打听更多消息，但他没什么可补充的。于是，我们打电话给卢克索当地的文物督察员。我希望不是任何人干的，甚至希望不是我的冤家对头干的。等待电话接通的那一个钟头如坐针毡。最终，电话接通了，得知实际上村庄都被洪水淹没了，堤坝已经决堤，整个基址场地都被水淹了。

"水有多深？"我说。
"我没量过。"
"那大概有多深？一直到窗户？门柱？屋顶？我想知道。"

可是他好像并不清楚，于是，我告诉他，我们会连夜乘火车赶

---

① 诺克拉什帕夏（Mahmoud El Nokrashy Pasha，1888—1948年），曾两次担任埃及王国（1922—1953年）首相，第一个任期1945—1946年，第二个任期1946—1948年。1948年12月28日被暗杀。资料来源，https://commons.wikimedia.org/wiki/Category:Mahmoud_el-Nokrashy_Pasha ——译者注

来，就挂了电话。

我们当天晚上就动身，在火车上，我又把那个梦说给奥斯曼·鲁斯塔姆听。他解释说，孩子们是我的房子，从下面被水泡湿了，拿剑的人就是打破堤坝的人，黑马代表奔流的洪水。

第二天早上到了村里，发现水只涨了半米左右，东侧根本没有被淹。但是我们上个工程季度准备的所有砖块都融化了；如果我的助手按照吩咐那样把它们移走的话，它们就会安然无恙。可是，即使在这种紧急事态下，拉斯兰·埃芬迪也不忘自己的升职，他根本没来帮忙。

我急忙赶到大堤溃塌的地方，在村子西边大约1.25英里处，一条深沟横贯堤面，宽约8米。有100多人在那里忙活，由灌溉工程师和两名警察监督着，但令我忧伤的是，他们当中没一个是谷尔纳村民，都是从邻近村庄强行征召来抢险的。所有谷尔纳村民都不愿意去修大堤，甚至那些头天晚上被撵过来的，也在夜幕之下逃之夭夭了，更别提来帮忙拯救他们的新村庄了。他们干活的时候，表面上是用手在填补，背地里却用脚把缝隙撑得更大。

然而，他们这么做直接伤害的是自己，因为他们都在村里做工，赚了不少钱，哪怕经济上，新房子也比他们的旧房子好太多，大部分旧房子建在政府的土地上，实际上一文不值。古谚云："谜底揭晓，惊喜没了"，而谜底还不止一个。首先，这里的父权制度异常牢固，家家户户都要服从户主，而谷尔纳的户主是盗墓贼。人们对他们又敬又怕，他们要用自己的势力来维持生意。他们不会放弃墓地上那些醒龅却着实有利可图的房子，它们的地板下藏有等待挖掘的财宝，不愿搬去远离坟墓、洁净优美的新村庄。其次，谷尔纳人沾亲带故，在任何重大事项中，没人会反对家族的首领。再者，一种羞耻感在撺掇他们，不参加破坏活动会被认作是懦夫。

他们狡猾至极地挑选了时间：第一，甘蔗拔除的时候，3年才拔掉一次；第二，当我离开村子的时候；第三，当水位很低，不会有人担心或怀疑会降临任何危险的时候。

所有工作仍集中在圩堤的缺口上，但我发现，禾沙圩场内外的水位落差只有10厘米左右。水不会再涨了，因为外面的水位可以由灌溉部门来控制。于是，我把注意力转向拯救村里的房子。由于我们已经失去了所有的砖头（那些本该被移走的砖头），洪水在房屋周围拍打着，我在靠近房屋的地方建了一圈只有50厘米高的小堤坝，并开始用抽水机把这片地区抽干。

我再次检查了缺口，发现了两个大切口，跟堤坝的"干燥的"一侧相距约2米。很明显，在缺口上有一排类似的切口。诚然，当警方询问灌溉专家时，他一开始说这个洞可能是自然形成的，但这是个草率的结论，是基于头天晚上波涛汹涌的景象，而没有任何科学依据。

山上吹来的风激起巨浪，在夜里看起来乌黑又可怕，弄湿了工程师们的裤子，他们顿时把所有的水力学知识抛到九霄云外，忘记了堤坝底部有6米厚，水只有50公分高，渗流梯度会远远低于地面——简而言之，忘记了堤坝在物理上本身不可能崩塌——只瞅到一片黑黢黢的波涛，貌似能摧毁任何堤坝。

一旦我们的第一道堤坝建成，我们就要投入新的水泵，把水从这道屏障里面抽出来，然后开始建造第二道堤坝，把更大的区域围起来，把一些重要的地方譬如窑炉围起来。建成区域三天就干了。然后我们换了水泵，把第二个区域的水抽干，也从灌溉检查员那里借了第二个水泵。在这项工作中，奥斯塔·马哈茂德表现出极大的热情和善意。他专门负责这台新水泵，不知疲倦地工作了三天，不管水泵到哪里，他都站在水里，堵了就清理，为我们作出了巨大贡献。另一个无价的援助来自易卜拉欣·哈桑，他强壮得令人难以置信，他能用胳膊搂着一个3个人都搬不动的80加仑油桶，然后像一袋羽毛一样把它捡起来。他好像和水泵发动机本身一样坚韧、持久，整日整夜都在那里，随时待命把它捡起来，带着它走到我们想去的任何地方。如果没有易卜拉欣·哈桑和奥斯塔·马哈茂德他们俩，我们做不到清理现场两遍。

　　10天之内，我们的卡车开到了被洪水淹没的房子周围，可以重新开始运来材料，继续建造了。

　　就在这一切正在进行的时候，地方检察官蓦地来到我们面前，对洪水进行调查。

　　他和他的助手们挨家挨户问每一个村民："你捅穿了堤坝吗？"村民一律回答"没有"。

　　当检察官把这些答案填在3张法律文书大小的纸上后，他满意地回家了，因为这件事已经调查过了。

事情发生的当口儿，我自己从他的问询中得到的比他更多，因为艾哈迈德·阿卜杜勒·拉苏尔给我的姓名，和他指定的那些看守人姓名全然对不上，这表明他根本没有指定任何看守人。然而，我宁愿不出卖他，而是自己去对付他。

我给宫廷的第一份报告最起码是有趣的，结果宫廷立马要我回开罗当面讲清这件事。宫廷法院院长对这些罪犯极为愤慨，并表示将安排派遣一支苏丹[①]边境警卫队，这支部队强悍粗暴、令人恐惧，会用大鞭子笞罚人。我对这一主张惶恐不安，恳请他不要这样做，因为，这么做解不开谜团，只会激起农民仇恨，永远做不到把农民争取到这个新村庄来。

"至少"，他说，"让我给你派些士兵去守卫这个工程。让我为你拿起武器。"

"武器只会招来更多的武器。如果有人想开枪要我的命，他只要躲在门后，等我看不见的时候就行。再多的枪对我来说都没用。"

后来，我说服了他，我不愿意为一个团的士兵在村子里出没而烦恼，虽然，他对我的性命多少还有些担心，还是让我走了。再不济，他也让官方调查重新开始了，不久之后，地方检察官、省长和许多大人物再次出现。

他们在村子里兜兜转转，问："你捅穿了堤坝吗？"

---

① 苏丹历史上的1899—1955年是英国与埃及共管时期。1899年1月，英国与埃及签订《英埃关于共管苏丹的协定》，英埃共管苏丹，苏丹总督由英国人担任，只在名义上由埃及任命。——译者注

村民们再次回答"没有"，这并不意外。

调查人员填满了10张纸之后，就走了，这是我们最后一次听到他们的消息。

### 3.4 对神的献祭被接受

当我的朋友施瓦勒·德鲁比兹[①]看到，我在这件事之后垂头丧气的样子，他告诉我，洪水是我为村庄向众神的献祭。

我觉得众神已经接受了献祭，认可了这个村庄，因为他们通过洪水揭示了一个重要的事实，否则我可能会忽视这个事实。谷尔纳要建在禾沙圩堤里面，那里已经干旱了30年，土壤又硬又密，因此它不是上埃及典型的村庄和农田。这部分农田，一般采用河道的灌溉系统，即在洪水泛滥时让河水流过农田。这种每年一次的湿润会使土壤膨胀，因此，到了8月份左右，当土壤再次干涸时，就会出现大量的龟裂，就像干了的泥浆。这个时候的土壤被称为"沙拉基"，意思是"干涸"。

在这样的土壤上造房子，给农民带来了很大的结构隐患，因此上

---

[①] The founder of a school of Egyptology that has, through the interpretation of symbols, penetrated to the mode of thought of the Ancient Egyptians. His work, embodied in such studies as "Le Temple de l'homme" and "Le miracle égyptien" is no less important than Champollion's deciphering of the Rosetta Stone.
施瓦勒·德鲁比兹（Schwaller de Lubiez），是埃及学学派的创始人，通过对符号的解释渗透到了古埃及人的思维方式。他的研究成果，例如《人类的神庙》（Le Temple de l'homme）和《埃及奇迹》（Le miracle égyptien），其重要性不亚于商博良（Champollion）对罗塞塔石碑的破译。——原著注释p178

埃及的村庄通常建在高于洪水水位的土堆上。不过，筑堤防御也有其自己的问题，其中之一就是，随着水位上升，田野里所有的害虫，各种老鼠、蛇和昆虫——都躲在村子里，带来各种疾病。每年的这个时候，大量的鸟类、鹳、鹈鹕和鹰——成群结队地来到村庄里，以所有的动物为食。此外，土堤已经人满为患，而村庄无法扩张的原因之一就是洪水泛滥，低洼田地的土壤性质不稳定。如今有一些项目建议，将这种土地改造成带有沟渠的常年灌溉系统，并在平地上扩建村庄，但所有这些扩建工程自身都会遇到土地龟裂的问题。

因此，当谷尔纳被洪水淹没时，它的土壤又回到了"沙拉基"状态，就像上埃及的其他地方一样，一旦干涸，到处都开始出现巨大的龟裂。这确实令人心里打鼓，从地表往下深达3米，宽达50厘米，就像发生了一场小地震。由于地下水位每年上升到地表两米以内，而谷尔纳的房屋基础是传统的条形地基，由毛石砌体和泥土砂浆制成，铺设在1.5米深的基槽里，每栋房子都会坐落在浮于液态泥浆上的薄土壳层上。这些龟裂的缝隙会使土壤横向滑动，房屋本身肯定也会开裂。

那么，我得找到一种方法，使我的房屋地基不受这些裂缝的影响。此外，如果我要忠实于我的村庄理念，解决的办法必须是切实可行的，让每个农民都可以在任何村庄里仿效。

于是，这个问题就不仅仅是一个工程问题，因为有各种可接受的解决办法，例如混凝土桩或筏板基础，它们对农民来说都是偏贵的。我甚至拒绝使用钢筋混凝土梁结构，就为了让我的解决方案可以很容易地被复制。

我请教了开罗大学工程学院土壤力学系的哈利法（Khalifa）教授，饶有兴致地看到他提出了法老曾用过的解决方案。古埃及人在建造神庙时，会用木桩标出该区域的各个角落，然后在其中选定的一个点挖下去，直到挖出"隐秘之水"。这就是地下水，一般会选在冬至，那时水位最低。然后他们会在洞里放一层沙子，因为沙子既不会被压缩也不会产生湿涨。在这上面，再安放上纸草花或者莲花形柱头的柱子，好像它们会生长一般。（关于这个仪式，有一件有趣的考古逸闻。卢布松（M. Robichon）先生在发掘卡纳克的蒙图神庙时，在地基上发现了一层沙子，在那层沙子下面的泥土中，留有一个"8"字形的臀部印记，那是在举行仪式时，建筑师或者可能是法老自己滑倒并坐下的确凿证据，留下了他短裙的褶皱供后人欣赏。卢布松先生制作了一个模型，可以在卡纳克博物馆看到。）

附录四，充分讨论了"沙拉基土壤"的地基问题和谷尔纳所采用的解决方案，以及其他一些建议试用和测试的方案。

## 3.5　窄轨轻便铁路

我的卡车因为运土弄得越来越破烂，这其实本该是窄轨轻便铁路的分内之事。文物部有很多窄轨的设备，但要想把它们从拥有它们的各个考古学家手中拿出来，几乎不可能。因为所有考古学家都对他们的设备和发掘的坟墓一样视若珍宝，即使闲置在仓库里也不会放弃。当我向阿拜多斯①的艾哈迈德打听时，他把我介绍给了阿斯旺的阿里，当我去拜访阿里时，他说他已经把所有的设备都送到了阿拜多斯。

---

① 阿拜多斯（Abydos）位于埃及东北部。——译者注

踫巧的是，谷尔纳附近有大量的材料——数千米的铁轨和数十辆轻便游览车——是大都会博物馆在代尔拜赫里神庙发掘工作后遗留下来的，这一发掘早已停止。我垂涎这些东西，但找不到任何与博物馆有关的人来申请使用它们。我拜访了位于卢克索的芝加哥大学东方研究所的工作人员，他们说他们跟大都会博物馆的发掘无关，但建议我去问问卢克索的国家银行行长，他是这个博物馆的名义代理人。但他说，他的责任只是付钱给看守设备的警卫。不过，他还真的告诉了我大都会博物馆埃及分馆的负责人兰辛博士的名字。我已经给他写了信，但没有收到回信，因为这个可怜的家伙病得很重。

　　当国王对这项工程颇感兴趣之际，我写信给朝廷，说我想得到一段窄轨时遇上了麻烦。教育部长随即任命了一个委员会。委员会里有卡纳克发掘工作的负责人谢韦里尔先生，他答应给我800米长的铁轨和12辆轻便游览车，为此我万分感激他。会议记录得到了正式签署，文件装订好并盖上"已落实"的印章，然后被放入一个文件格里。当我回到谷尔纳向谢韦里尔先生要设备时，令我诧异的是，他拒绝给我，说他刚刚扩展了拆除卡纳克神庙第三座塔门的工作。

　　我失望至极。卡车的情况每况愈下，看上去快要无可救药了。我想自己已经请求过每个人，甚至是国王。此时此刻我还能求助谁？唯有真主比国王更高，于是我向真主祷告，求他赐给我一段窄轨。

　　不到一个星期，布鲁耶尔先生来拜访我，他是代尔拜赫里神庙的法国研究所发掘工作负责人，听说我想要一段窄轨。他已经花完了全部资金，不得不在这个工作季度临近尾声前停止发掘。他打算把所有的窄轨都给我，条件是我得雇佣他的人，免得他们在这个季度余下的日子里断了薪水。我很愿意接收他的人，甚至我自己也会建议这样做，因为把设备交给用惯了它们的人会比较安全。

终归是得到了一段窄轨，我欣喜若狂，但更令我感到敬畏的是，我的祈祷竟能如此清晰而迅速地得到了满足。我立刻俯伏向全能者祷告，感谢他的恩赐，我把这恩赐当作是对我工作的认可。

《古兰经》说，如果你感恩，你会得到更多。[①]下一季开始时，豪泽先生和威尔金森先生来找我，他们都在大都会博物馆工作，从伊朗来的，清算了他们在谷尔纳博物馆的全部资产，听说我需要一段窄轨，愿意把他们的3000米长铁轨、30辆轻便游览车和11辆平板卡车——以100埃及镑的名义价格卖给我。城里一家商业公司出价更高，但他们情愿把它给我们这样的科学机构，只是规定了一个月内要付清款项：他们曾饱受行政管理上的拖延之苦。我欣然答应，并暗下决心，如果政府不出钱，自掏腰包也要买下来。工作收尾之后举行一个仪式，邀请所有相关部门的负责人参加，届时，我会把铁轨和卡车统统沉到河里。

所幸的是，政府真的出钱了，所以，这些设备最终没有扔进河里。

---

① "如果你们感谢，我誓必对你们恩上加恩；如果你们忘恩负义，那么，我的刑罚确是严厉的。"《古兰经》（14:7）中文译文引自：古兰经[M]. 马坚，译. 北京：中国社会科学出版社，1981：192.——译者注

第四章 ／ 终曲：谷尔纳冬眠

# 第一节　寻找资助的建筑师

在谷尔纳村做了3个工程季度之后，我发现文物部的僵化越来越难对付了，简直到了寸步难行的地步。于是，我想把整个项目调到一个更对口的部委，想让农业部接管它。但农业部不肯接手；我又试了一下住房部，住房部也回绝了这份殊荣。而当我指出农民买不起水泥时，人家说："我们会建水泥厂"。这完全不切实际；这是玛丽·安托瓦内特的"让他们吃蛋糕"①现代版。

当文物部的一些人事变动，把两名对该项目怀有敌意的员工推上实权岗位时，阻碍达到了顶点，而我的最后一位拥护者、副部长沙菲克·戈尔巴尔调到了社会事务部。

我原以为，有了沙菲克·戈尔巴尔在社会事务部工作，这个项目在他领导下会更好，于是向社会事务部的农民司求援。没过多久，这一切都水落石出了，农民司对农民没太大兴趣——或者至少不愿意为他们提供住房——于是，人家又一次告诉我，向住房部求援。我们的住房项目计划，到此戛然而止。

每一步行动都使这个项目的情况雪上加霜，除此之外，还使我们陷入了没完没了的行政琐事，因为我们要清点库存，移交存货。在这所有3个部委中，委员会的召开只是为了叫停工作而找借口，让有关部

---

① "让他们吃蛋糕"通常认为是法国大革命期间路易十六妻子、法国皇后玛丽·安托瓦内特（1755—1793年）所说的一句话，但没有可靠的正式记录表明她曾说过此话。据说，这句话是皇后在得知她饥饿的农民臣民没有面包时的反应；类似于中国《晋书·惠帝纪》晋惠帝听闻天下荒乱、百姓饿死时发出的疑问"何不食肉糜"。——译者注

门彻底摆脱谷尔纳而已。

显然，不能与这样的人共事，于是，当我收到最后通牒，要么回美术学院，要么放弃教席，永久性调入住房部时，我选择了回去教书，如释重负。然而，纵然是教书，收获亦甚微。想到总在勉力教些自己也做不到的东西，我日渐焦虑，越来越不耐烦。结局难料，岁月苦长；就像一粒种子长成椰树——苦捱十年，才收获第一枚椰果。

后来，一连串新的不幸使我痛下决心。为了得到最便宜、最适宜的农民住宅，举行了一场设计竞赛。必需提交两个设计，我提交的方案在两个类别中都胜出了。然后，社会事务部长拿出250埃及镑，用其中一个设计方案来作一项建造实验。在开罗近郊马尔格，隶属于社会中心的一些土地上找了一块场地。我尽力设计工程图纸，做出预算，以便在他们拿不定主意之前做好准备，并在一个星期内完成。纵然这样，住房部也从未建造过这座房子，虽然他们什么都不缺——设计、场地和资金——但他们说，无法确定把它归入哪个预算科目。

当时政府启用了建造研究中心，于是，我提议把250埃及镑转到这个研究中心，并在他们的赞助下建造这座房子。我希望，这样一来，一座泥砖建筑能接受官方权威的检测，证明泥砖真的很便宜。研究中心对此表示同意，但表示有必要用正统材料（预应力混凝土梁）建造另一栋房子，和我的房子进行对比。最后，他们建造了另一栋房子（花了1000埃及镑），而不是我这一栋。我一度对这个实验寄予厚望，对印证我据理力争的泥砖价格望穿秋水，能让有关谷尔纳成本高昂的争执归于沉寂，可这一切却没了下文，250埃及镑仍在研究中心。

在这之后，当我希望自己在法里斯学校的成功最终能证明泥砖方法的正确时，学校建设部门的一位高级官吏直接而且故意对部长撒了谎，说学校花了19000埃及镑，而事实上，只花了6000埃及镑。知道了这件事，我明白埃及已没了我的容身之处。很明显，泥砖建筑引起了那里重要人物的强烈敌意。碰巧，我最近遇到了两个小偷，他们闯进我家，用刀刺了我，但毫不夸张地说，我觉得和这些小偷在一起，也比和那些用谎言去阻止农民获利的官吏在一起更安全。

《古兰经》对那些发现自己无法在宗族中完成使命的信士说："那他就当到别处去。"当时，道萨迪亚斯博士邀请我加入他在雅典的组织，为他在伊拉克农村的规划做些工作。我觉得建设比教学更重要，无论在世界的哪个地方，建造都比宣讲更有说服力。如果一些完工的项目引起了国际社会的关注，它最终会对埃及产生影响。

于是，我选择了建造而不是继续教书，觉得可以把我在谷尔纳村形成的理论托付给这本书，这是对人类聚居学理论的贡献。然而，人类聚居学的方法应尽量切合实际，要在实际应用理论的过程中一定程度上考虑到种种陷阱和掣肘，这就是本书的第二部分。

读这本书的年轻建筑师千万不要以为，一旦他们对材料和结构了然于心，一旦他们对优美的建筑产生了热爱，一旦将美感带入他们同胞生活的决心被点燃，那么他们就具备了整饬行装、开始建造的条件。当一个建筑师有使命感时，不可避免地会遇到对其目标的巨大阻力。如果他想为黎民百姓建设，要从一开始就明白，前面会有一场艰苦卓绝的斗争。他会遇到许多技术和艺术上的问题，这些问题会唤起他所有的训练和技能，但克服它们令人热血沸腾，精神上是值得的，就像翻越山岭一样，大概正是因为勇于解决这些困难，他才成为了一名建筑师。

他的人生道路上，除了技术和艺术的拦路虎，还会有其他障碍，它们会使他怀疑自己最基本的信仰。当其建筑感驱使着他通过清晰的逻辑找到越来越激进的解决方案时，他会在自己的内心滋生出一种背叛感，诱使他放弃自己的使命，遵从建筑的一般惯例。当我发现连农民都对谷尔纳项目怀有敌意时，我开始质疑泥砖拱顶的整个原理。我想，虽然它在经济上、美学上，从工程学的角度来看都是合理的，但它可能带有某种坟墓的暗示，或是其他一些令人沮丧的联想，从而使农民望而却步。在这一点上，施瓦勒·德卢比茨[1]安慰我，向我保证，尽管半圆形拱顶与奥西里斯[2]和逝世有关，但也许这些联想并不恰当，任何类型的尖顶、抛物线或分段拱券不是都会带有令人生厌的象征意义。他亲自跑到新村来拜访我，对穹顶客栈的印象非常好。

事实上，有一些反对意见，源自三角洲北部贝赫拉，那里吝啬的地主为农夫所造的卑劣住所，圆顶低矮，的确会让人想起坟墓。而在努比亚、叙利亚、爱琴海群岛、西西里岛和意大利，住宅上形形色色的拱顶和穹隆在当地喜闻乐见，不会有人想到坟墓。但是，对于打算采用这些非正统方法的青年建筑师，自我怀疑才最为令人不安。抛开本质上的不确定性，所有日常的精神困扰上，建筑师也难以免俗。惰性、对平静生活的渴望、对物质舒适的追求、冒犯他人的不

---

① 施瓦勒·德卢比茨（Schwaller de Lubicz，1887—1961年），阿尔萨斯人（Alsatian），哲学家、数学家、艺术家和埃及学家，著有 *The Temple of Man* 等。——译者注

② 古埃及神话中的地狱判官。——译者注

安，甚至平白无故的担忧，都在劝说富有创造力的建筑师违背初心，泯然众人。

有创造力的艺术工作者大多会有这种内心的挣扎，但建筑师会发现，在项目中，当他想在坚固的建筑中实现愿景时，还会有外部的挣扎。他会进而认识到，为达成使命所须克服的那些内在顽疾，诸如怠懒无争、甘于平庸等，在与之合作的官僚体制中也同样存在。最后，对于那些不得不打交道的官吏，对于他们的轻慢和蒙昧，他既难掩愤慨和鄙夷，又很难放弃通过官场开展工作的诱惑。为了免受这样的诱惑，建筑师可得要记住，对他而言，所拥有的长期技术教育多么幸运。他可得要记住，对他而言，解决建筑问题，看到自己的房子拔地而起，多么开心，这为创造带来满足与回报；不幸的是，对官吏来说，这只是他们单调重复日常中的另一道难题。对过度劳累又收入微薄的公务员来说，另一个令人头疼的问题是，让他们执行的唯一动力，往往源自对审计法庭的恐惧。我们能指望一位高级官吏对创造性提案有什么兴趣？让其所在部门卷入这种技术未经试验、财务也貌似不健全的重大项目吗？他一辈子谨小慎微地往上爬，才坐到目前位子上；眼下，他满腹心事坐在办公桌后，一心只求不出错，兴许还踌躇地盯着下一个职位。不幸的是，有抱负的建筑师不仅要培养耐心，还要学会与官场的相处之道。然而，如果说解决建筑问题能带来攀登山峰的满足感，那么与官僚机构打交道就像沼泽中跋涉——简直是在摧毁灵魂。

不过，这些官吏和他们的办公室头儿都是普通人，和我们一样，是民众的一分子。就个人而言，他们善良、敏感、聪慧，也渴望重建自己的国家。难道他们不明白革命的雄心需要革命的手段吗？抑或，我们仍在听任一种人人厌烦、公认有害、令人窒息、杂务丛生又无人清算的官方程序系统摆布吗？即使是农民，也对改善自己生活状况的主张意兴阑珊。他冷漠而愚蠢，受教育程度不高，对国家事务毫无概念，也没地位。他不相信能帮上自己，也做不到让别人听见他的声音。

## 第二节　持续诋毁

诋毁谷尔纳村的人炮制各种谎言：他们说谷尔纳人不会住在村里，因为他们不喜欢带穹顶和圆顶的泥屋顶房子；他们说，使用泥砖不是进步，泥砖就不是一种可靠的工程材料；反正他们以戈培尔博士[①]的方式，集中火力攻击所用技术的最强烈要求——成本要低，他们说这种建造方法太贵了。

因此，我要在这里做些解释。

第一项指控，有人说谷尔纳人不愿住在村里。但为什么不呢？我们当然要好奇地问为什么。老村的好处大家心照不宣。从陵墓中获利最多的人——自然是那些较为富裕的村民——组成了一个"谢赫委员会"，反对搬迁。他们请了律师，想出了最疯狂的不搬家理由——竟然说他们在新谷尔纳村会受到狼的威胁。这个委员会悉数由文物贩子、导游、前文物看守员等组成，显然，是一帮对原地不动特别起劲的人，可是他们发声被听到了——而沉默的往往是大多数，愿意搬迁的那些村民的声音却没有人倾听。

建筑师又不是警察，可以把人们推进或搬出房子。难道我的工作是去盯着谷尔纳人搬家吗？

政府制定了一项法律，征收谷尔纳人的财产。强制执行了吗？我

---

① 保罗·约瑟夫·戈培尔（Paul Joseph Goebbels，1897—1945年），德国政治家，演说家。
——译者注

时常听到一些负责的官吏把农民说成狗崽子，说对付他们的唯一办法就是给他们盖各种房子，再把旧房子推平。文物部并不想争得农民的合作，有时甚至好像站在农民那一方反对这个计划。文物部门的人在私底下里对农民的态度冷酷无情，实践中则是怯懦的推诿拖延。我很不幸地夹在中间，既不属于政府，也不属于这个村子，在两边都不落好，吃尽苦头。

再回到谷尔纳人喜不喜欢这些房子的问题上——我曾得到一位年轻的社会工作者侯赛因·塞里的帮助，采访农民家庭，了解他们想要的房子的详细情况。20天之内，他走访200户家庭，获得了他们对各自房屋大致规格要求的书面资料和签字画押。这批书面资料我还留着。不该认为他们是被催促或哄骗而接受了自己所理解不了的规划，那时候，他们有机会实地验房。事实上，当阿里·阿布·巴克尔带着自己家人去看房时，家里女眷兴高采烈，可是当他回村时，却以背叛了村民为由而遭受猛烈抨击。

假如政府让侯赛因·塞里再待上一个月，我相信他会让谷尔纳的每一户人家都同意搬进自己的新居（也许12位谢赫不在此列！）。

很高兴政府能让我用自己的方式和村民们打交道，当然，我永远不会成为这些官吏钟爱的"推土机"战术中的一员。允许把每个家庭当作私人客户，并在这户人家的帮助和同意下建房，这才符合我的原则。事实上，当局离得越远，我就越高兴。我时不时向农民解释，现如今我们有了一个机会，在政府进来制止我们自力更生之前，可以按照自己的意愿，悄悄地一起建房。我跟他们说，某些圈子里，说我在纵容农民；又说，文物部对农民没兴趣，只会把他们从山上撵出来，胡乱地塞进房子里，而且永远别指望从政府部门得到个别的关照。我恳求他们不要把政府当作对付我的武器，因为我只想为他们服务。我还记得，有一个星期五，当我坐在谢赫们身边，一起祈祷之后，敦促这些恳求时，一位在整个地区都受到深深崇敬的、神圣的耄耋老人谢赫埃尔·塔耶布（Sheikh el Tayeb）很气愤地对他的谢赫兄弟们说，当一个人以友好的方式向你伸出手时，踢他的手是一种罪恶。

第二项指控，有人说泥砖不是工程材料，任何政府机构都应该和它撇清瓜葛，泥砖时常要维护和修葺。反正，应该留给农民自己去建造。

这个问题的答案是，那些轻描淡写地否定泥砖的建筑师，实际上没有资格评判泥砖适不适合用于工程。土壤力学是唯一能对泥浆的强度和可靠性作靠谱判断的科学。世界上许多地方，人们已把泥土作为建筑材料进行了实验，特别是在加利福尼亚大学和得克萨斯州。而在埃及，开罗大学土壤力学教授穆罕默德·赛义德·尤素福博士（Dr. Mohammed Said Youssef）、材料学教授穆斯塔法·叶希亚博士（Dr. Mustapha Yehia）、科尼尔·德布斯（Colonel Debes）都调查过土砖的性质。

科尼尔·德布斯（Colonel Debes）在开罗大学工程系实验室对普通泥砖样品进行了测试，发现破坏荷载的平均值约为每平方厘米30千克。作为泥砖适用于工程用途的确凿证据，我请读者参考科尼尔·德布斯（Colonel Debes）的主要试验结果，以及穆斯塔法·叶希亚博士（Dr. Mustapha Yehia）的泥砖墙体的湿润和干燥试验结果。详见《附录五》。

从这些表格可以很清楚地看出，所有类型的泥砖都可以在比埃及更恶劣的降雨条件下承受任何合理的荷载。

在谷尔纳，砖块承受的荷载不超过每平方厘米2.5千克，安全系数约为10。

建筑师这么忌讳泥砖的原因之一，或许在于它是一种比混凝土更具活性的材料。混凝土一旦凝固，就定形了，而泥浆不会，它会继续收缩，直到变干为止。根据土壤的渗透性和气候条件，这可能需要一年或更长的时间。然而，无须忌惮这种特性。用泥砖盖房子的农民并不担心，他有几代人的经验，知道怎样处置这种情况，例如他一次只砌几皮墙，让砖石晾干一段时间，然后再继续施工。

土壤力学工程师也不担心，因为他可以在计算和操作中考虑到这一点。只有建筑师，既没有农民的传统手艺，也没有科学家的知识，他拒绝脱离自以为熟知并得心应手的混凝土去冒险。我最近才想通这一点。

我要解释一下，教育部部长看过我在谷尔纳的那所学校和另一所我在法里斯修建的学校后，他决定用泥砖再建两所实验学校，一所在拉迪塞亚，另一所在埃尔·拜拉特。最近有报道说，后面这两所学校濒临倒塌，已经在疏散人员了，甚至有人提议从残垣断壁中把木器制品搬出来并保存好。幸运的是，在任命一个委员会调查此事的时候，我正好在开罗。

我向教育部部长指出了这些空穴来风的严重性，请求他任命一些负责任的科学家加入委员会。因此，开罗大学的土力学和结构教授穆罕默德·赛义德·尤素福博士与米歇尔·巴胡姆博士受邀检查了有疑问的学校。他们发现，报告中说要倒塌的学校完好无损。事实上，墙壁的自然干缩会使砂浆开裂，这只是因为建筑师把硬质的石灰砂浆铺在了泥砖上，任何一位农民都可以告诉他们会发生什么；基础要比上层的东西更坚固，这是一项工程原则。谷尔纳的学校和法里斯的学校，虽然使用了黏土灰浆，却没有影响。顺便说一句，我们发现其中一所位于拉迪塞亚的实验学校，建在一个山谷的中央，由于大雨的缘故，它被淹了整整一个月，水位高达1.2米。然而，这座建筑却安然无恙。

在我领教了对泥砖建造的种种诋毁之后，突然想到，这所学校可能是被故意建在山谷里的——众所周知，这里不时地会被洪水淹没，于是，当它倒塌时，就有人可以说"我告诉过你了"。不过，也许这只是迫害妄想症。

第三项指控，我说过的，也是最要紧的一项：谷尔纳的成本太高。如果真是这样的话，这是一个十分古怪和耐人寻味的事实。如果说泥土和稻草的价格真的要比水泥和钢铁贵，那么这肯定不合常理，要作调查。但目前还没有这样的调查，因为它会马上水落石出，这些建筑的实际成本，比埃及任何一个政府部门在其他任何一个地方造的建筑都要低，而且常设的熟练劳动力的3/4的成本都用来支付一名因行政管理耽误而闲置的员工工资。

对这一说法最有说服力的反驳，是对谷尔纳项目资金实际流向的分析。我已在《附录六》中一一列明。请记住，项目移交社会事务部时的总支出为94120.36埃及镑，其中至少应扣除未使用的设备、卡车和存放在仓库中价值20000埃及镑的材料。因此，总开支为74120埃及镑，建筑总面积为19301.90平方米，那里包括一座清真寺、一个集市、一座可汗客栈、一座剧场、一个村务厅和两所学校，每平方米花费4埃及镑。还有什么地方的公共建筑造价这么便宜？

事实上，社会事务部部长饶有兴致地比较了一下根据这两种体系建造当时剩余的790栋房屋的费用，这两种体系分别以合同的方法和谷尔纳项目中使用的方法为代表，他任命了一个委员会来调查此事。委员会发现，按照合同制度，费用为441864埃及镑，而谷尔纳村项目的费用只有237202埃及镑（费用分析见《附录一》）。

有人说，谷尔纳村太像一个人的独角戏了。据说有人暗示，泥砖设计中有其特殊的困难，也有一定的先进性，但这种方法不适合其他建筑师采用。当然，这整个就是胡说八道。如果对于拱顶，一名农村男孩能在3个月内学会建成一个，那么一个合格的建筑师大概也能学会画一个。

我在此抛砖引玉（参见《附录二》），有意培训一批毕业的建筑师，为他们在埃及村庄的工作做好准备。我对埃及乡村未来的期许，寄托在埃及年轻建筑师身上。如今要学习乡村建筑的应该是建筑师，他们要应用谷尔纳开发的原理。埃及乡村重建需要持续40年的艰苦奋斗，这些年轻人要坚持到底。我坚信他们会真诚地投身于乡村建设，因为我一直得到年轻建筑师最热情和最富有同情心的回应。

不过，政府要认识到，必须按照我提出的任务的规模和要求来重建埃及农村。政府要承担起它对建筑师的责任，他们放弃了那些可能盈利的私人项目，来完成这些项目。政府要保证这些人有足够的薪水（记住，目标是吸引当地最优秀的年轻建筑师，而不仅是那些无法独立谋生的年轻建筑师），并在所有私人事务上为他们着想。同样重要的是，政府要让建筑师做自己的事情，并确保政府官吏不妨碍建造事务。

除非行政机器现代化了，消除由程序和会计流程而造成的"所有"拖延；除非技术人员得到充分的授权并得到有担当的官吏支持；除非电话沟通能取代"申请——一式三份——15个签字——批准"。否则，我们的农村重建计划将在数百万镑的规模上简单地重蹈谷尔纳的覆辙，当300名建筑师变得愤世嫉俗时，两千万农民一息尚存的美好未来都将永远熄灭。这种危险的情况发生是这般真实，我觉得有责任描述一下行政机构是怎么使谷尔纳村的工作陷入停顿的，以便今后的政府能够得到警告，并采取行动避免此类事件的发生。

至于那些拟组成专门的重建团队的年轻建筑师，他们也要明白，先驱者的道路崎岖不平，荆棘丛生。

以前，我一直不鼓励年轻建筑师步我的后尘，因为我对他们的物质福利负有一定的责任。正如一个人出于对子孙后代的考虑，不太会鼓励自己儿子成为诗人一样，我也没想过要建一所泥砖建筑师学校。我经历过这样一种建筑学方法所要面对的所有困难和障碍，那么，我怎么能眼睁睁地看着年轻建筑师，在他职业生涯的一开始，就把自己和他的家庭投入到为农民利益而献身的贫困之中呢？圣方济各至少还禁止他的追随者独身呢。

# 第三节　再访谷尔纳

1961年1月，我又踏上了谷尔纳的土地。这个村子和我离开时没什么不同，一座新房子都没有造起来。对这项工程的抱怨之一是时间太长，尽管有很多掣肘，但我们还是设法造了很多建筑。在社会事务部手中的10年里，没有一块砖头铺在了另一块砖头上，谷尔纳人也仍然住在山上的坟墓中。

建造的停滞和手工艺的没落相互应和。那些在塔尔哈·埃芬迪手下干得有模有样的小男孩们如今都长大了。他们都是20多岁的年轻人，全都失业。村里的穆斯林老织布工伊斯坎德已经去世，虽然他的儿子顶替了他的位置，但是传统的伯达和莫纳亚尔编织方法江河日下。

只有两件事依旧繁荣兴旺。一件是我栽下的树木，如今长得又粗又壮，也许是因为他们不受政府的管辖，另一件是我们培训的46个泥瓦匠，他们每个人都在该地区工作，使用在谷尔纳学到的技能——这证明了培训当地工匠的价值。

望着村里荒芜的剧场、空荡的可汗客栈和手工艺学校，寥寥几户擅自入住的住房，只有男孩能上的小学，我想，谷尔纳何去何从呢——因为谷尔纳人面临的问题，依旧像1945年那样严重，且目前还看不到其他出路。

当然，我从这场斗争中所学到，比我在人生道路上一帆风顺时所学到的多很多。《古兰经》说，也许你们厌恶某件事，而那件事对你们是有益的[①]；当然，我对谷尔纳村失望的直接结果是，极大地加深了我对农村住房问题的理解。因为这个问题牵涉的不仅是技术或经济方面，它的主体是人，包括体系、民众、专业人员和农民。这个问题比谷尔纳和文物部要大得多。

要在多个领域开展多项研究，要在全国多个地方进行一个以上的试点项目。在我们对这件事作出判断并提出普遍适用的政策之前，应该对该项目和研究的结果作评估。对农村住房问题采取这种态度的时机，目前依稀还没到来。在谷尔纳停工之后的几年里，在国外工作期间，在回国之后——我并非父亲眼中不回头的浪子——我一直在有关住房和科学研究的当局中，寻找赞助人以资助这些项目，结果是空手而归。在埃及和其他地方，又做了几次实验，但每当快要开花结果的时候，它们就被某种神秘的力量或命运本身所阻止，就像西西弗斯一样，我不得不把石头推上山，又滚下来，不断重复、永无止境。

这并不是说，当局对民众的福祉不感兴趣，而是说合作建房体系和基于官方经济与行政管理的合同体系，在原则、目标和程序上存在着根本上的不相容。当我们知道，在所有发展中国家，住房占据分配给开发投入的国民收入的1/3～1/2，即每年花费数十亿镑，我们将进一步理解反对合作的立场。我终究意识到，如果我想继续奋斗的话，我要做自己的赞助人。

---

① 《古兰经》（2: 216）。——译者注

## 第四节　纳巴罗县的谷尔纳

因此，我希望自己今后的工作将是应用合作建造的原则，并且在省城小镇纳巴罗进行一个规模不大的项目，把本书中列出的所有想法推到极致，那里给了我母亲对农村的全部记忆，她念兹在兹想回到那里。

如果这个实验继续下去，它不应该成为又一个孤立的、毫无成果的建筑模型，这一点很重要，不要像在埃及经常发生的那样。

显然，这项实验需要由大学院系、政府或一些国际组织赞助。已经很明晰的是，在一个省城小镇中加建一个全新的社区不可能是私人的责任，它牵涉与地方当局以及中央政府的密切合作。诚然，为了与无意涉猎相关事务的部委打交道，避免相应而生的挫败感，项目管理权应尽可能的自主，但离开官方的赞助，纳巴罗项目就不可能具备它应有的国际重要性。

谷尔纳的实验已经提供了它所能提供的所有信息。的确，它必须完成，但规划已经完成，而且不管怎样，情况又是这么特殊，工程的具体执行与合作建房的问题不会特别相关。谷尔纳完成了它的使命，我希望在纳巴罗看到，已发芽的思想在那里全面开花。谷尔纳将在纳巴罗全面实现，从纳巴罗开始，一场住房革命将在整个埃及蔓延开来，让我们拭目以待。

# 附录说明

这些并不是对建筑施工或工程组织的综合处理。我只讨论在谷尔纳实际遇到的特殊问题，以及由此产生的问题、解决的办法或建议，以及在埃及和类似人工、经济条件的国家合作建设的问题。人们会记得，合作建设的方法在谷尔纳并没有尝试过，但它们迫切需要研究和实验。

附录一 ／ 人工成本和施工费用分析

下列分析是对谷尔纳所做工作的一份详尽分解。鉴于谷尔纳是政府资助的项目，只能雇佣有偿劳动力，因此每个类别的最终数字都以埃及货币计算，并按1946—1950年谷尔纳通行的价格和工资税率口径计算该项目实际成本。

不过，我们要认识到，这种分析对于任何采用了谷尔纳建造方法的项目都行之有效，因为它涵盖了各种成本——以工时计算的任何一项人工成本，还包括物料成本，含所有材料的用料与备料。至少在埃及，某个专项科目的人工成本是一个定数，在那里，技能水平、气候条件与谷尔纳相差无几。因此，可以有信心把这种分析用在采取相同技术的任何建筑项目中，无论采用何种劳动体系——合作建房的抑或非合作性的——无论通行的价格条件是什么（即不管人工、材料或设备是更昂贵、更便宜，或与谷尔纳的价格打平）。

在一个合作设计的项目中，以及在任何重大计划中均是如此，因此，通过分析可以很容易地确定项目中由政府承担和由当地人分别承担的比例。

分析清楚地表明，造房子可以很便宜。在米特·艾尔·纳萨拉村（Mit-el-Nasara），早已采用合作建房的模式，一座住宅只需84埃及镑。这笔钱主要用于支付专业人工、木匠，以及洁具、管道等本地不能生产的东西，可以通过直接补贴或长期贷款的方式来提供，与工业化建房所需的600埃及镑相比，这是很低的价格，可对于大多数家庭来说，这仍是一份难以承受的债务，很多家庭要花上10~20年才能还清这84埃及镑。

# 谷尔纳村的材料和人工成本分析

## 第一节　制砖

1．仅作粗略的现场试验，以确定土壤成分和制成的砖的强度。

2．在与项目场地接壤的法德莱亚运河（Fadleya Canal）开挖后，从河岸遗留的土堆中取土。土壤是尼罗河淤泥沉积物，几乎全由淤泥和黏土组成，就像上埃及盆地灌溉系统的大部分土地一样。

3．纯黏土制成的砖块，不含稻草，采用传统方法在很湿的情况下成型，干燥后收缩率约为37%，成型后的很短时间内就会出现裂缝。

4．砖是由不同比例的泥土、沙子和稻草混合而成的。以下成分结果最优：1立方米土，$\frac{1}{3}$立方米沙子，45磅稻草。这个数量能生产660块砖，尺寸为23厘米×11厘米×7厘米。模具尺寸为24厘米×12厘米×8厘米。

5．用这种成分制成的砖样品，封样保存作为比较的标准。

### 1.1　制作 1000 块砖的成本分析

（a）土壤。初衷是从为此目的而设计的人工湖和其他人工湖的场地中挖掘制砖所需的泥土，但不幸的是，卡迈勒·布洛斯贝伊[1]所拥有

---

[1]　卡迈勒·布洛斯贝伊（Kamel Boulos Bey）是谷尔纳新村所在禾沙圩场的所有者，前文有述。——译者注

的禾沙的灌溉沟渠废弃了，这条沟渠曾是滋养这个湖的，取而代之的是一口自流井。因此，必须从前面提到的法德莱亚运河挖掘的残留物中提取土壤。

它是用载重量为0.5立方米的翻斗车沿轻轨运输的。

每辆卡车上有两名工人，从运河岸边运来10车泥土，从现场的堆场运来2车沙子，这是每天制作3000块砖所需的量。

每个工人的工资：10皮阿斯特。

所以，每1000块砖的土和砂运输成本$=\dfrac{20}{3} \approx 7$皮阿斯特。

（b）稻草。在1944—1945年至1952—1953年的工程期间，除了1952—1953年价格曾上涨到210皮阿斯特之外，一菌拉（hamla，一个555磅的重量单位）的稻草价格在60～120皮阿斯特波动。

所以，成本按120皮阿斯特计算。

因此，每1000块砖的稻草成本$=120 \times 45 \times 1000 = 15$皮阿斯特。[①]

（c）沙子。卡车将沙子从3英里外的采石场运到村子的北边。

1立方米砂的成本（含运输费用）=22皮阿斯特。

---

① 原文此处计算方式表达有误。每1000块砖的稻草成本$=120 \div 550 \times 45 \times 1000 \div 660 = 14.74 \approx 15$皮阿斯特。——译者注

所以，每1000块砖的沙子成本= $\dfrac{1000 \times 22}{660 \times 3} = \dfrac{100}{9} \approx 11$ 皮阿斯特。

（d）水。项目中的用水由一台汽油发动机驱动的水泵供给。水用于制砖、混合砂浆和灌溉树木。

起初，这台水泵是由机械工易卜拉欣·哈桑（Ibrahim Hassan）操作的，他还负责为村里的涌泉打自流井。他的工资是每天50皮阿斯特。（专门雇一个机械工来操作这台小发动机是不合理的）

后来，这名机修工被派去给下水道和厕所挖深坑，而水泵操作则交给了汽车机修工（安瓦尔，Anwar），工资是每天35皮阿斯特，此外他还得负责照看汽车。他有一个普通工人作帮手，后者照管这台小发动机，工资为10皮阿斯特。

算上这台水泵，还有4辆卡车，可以认为共有5台机械需要这名机修工照看。

## 1.2　水泵日常运行费用

- 汽油　　　　　　　　　　70皮阿斯特
- 机油　　　　　　　　　　 5皮阿斯特
- 人工　　　　　　　　　　10皮阿斯特
- 操作水泵的技工工资摊销　$\dfrac{35}{3}$ =7皮阿斯特
- 折旧和维修　　　　　　　 5皮阿斯特
  　　合计　　　　　　　　97皮阿斯特

按这项开支的2/3用于制砖，1/3用于混合砂浆和灌溉树木，我们每天制砖的用水成本＝$\dfrac{97\times2}{3}\approx64.3$皮阿斯特。

当时有4个制砖队，每天生产12000块砖。

所以，1000块砖所需的用水成本＝5.5皮阿斯特。

### 1.3　制砖队

制砖匠以其手艺获得每1000块砖25皮阿斯特的统包价格。

一支"队伍"通常由两个制砖工和两个普通工人组成，一个负责搅拌，另一个负责运送砂浆。正常情况下，这个团队每天能生产3000块砖。制砖工人的工资是25皮阿斯特，普通工人的工资是10皮阿斯特。

### 1.4　砖块码齐和靠边堆放

为了晾干，砖块在成型后的第3天会放在边上，第6天从制砖场上捡起来，堆放在一起。两组制砖工人各有3名工人，每人每天10皮阿斯特的工资。这3名工人每天能处理6000块砖。

所以，每1000块砖放在边上和堆垛的成本＝$\dfrac{30}{6}$＝5皮阿斯特。

### 1.5　稻草运输

在接收时，稻草称重之后堆放在大仓库里。此外，每天用于制砖的数量也要称重。

需要雇用一头骆驼，每天20皮阿斯特，把稻草从仓库运到制砖场，为4个制砖队服务，每天生产12000块砖。

所以，每1000块砖的稻草运输成本=$\frac{20}{12} \approx 1.6$皮阿斯特。

## 1.6 监督费用

4支队伍雇用了一名督导员，收费15皮阿斯特。他的职责是控制配料的计量，监督混合和成型操作。（这种混料在成型前至少要发酵48小时）

所以，每1000块砖的监督费用=$\frac{1000 \times 15}{12000} \approx 1.3$皮阿斯特。

## 1.7 运行轻轨的总体费用

设置轨道、维护、监督等，需要：
1个主管，30皮阿斯特/天
1个工人，10皮阿斯特/天
  合计 40皮阿斯特/天

由于这条铁路是用来运输现成的砖和土的，因此占我们制砖总费用的一半。

所以，每1000块砖的轻轨运行成本=$\frac{40}{12 \times 2} = \frac{20}{12} \approx 2$皮阿斯特。

## 1.8  1000块砖的总成本[①]

- 稻草　　　　　　 15.0皮阿斯特
- 沙子　　　　　　 11.0皮阿斯特
- 土壤　　　　　　　7.0皮阿斯特
- 成型　　　　　　 25.0皮阿斯特
- 堆码靠边　　　　　4.0皮阿斯特
- 稻草运输　　　　　2.0皮阿斯特
- 监督费用　　　　　1.2皮阿斯特
- 轻轨总体费用　　　2.0皮阿斯特
- 水　　　　　　　　5.5皮阿斯特
　　　合计　　　　 72.7皮阿斯特

---

① 此处数值原文如此，与前文所述的"堆码靠边5、稻草运输1.6、监督费用1.3、轻轨总体费用1.7皮阿斯特"略有出入。——译者注

# 第二节　石料成本

这个村庄附近的大部分山丘都不适合采石，除了两处地方多少能开采一些：一个在国王谷的北部的哈齐普苏特王后的古代采石场，另一个在王后谷的南部，离村庄都大约有3.5英里之遥。

第一个采石场，是文物部用来开采修复工作所需石料的，我们获得了这个地点的采石许可，条件是我们得尊重这个古老的采石场并妥善保管。

地表有一层5～8米深的坚硬砾石和沙子，在挖到优质石料之前要把它们清掉。山体构造中也会遇到松软岩层，即非常松软的、含盐的岩石。

这些岩层必须像优质岩层一样被开采掉，但它们产不出什么石料。

由于采石工的工资是依其产量为基础计算的，单价以工地上到场的优质石料每立方米15皮阿斯特来计价，根据移除无用岩层所需的时间，每个小组可得到10名工人的为期10～15天的免费支持。这些工人的工资被计入一般开支，但采石工在清理无用岩层时得不到报酬，付给他们的工资必须是基于到场的优质石料，并包含清理工作。

有4个采石场，每个采石场有6～8个采石工，8个帮工。其中4个帮工负责工程，4个帮工负责采石工。

在计算采石工工资时，他们的产量每15天计算一次，工资按每立方米15皮阿斯特计算。4个帮工的工资由采石工支付，其余费用由采石工平分。由于工作制度是以日薪为基础的，所以应付总额将转换为日薪和工分：$\frac{3}{4}$天、$\frac{1}{2}$天和$\frac{1}{4}$天工资。

## 2.1 炸药和保险丝

采石工每天钻4个1.5米深的炮眼。每一炮产出约9立方米合适的石料。4个采石场每天使用5千克炸药，耗资100皮阿斯特。

4个采石场所生产的石料数量=40立方米。

每立方米石料的炸药成本 $= \dfrac{100}{40} = 2.5$ 皮阿斯特。[①]

保险丝成本 0.5皮阿斯特。

每立方米石料的炸药和保险丝成本，合计 3.00 皮阿斯特。

## 2.2 运费

石料由卡车运输，容量为2.5立方米，每辆卡车每天行驶8趟=20立方米/天。

（a）汽油。每8趟行程6加仑=102.5皮阿斯特。

---

① 原著100/4拼写有误，应作100/40。——译者注

所以，每立方米石料的汽油成本＝$\frac{102.5}{20}≈5.1$皮阿斯特。

(b) 石油。每辆车每天0.5千克润滑油=5皮阿斯特。

所以，每立方米石料的石油成本＝$\frac{5}{20}=0.25$皮阿斯特。

(c) 司机工资。司机日工资=63皮阿斯特，含高额生活津贴。

所以，每立方米石料的卡车驾驶成本＝$\frac{63}{20}=3.15$皮阿斯特。

(d) 装卸。每辆卡车指定5名搬运工，每人日薪是15皮阿斯特。

所以，每立方米石料的装载成本＝$\frac{5×15}{20}=3.75$皮阿斯特。

(e) 汽车和修理费用的摊销。汽车的寿命计为10年。每辆车1000埃及镑。每年折旧=100埃及镑。

所以，折旧／天＝$\frac{10000}{300}≈30$皮阿斯特。[①]

每立方米石料的折旧费＝$\frac{30}{20}=1.5$皮阿斯特。

## 2.3  打磨

雇一位铁匠及其助手打磨工具。

---

① 30皮阿斯特，原文如此。——译者注

（a）铁匠，含每天炉子租金　　　　　35皮阿斯特

（b）铁匠助手　　　　　　　　　　　15皮阿斯特

（c）学徒　　　　　　　　　　　　　8皮阿斯特

（d）煤炭：5公斤×10皮阿斯特/公斤=　50皮阿斯特

　　　合计　　　　　　　　　　　108皮阿斯特

每立方米石料的工具打磨费用= $\dfrac{108}{40}$ =2.7皮阿斯特

## 2.4　一般费用

（a）负责项目的工人4人（4×10）　=40皮阿斯特

（b）工头　　　　　　　　　　　　45皮阿斯特

（c）领班　　　　　　　　　　　　15皮阿斯特

（d）看守人2人（2×18）　　　　　36皮阿斯特

（e）采石场中技工和助理费用的分摊

　　　　技工　　　　　　　　　35皮阿斯特

　　　　助理　　　　　　　　　15皮阿斯特

　　　　　合计　　　　　　　　50皮阿斯特

采石运输占比 $\dfrac{3}{4}$

所以，成本/天= $\dfrac{50 \times 3}{4}$ =37.5皮阿斯特

4个采石场中只有3个采石场能够正常工作，每天生产30立方米石料。

所以，每立方米石料的一般费用为：

$$40+45+15+36+37.5=\frac{173.5}{30}\approx5.8皮阿斯特，约6皮阿斯特。$$

## 2.5 清除骨料的工资成本

开始时，每次到达松软岩层时，每个小组都指派10名工人，为期10~15天。这项工作的费用只能按实计算。

由于这项工作并非一直定期进行，因此选择连续采石3个月，来计算因清除骨料和松软岩层所产生的费用。

这3个月的总产量为：

| | |
|---|---|
| 4月 | 775立方米 |
| 5月 | 928立方米 |
| 6月 | 568立方米 |
| 合计 | 2268立方米 |

为清除骨料而支付给负责该项目的工人工资=9380埃及镑。

$$每立方米石料的摊销=\frac{9380}{2268}\approx4.12皮阿斯特。$$

## 2.6　用于清除骨料的炸药费用

采石及清除骨料的天数见下表：

| 月份 | 采石 1 组 | | 采石 2 组 | | 采石 3 组 | | 采石 4 组 | |
|---|---|---|---|---|---|---|---|---|
| | 骨料 | 石料 | 骨料 | 石料 | 骨料 | 石料 | 骨料 | 石料 |
| 4 月 | 15 | 10 | 0 | 25 | 13 | 14 | 16 | 11 |
| 5 月 | 7 | 16 | 5 | 24 | 14 | 16 | 13 | 16 |
| 6 月 | 0 | 15 | 0 | 26 | 0 | 15 | 0 | 15 |
| 合计 | 22 | 41 | 5 | 75[①] | 27 | 45 | 29 | 42 |

所以，清除骨料的天数=77
采掘优质石料的天数=203

清除骨料与采掘优质石料天数之比约为1∶3，用于清除骨料的炸药数量比采石所用的炸药数量大，因为前者的质地较松散。因此，我们可以算出比例是1∶3，这意味着用于清除骨料的炸药量是用于采掘优质石料的炸药量的$\frac{1}{3}$。

所以，每立方米石料的成本还要加上清除骨料的炸药费用=2皮阿斯特。

---

① 原文如此，应为27。——译者注

## 2.7　合计

石料到达工地后，马上以规则的形状堆放起来。这个码放堆叠的成本为每立方米1皮阿斯特。

所以，石材总成本

| | | |
|---|---|---|
| （1）工地到货的石料成本 | 15.0皮阿斯特 | |
| （2）炸药和保险丝 | 3.0皮阿斯特 | |
| （3）汽油 | 5.1皮阿斯特 | |
| （4）石油 | 0.25皮阿斯特 | |
| （5）司机工资 | 3.15皮阿斯特 | |
| （6）装卸 | 2.15皮阿斯特 | |
| （7）汽车和修理费用的摊销 | 1.50皮阿斯特 | |
| （8）打磨 | 2.60皮阿斯特 | |
| （9）一般费用 | 6.00皮阿斯特 | |
| （10）清除骨料的人工成本 | 4.12皮阿斯特（工资） | |
| （11）清除骨料的炸药和保险丝成本 | 2.00皮阿斯特 | |
| （12）码放堆叠 | 1.00皮阿斯特 | |
| 合计 | 45.75[①]，约50皮阿斯特 | |

---

① 原著45.75拼写似有误，应作45.87。——译者注

# 第三节 沙

每辆汽车每天跑采石场7趟。

装载=2.5立方米。

所以，每车运沙量=7×2.5=17.5立方米。

开支：

| | | |
|---|---|---|
| (1) 汽油（6加仑） | | 112.50皮阿斯特 |
| (2) 司机工资 | | 63.00皮阿斯特 |
| (3) 石油（$\frac{1}{2}$千克） | | 5.00皮阿斯特 |
| (4) 装卸工人（装卸）5人，每人15皮阿斯特 | | 75.00皮阿斯特 |
| (5) 看守 | | 8.00皮阿斯特 |
| (6) 汽车费用的摊销 | | 30.00皮阿斯特 |
| 合计 | | 303.50皮阿斯特[①] |

每立方米沙子的成本=$\frac{303.50}{17.5}$=17皮阿斯特。

一般费用：

| | | |
|---|---|---|
| (1) 清除表层砾石 | | 2皮阿斯特/立方米。 |
| (2) 采石场中技工和助手工资的分摊 | | 1皮阿斯特/立方米。 |
| 每立方米沙子的成本合计 | | 20皮阿斯特。 |

---

① 原著303.50拼写似有误，应作293.50。——译者注

## 第四节　建造成本

### 4.1　防潮层[①]以下、宽度大于 0.70 米的浆砌毛石

一支泥瓦匠队伍的生产和劳务费：

| 科目 | 工种 | 数量 | 费用 | 合计 | 总产量 | 备注 |
|---|---|---|---|---|---|---|
| 1 | 泥瓦匠 | 2 | 40 | 80 | | |
| 2 | 普通工人 | 2 | 10 | 20 | | 拾掇砖块 |
| 3 | 抹灰小工（男孩） | 4 | 8 | 32 | | 搬运砂浆 |
| 4 | 石料普通工人 | $\frac{1}{2}$ | 10 | 5 | 8 立方米/天 | 为 2 支队伍搬运石料 |
| 5 | 搅拌砂浆普通工人 | 1 | 10 | 10 | | |
| 6 | 泥瓦匠学徒工 | 1 | 10 | 10 | | 帮助填充墙体的学员 |
| | | | | 157 | 8 立方米 | |

### 4.2　一般费用

（a）看管10支队伍的工头10皮阿斯特。

---

① 原著D.P.C.，Damp Proof Course.——译者注

所以，每支队伍的摊销=$\dfrac{10}{10}$=1皮阿斯特。

（b）搅拌砂浆的用水=水泵运行总费用的$\dfrac{1}{3}$。（参见第一节"制砖"的"水泵日常运行费用"）=$\dfrac{97}{3}$=$32\dfrac{1}{3}$。

平均工作队伍的数量：15支。

所以，每支队伍的用水成本=$\dfrac{32.5}{15}$=2皮阿斯特。

参与项目的队伍最多时有30支，最少10支；平均算下来是15支而不是20支，因为干活慢的比干活快的周转周期长。经济性要求周转速度不应低于由以下因素决定的某一数额：

1．财政年度预算中拨给项目的款项及其在各工作月内的平衡分配。（工作时间本应为10个月，7、8月酷热难耐，阳光下80℃。由于日常工作的延误和行政部门人员的懒散，实际工作时间不超过4个月。）

2．建筑材料尤其是砖块和石料的最大产能，以及工具和设备的供应情况。

3．现有工具运输建筑材料的速度；卡车、窄轨铁路车、骆驼、驴子等。

例如，项目中有4辆卡车，其中2辆用于运输石料，另外2辆用于运输沙子和泥土。

每辆车每天运输20立方米。

两家石材运输单位可供应40立方米。

所以，除非提前储存一些石料，否则基础砌体的产量最多每天40立方米。因此，运输能力是制约因素。

## 4.3 砂浆

土和沙按2∶1的配比组成地基的毛石砌体砂浆。1立方米的毛石砌体需要0.20立方米砂浆。砂浆成本=沙子和水的成本，因为土是从基础开挖中得来的。

1立方米沙子+2立方米泥土得到2.5立方米砂浆。
沙子成本=20皮阿斯特。

所以，每立方米毛石砌体的砂浆成本=$\dfrac{20}{2.5 \times 5}$=1.6皮阿斯特。

地基毛石砌体的总成本将变成：

| | |
|---|---|
| 工艺和人工 | 157皮阿斯特 |
| 一般费用 | 3皮阿斯特 |
| 　　8立方米合计 | 160皮阿斯特 |

所以，每立方米"工艺成本+一般费用"=$\dfrac{160}{8}$=20.0皮阿斯特

| | |
|---|---|
| 每立方米砂浆成本 | 3.5皮阿斯特 |
| 每立方米石料成本 | 50.0皮阿斯特 |
| 　宽度大于0.70米的浆砌毛石基础总成本 | 73.5皮阿斯特 |

## 4.4　宽度小于 0.70 米的毛石砌体成本

| 科目 | 工种和材料 | 数量 | 工资（皮阿斯特） | 合计（皮阿斯特） | 日产量 | 每立方米成本（皮阿斯特） | 备注 |
|---|---|---|---|---|---|---|---|
| 1 | 泥瓦匠 | 2 | 40 | 80 | 4立方米 | 20.0 | |
| 2 | 普通工人 | 2 | 10 | 20 | | 5.0 | |
| 3 | 帮工（男孩） | 2 | 8 | 16 | | 4.0 | 搬运砂浆 |
| 4 | 搅拌砂浆普工 | $\frac{1}{2}$ | 15 | 7.5 | | 2.0 | 2 支队伍／每人 |
| 5 | 学员（青少年） | 1 | 10 | 10 | | 2.5 | |
| 6 | 工头 | $\frac{1}{10}$ | 10 | 1 | | 0.25 | 看管 10 支队伍 |
| 7 | 水 | | | | | 2.00 | |
| 8 | 石料 | | | | | 50.00 | |
| 9 | 砂浆 | | | | | 3.5 | |
| | | | | | | 89.25，约 90 | |

4.5 防潮层以上至窗台标高（地面以上 1.20 米）的稳定晒干砖砌体成本

| 科目 | 工种 | 数量 | 工资（皮阿斯特） | 合计（皮阿斯特） | 日产量 | 每立方米成本 | 备注 |
|---|---|---|---|---|---|---|---|
| 1 | 泥瓦匠 | 2 | 40 | 80 | | | |
| 2 | 普工 | 2 | 10 | 20 | | | 整理砖块 |
| 3 | 帮工（青少年） | 2 | 8 | 16 | | | |
| 4 | 学员 | 1 | 10 | 10 | | | |
| 5 | 铺设轻轨工头和普工 | $\frac{1}{15}$ | 20 | $\frac{20}{15}=1.3$ | | | 铺设轻轨工人 |
| 6 | 搬砖普工 | 2 | 10 | 20 | | | |
| 7 | 水 | | | | | | |
| 8 | 搅拌砂浆普工 | $\frac{1}{2}$ | 10 | 5 | | | |
| | 合计 | | | 154.3 | 6立方米 | 26皮阿斯特 | |

砖块成本=400×0.075=30皮阿斯特

砂浆成本$\dfrac{8\times1}{3}$　　≈3皮阿斯特

工艺和人工　　=26皮阿斯特
　　合计　　　　59皮阿斯特，约60皮阿斯特

### 4.6　砌砖成本，+1.2米标高至顶层：工艺和人工

| 科目 | 工种 | 数量 | 工资（皮阿斯特） | 合计（皮阿斯特） | 日产量 | 每立方米成本 | 备注 |
|---|---|---|---|---|---|---|---|
| 1 | 泥瓦匠 | 2 | 40 | 80 | 5立方米 | | 砌砖 |
| 2 | 普工 | 2 | 10 | 20 | | | 整理砂浆 |
| 3 | 帮工 | 2 | 8 | 16 | | | |
| 4 | 学员 | 1 | 10 | 10 | | | |
| 5 | 铺设轻轨工头和普工 | $\dfrac{20}{15}$ | | 1.3 | | | |
| 6 | 普工 | 2 | 10 | 20 | | | 从堆场搬砖 |
| 7 | 普工（砂浆） | $\dfrac{1}{2}$ | 10 | 5 | | | 搅拌砂浆 |
| 8 | 水 | | | 2 | | | |
| 9 | 脚手架安装工和3名普工 | | $\dfrac{50}{15}$ | 3.3 | | | 一位脚手架安装工+3名普工，服务于15支队伍 |
| 合计 | | | | 157.6 | 5立方米 | 32皮阿斯特 | |

| 400块砖的成本 | =30皮阿斯特（每立方米400块砖） |
| 砂浆 | 3皮阿斯特 |
| 工艺和人工 | 32皮阿斯特 |
| 合计 | 65皮阿斯特 |

首层砌砖费用：

(a) 工艺和人工（详见上表相应数据）157.6皮阿斯特

(b) 多一名搬砖工　　　　　　　　10.0皮阿斯特

(c) 一个小工搬运砂浆　　　　　　8.0皮阿斯特

　　合计　　　　　　　　　　　175.6皮阿斯特

合计产量4立方米，

所以，每立方米成本$=\dfrac{175.6}{4}=44$皮阿斯特

砖块成本（400块砖）　　　=30皮阿斯特

砂浆成本　　　　　　　3皮阿斯特

　　合计　　　　　　　　　77皮阿斯特，约80皮阿斯特

## 4.7　不同工程所需砖的数量

1．墙

23厘米×11厘米×7厘米规格的单砖砌体，1立方米需400块砖。

2．拱顶：单砖规格25厘米×15厘米×5厘米

(a) 每米长度，拱顶跨度　　3米（17圈×20块砖）　=340

(b) 每米长度，拱顶跨度 2.75米（17圈×18块砖）　=306

---

① 原著61拼写有误，应作16。——译者注

(c) 每米长度，拱顶跨度 2.50米（17圈×16块砖[1]）=272

(d) 每米长度，拱顶跨度 2.00米（17圈×12块砖）=204

(e) 每米长度，拱顶跨度 1.50米（17圈× 9块砖）=153

(f) 每米长度，拱顶跨度 0.90米（17圈× 6块砖）=102

3．拜占庭式穹顶

(a) 拜占庭式穹顶跨度3米，共1400块砖，含帆拱。

(b) 拜占庭式穹顶跨度4米，共2000块砖，含帆拱。

4．落在对角斜拱上的穹顶

(a) 跨度3米，2000块砖。

(b) 跨度3米，3000块砖。[1]

5．拱券

1∶5尖拱，跨度3米，3圈，0.60厚的拱，共540块砖。

1∶5尖拱，跨度3米，3圈，0.60厚的拱，共360块砖。

片段式弧形拱券，跨度1米，3圈，0.60厚的拱，共150块砖。

圆拱，跨度1米，3圈，0.60厚的拱，共192块砖。

圆拱，跨度0.70米，3圈，0.60厚的拱，共90块砖。

## 4.8 用于地基和楼地板的混凝土，由碎石、沙子、石灰和碎砖砂浆组成

(a) 工艺（综合价格，含搅拌、运输、浇筑、夯实等）16皮阿斯特

(b) 碎石费用（与沙子相同）　　　　　　　　　　20皮阿斯特

---

[1] 原文如此。——译者注

(c) 砂浆：

1立方米石灰152皮阿斯特

2立方米沙子 40皮阿斯特

1立方米碎砖 40皮阿斯特

合计　232皮阿斯特，产出3立方米的混料。

$$1立方米砂浆=\frac{232}{3}\qquad\qquad=80皮阿斯特$$

$$1立方米混凝土的砂浆成本=\frac{80}{2}\qquad\qquad=40皮阿斯特$$

石料从堆场到项目工地内部的运输成本　=3.5皮阿斯特

合计　1立方米混凝土成本=16+20+40+3.5=79.5皮阿斯特

### 4.9　烧制生石灰成本

| 科目 | 工种和材料 | 数量 | 工资（皮阿斯特） | 工作天数 | 合计（皮阿斯特） | 产量 | 每立方米成本 |
|---|---|---|---|---|---|---|---|
| 1 | 堆放 | 1 | 30 | 2 | 60 | | |
| 2 | 堆放普工 | 1 | 10 | 2 | 20 | | |
| 3 | 堆放小工 | 2 | 8 | 2 | 32 | | |
| 4 | 小工（碎石） | 2 | 8 | 2 | 32 | | |
| 5 | 烧制工 | 1 | 15 | 1 | 15 | | |
| 6 | 烧制主管 | 1 | 10 | 1 | 10 | | |
| 7 | 卸货普工 | 4 | 10 | 1 | 40 | | |
| 8 | 太阳能石油燃料，油桶 | 2 | | | 510 | | |
| | 合计 | | | | 719 | 6立方米 | 120皮阿斯特 |
| | 石料成本 | | | | | | 30皮阿斯特 |
| | 1立方米生石灰总成本 | | | | | | 150皮阿斯特 |

## 4.10 制作烧砖成本

| 科目 | 人工和材料 | 工作 | 数量 | 工资（皮阿斯特） | 工作天数 | 合计（皮阿斯特） | 产量 | 1000块砖成本 |
|---|---|---|---|---|---|---|---|---|
| 1 | 泥瓦匠 | 窑内堆砖 | 1 | 30 | 2 | 60 | | |
| 2 | 泥瓦小工 | 窑内堆砖 | 1 | 30 | 2 | 34 | | |
| 3 | 普工 | 堆放 | 4 | 10 | 2 | 80 | | |
| 4 | 普工 | 从堆场运砖 | 2 | 10 | 2 | 40 | | |
| 5 | 烧制工 | 晚班 | 1 | 15 | 1晚上 | 15 | | |
| 6 | 日常普工 | 晚班 | 2 | 10 | 1晚上 | 20 | | |
| 7 | 普工 | 卸货 | 6 | 10 | 1白天 | 60 | | |
| 8 | 太阳能石油燃料，4桶，每桶×1.5 | | | | | 1020 | | |
| 合计 | | | | | | 1329 | 10000 | 132.9 皮阿斯特 |

另加：生砖成本 50.00　　50.0 皮阿斯特

烧制1000块砖的总成本　　182.9 皮阿斯特

## 4.11 拱券的施工：跨度 2.50～3 米，3 圈，0.6 米宽

| 科目 | 人工和材料 | 数量 | 工资（皮阿斯特） | 合计（皮阿斯特） | 日产量 | 单位成本 |
|------|-----------|------|----------------|-----------------|--------|----------|
| 1 | 泥瓦匠 | 2 | 40 | 80 | | |
| 2 | 普工 | 1 | 10 | 10 | | |
| 3 | 搬运砂浆小工 | 2 | 8 | 16 | | |
| 4 | 轻轨运输 | — | — | 1.5 | $1\frac{1}{2}$ 拱 | |
| 5 | 运砖 | — | — | 7.5 | | |
| 6 | 水 | — | — | 2.0 | | |
| 7 | 搅拌砂浆普工 | $\frac{1}{2}$ | 10 | 5.0 | | |

合计　　122 皮阿斯特　　　　　　　　$\dfrac{122 \times 2}{3}$ =82　皮阿斯特

另加：砖的成本 540×0.08　　　　　　　=43.2 皮阿斯特
　　　砂浆成本 0.25×8　　　　　　　　= 2.0 皮阿斯特

　　　　　　　　　　　　　　合计　　　　127.2 皮阿斯特
　　　　　　　　　　　　每段约 130　皮阿斯特

## 4.12 拱券的施工：跨度 0.9～1.2 米

和以前的队伍一样，每天建造3段拱券。

(a) 工艺 $\dfrac{122}{3}$            =41皮阿斯特

(b) 砖的成本（200×0.08）  =16皮阿斯特

(c) 砂浆成本 $\dfrac{1 \times 3}{8} \times 8$ 皮阿斯特 =1[①]皮阿斯特

(d) 衬筒成本                2皮阿斯特

      合计            每段60皮阿斯特


## 4.13 拱券的施工：跨度 1.5 ～ 2.0 米

和以前的队伍一样，每天建造2段拱券。

(a) 工艺 $\dfrac{122}{2}$ =         61皮阿斯特

(b) 砖的成本（360×0.08）=24[①]皮阿斯特

(c) 砂浆成本            =1皮阿斯特

(d) 衬筒成本            =4皮阿斯特

      合计            每段90皮阿斯特


## 4.14 穹顶

(a) 拜占庭式穹顶，直径3米

     同一支队伍，2天内造一个穹顶。

     工艺成本122×2          =244皮阿斯特

     砖的成本（1400×0.08）=112皮阿斯特

     砂浆成本             = 8皮阿斯特

     稻草成本 $\dfrac{45 磅 \times 120}{555}$ = 10皮阿斯特

         合计           每段374皮阿斯特

---

① 原文如此。——译者注

（b）拜占庭式穹顶，直径4米

同一支队伍，3天内建造一个含对角斜拱的穹顶。

工艺成本122×3　　　　　　=366皮阿斯特

砖的成本（2000×0.08）　=160皮阿斯特

砂浆成本（1.5立方米×8）= 12皮阿斯特

稻草成本 $\dfrac{70磅 \times 120}{555}$ 　　≈ 15皮阿斯特

　　合计　　　　　　　　每段553皮阿斯特

（c）落在对角斜拱上的穹顶，直径3米

同一支队伍，3天内造一个含对角斜拱的穹顶。

工艺成本122×3　　　　　　=366皮阿斯特

砖的成本（2000×0.08）　=160皮阿斯特

稻草成本 $\dfrac{70磅 \times 120}{555}$ 　　≈ 15皮阿斯特

砂浆成本（1.5立方米×8）= 12皮阿斯特

　　合计　　　　　　　　每段553皮阿斯特

（d）落在对角斜拱上的穹顶，直径4米

同一支队伍，4天内造一个穹顶。

工艺和人工成本122×4　　=488皮阿斯特

砖的成本（3000×0.08）　=240皮阿斯特

砂浆成本（2立方米×8）　= 16皮阿斯特

稻草成本 $\dfrac{100磅 \times 120}{555}$ 　≈ 22皮阿斯特

　　合计　　　　　　　　每段766皮阿斯特

## 4.15 拱顶

(a) 跨度0.9米

同一支队伍，以1米长度为单元，每天造9段

| | |
|---|---|
| 工艺成本 $\frac{122}{9}$ | $\approx 14$皮阿斯特 |
| 砖的成本$100 \times 0.08$ | $= 8$皮阿斯特 |
| 砂浆成本 $\frac{1}{16} \times 80$ | $= 20$皮阿斯特 |
| 稻草成本 | $= 1$皮阿斯特 |
| 合计 | 每米27皮阿斯特 |

(b) 跨度1.5米[①]

同一支队伍，以1米长度为单元，每天造6段

| | |
|---|---|
| 工艺成本$122 \times \frac{1}{6}$ | $= 20.5$皮阿斯特 |
| 砖的成本（$150 \times 0.08$） | $= 12.0$皮阿斯特 |
| 稻草成本 | $= 2.0$皮阿斯特 |
| 合计 | 每米34.5皮阿斯特，约35皮阿斯特 |

(c) 跨度2.0米

同一支队伍，以1米长度为单元，每天造5段

| | |
|---|---|
| 工艺成本 $\frac{122}{5}$ | $= 24.5$皮阿斯特 |
| 砖的成本（$200 \times 0.08$） | $= 16.0$皮阿斯特 |
| 砂浆和稻草成本 | $= 3.0$皮阿斯特 |
| 合计 | 每米45.5皮阿斯特 |

---

① 原著此处缺砂浆成本。——译者注

（d）跨度2.5米

　　同一支队伍，以1米长度为单元，每天造3段

| 工艺成本 $122 \times \frac{1}{3}$ | = 41皮阿斯特 |
| 砖的成本 $280 \times 0.08$ | =22.4皮阿斯特 |
| 砂浆和稻草成本 | = 4皮阿斯特 |

　　　　合计　　每米63皮阿斯特，约65皮阿斯特

（e）跨度3米

　　同一支队伍，以1米长度为单元，每天造2.5段

| 工艺成本 $\frac{122}{2.5}$ | ≈49皮阿斯特 |
| 砖的成本 $350 \times 0.08$ | =28皮阿斯特 |
| 砂浆和稻草成本 | = 6皮阿斯特 |

　　　　合计　　每米83皮阿斯特，约85皮阿斯特

附录二 ／ 在职培训

| 阶段 | 周 | 工作事项 | 等级 | 等级成本 | | | 偿付 | | |
|---|---|---|---|---|---|---|---|---|---|
| | | | | 工资 皮阿斯特 | 天数 | 合计 | V−A | 天数 | 合计 |
| A | 1 2 | 学习房屋放样，晾干砖墙、1、$\frac{1}{2}$、2 | 帮工 | 8 | 12 | 96 | — | — | — |
| B | 3 4 | 在某工序上干活，处理材料和观察 | 帮工 | 8 | 12 | — | 0 | 12 | 0 |
| C | 5 6 | 学会做以上工作，但要使用砂浆湿作业。也分区 | 帮工 | 8 | 12 | 96 | — | — | — |
| D | 7 8 | 在某工序上干活，帮助2名泥瓦匠填充墙的核心。做两个泥瓦匠1/4的工作 | 学徒 | 12 | 12 | — | 8 | 12 | 96 |
| E | 9 | 学会建造片段式弧形拱券 | 学徒 | 12 | 6 | 72 | — | — | — |
| F | 10 | 作为泥瓦匠小工和工匠大师傅一起，在某工序上干活（40—18=22） | 泥瓦小工 | 18 | 6 | — | 22 | 6 | 132 |
| G | 11 | 学会建造拱顶和拜占庭穹顶 | 泥瓦小工 | 18 | 12 | 216 | — | — | — |
| H | 12 14 | 作为泥瓦匠，在某工序上干活 | 泥瓦匠 | 18 | 12 | — | 12 | 180 | — |
| I | 15 16 | 学会建造落在对角斜拱上的穹顶，以及不平行墙体上的拱顶 | 泥瓦匠 | 25 | 12 | 300 | — | — | — |
| J | 17 | 在某道工序上，练习石料砌筑 | 泥瓦匠 | 25 | 6 | — | 15 | 6 | 90 |
| | | | 工匠大师傅 | 30 | 24 | — | 10 | 24 | 240 |
| | | | | | | 780 | | | 738 |

附录三 ／ 工程组织

材料和人工成本的估算要列出每一项工作的成本明细。

在任何工作开始之前，建筑师会发一份工作任务书，其中将定义要完成的工作、执行的时间、所需的工种和执行该工作所需的材料。

根据这份"工作任务书"，工程秘书或主管要填写两份表格，我们可以称之为"劳务单"（下文表格A）和"材料单"（下文表格B）。两份表格都将保存在小册子中，一式两份。原件可拆卸，副本固定在书里。

"劳务单"会交给工程主管，由其督办工头提供所需的人工。制订了必要的计划后，工程主管将把此订单交给秘书，或交予负责填写常规人工表的人，并送交机关。

"材料单"将交给仓库保管员，他将根据本系统使用的综合管理制度，填写通常的发放凭证。该系统的目的是，确保建筑师责任人现场判断所雇用的人工和发放的材料是建筑工程所必需的，并将在每个阶段结束时控制发放凭证和劳务表单的准确性，除非出示这些表格，否则他不会批准。这样，我们就可以在技术工作和行政工作之间建立一种简单的联系，而不会妨碍技术人员在从事技术工作的同时从事行政日常工作。

为了能始终跟进工作进展、财务状况、库存情况和材料收支，做到对全局心中有数，不至于出现材料短缺或工程逾期，每天必须填写3份表单。

### 表格 1　工程进度控制

从随附的表单样式中可以看出，所有不同类型的工作和人工都包含在清单中。所需的条目被简化为符号或数字。通过这些表格，人们可以很容易地发现工作过程中的任何不足之处，因为它们几乎像图表一样列出来。如果有任何延误，很容易查明是由于人工数量少，所以得增加人手，还是由于工人的疏漏；假如人数足够，则基于事先确定并经双方、职能机构和工头商定的公认标准做出判断。

### 表格 2　每日库存表

这张表单会每天或至少在仓库每次发货后填写。就所有材料而言，其目的是清楚地了解（a）库房库存，（b）每日支出率，以及（c）现场库存。这样，我们就可以估计不同材料的使用时间，并及时定下新的订单，避免因材料短缺而停工。

### 表格 3　工资的资产负债表

这份表单，记录到目前为止每日和整个期间雇佣的全部工人工资，以便将各项支出的余额和实际情况与预算的分配情况进行比较。

仓库管理员负责填写这份表单。需要注意的是，这份表单与职能机构使用的"工资单"不同。它不涉及职能机构的一般会计，只是作为一种核账单，其目的仅限于单个工地，以便准确地表明财务状况。

## 表 A    劳务单

建筑面积 ........................................................................................

建设地点 ........................................................................................

| 工种 | 数量 | 工资 | 工期／天数 | 开始日期 | 实际开工日期 | 备注 |
|------|------|------|------|------|------|------|
|      |      |      |      |      |      |      |

工程负责人 ........................................    主管 ....................................

经办人 ....................................................

## 表 B    材料单

建筑面积 ............................................

建设地点 ............................................    日期 ....................19............

| 规格参数 | 数量 | 单位 | 用途 | 领用人 | 备注 |
|------|------|------|------|------|------|
|      |      |      |      |      |      |

领用人 ................................    工程负责人 ................................

工程主管 ................................    仓库管理员 ................................

## 表 1　工程进度控制

建筑物编号日期 ......................................19......................................

| 工程概况 | | 建筑物性质及数量 | 备注 |
|---|---|---|---|
| 开挖 | | | |
| 基础混凝土 | | | |
| 基础砌筑 | | | |
| 毛石砌体 | | | |
| 泥砖砌体 | | | |
| 屋顶 | 穹顶 | | |
| | 拱顶 | | |
| 钉椽 | | | |
| 支模 | | | |
| 铺贴 | | | |
| 芦苇和泥巴 | | | |
| 外部抹灰 | | | |
| 室内抹灰 | | | |
| 木工门窗 | | | |
| 卫生设备 | | | |
| 地面 | | | |
| 用工 | | | |
| 一等泥瓦匠 | | | |
| 二等泥瓦匠 | | | |
| 泥瓦小工 | | | |
| 普工 | | | |
| 小工 | | | |
| 木匠 | | | |
| 木匠小工 | | | |
| 抹灰工 | | | |
| 普工 | | | |
| 水管工 | | | |
| 水管工小工 | | | |
| 普工 | | | |

## 表 2　每日库存表

建筑面积 ...................................................

建设地点 ........................................ 日期 ........................ 19 ...............................

| 材料 | 当日到货数量 | 前日累计到货 | 截至目前累计到货 | 当日发货数量 | 前日累计发货 | 截至目前累计发货 | 现有库存 |
|------|------|------|------|------|------|------|------|
|  |  |  |  |  |  |  |  |
|  |  |  |  |  |  |  |  |

仓库管理员 ...............................................　建筑师 ...............................................

## 表 3　工资的资产负债表

建筑面积 ...................................................

建设地点 ........................................ 日期 ........................ 19 ...............................

| 人工概况 | 数量 | 日薪（镑/米利姆） | 合计（镑/米利姆） | 总计（镑/米利姆） | 备注 |
|------|------|------|------|------|------|
|  |  |  |  |  |  |
|  |  |  |  |  |  |
|  |  |  |  |  |  |

当日总和 .......................................................................................................

付款期前几天合计（一周或两周）.................................................................

工程开始时的工资总额 ................................................................................

截至目前全部工资总额 ................................................................................

建筑师　　　　　　　　　　　　　　　　　　　　　　　会计师

.....................　　　　　　　　　　　　　　　　　　　.....................

附录四 ／ 地基

地基和屋顶是廉价农村住房的两大技术和经济问题。

针对地基问题有几种技术方案，如桩基础、混凝土筏板基础等。然而，我们的问题不仅是技术上的；我们需要一个"负担得起的"合适地基。"人类聚居学的"效能[1]所要求的是在农民建设者有措施、有技能之内的地基。

要在龟裂的土壤上打下坚实的地基，大致有3种可能。

有一种桩基可以使用，在每个房间拐角处开挖角桩至低于裂缝深度（大约3米）。所有桩孔以砾石、碎石、碎陶器、碎砖块等各种骨料组成，以混砂黏土灰浆黏合的"三合土"灌注。在传统的做法中，桩与水平向的混凝土连系梁绑扎在一起。这太贵了；所以，连系梁被卸荷拱代替。墙体和屋顶的主要荷载，由墙体中的拱从两端传递到窗台标高以下的桩来承载。这样一个拱，造起来不费力，以下部墙体自身为衬筒，并通过与桩基的结合，把建筑荷载有效传递至裂缝下方的夯土中。

第二个方法，也涉及裂缝之下，为地基开槽，挖到足够深，然后，为了节省砌体的填充，用砂或"混砂黏土"填充，每20厘米一层夯实，达到正常深度1.2米的地基。这种方法需要大量的挖掘、人工夯实和砂土运输，因此在一些采砂场较远的地区，这种方法实际上可能会很贵。

---

[1] 如果农民提供的当地劳动力成本按工时折算成现金，加上免费获得的材料成本=L，雇工和进口材料成本=E，则建造的人类聚居学效能K可表达为 $K = \dfrac{L}{L+E} \times 100\%$ 。——原著注释

标准必须一直是，哪种方法使用外地进口的材料和设备最少？

第三种方法是人工夯土。我们注意到，谷尔纳洪水之前修建的建筑物在后来出现裂缝时，并没受到影响。即使是我们的第一栋房子，原本是临时的，是建在不稳定的烧制砖地基上的，在洪水过后也没受到破坏。原因是建筑物的重量压实了土壤，并且根据等压线，这种效应分布在比地基更大的区域上。区域内的压力防止了内部出现裂缝。然而，建在以前有裂缝的土地上的建筑，却不能用同样的方法压实土壤，因为裂缝会阻止等压线自然发展，而且整个建筑的重量将由一片小很多的土地来承重。

因此，如果在施工前可以用重型压路机压实地面，则可以安全地按照原来的谷尔纳方式进行施工。这种操作实际上可以在每个建筑物的基础沟槽中用手压辊进行，也可以在整个场地上使用大型机机械辊进行。同样，这种方法必须与其他方法作比较，以提高人类聚居学效能。最后，总有另外的选择，那就是得接受开裂的墙壁并修复它们。泥砖很容易修补，即使裂缝反复出现，也能填上抹平。材料总是有的，劳动力也是有的，任何人都能做这件事。从人类聚居学上讲，最有效的建造方法应该是在设计时就考虑到裂缝的存在，并允许不断修复裂缝。一两年之内，房子里就不会再出现裂缝了，因为它会把下面的土壤压实，土壤的横向位移就会停止。

在这些选择方案中，最后一个是农民使用的，第二个是我在谷尔纳试过的，在沙上开挖深基槽用石块砌筑。从人类聚居学上讲，这些方法全都要经审慎评估，方能决定对于特定地区，哪种特定方法最为行之有效。我们要找到地基和桩的最小有效深度；要测试预压实土壤的有效性；要找出为修复调整所作设计的经济效果和社会效果。这些可选方案只是建议，每个方案的相对优缺点有待研究而定。

适当地进行实验，为我们提供了许多经过验证的地基建造方法，我们便可在任何特定本地事项中来决策最优解。也许实验会带来一些新选择的进化。重要的一点是，我们已经知道怎样解决工程问题，全部研究必须指向解决经济问题的基础，农民可以利用自己的资源和最小的外部帮助来建设家园。

在下埃及，由于采用了常年的灌溉系统，并且没有周期性洪水，土壤变得密实。这样就不会出现地表裂纹。地下水位的波动不像上埃及那么大。因此，土壤的物理状态比上埃及更稳定。

在埃及三角洲地区很难找到坚硬的骨料，而在沙漠中存在的石头和砾石距离太远，农民无法运输。因此，下埃及的农民房屋通常是在没有地基的情况下建造的。把墙砌在一个20~25厘米深的浅沟里，泥砖直接砌铺在土壤上，紧挨着地表——这是一种最不合理的施工程序。地面膨胀、收缩、下沉，这些墙体很快就都会破裂。但是，由于它们是泥砖，所以很容易修复。经过两到三次连续的修补，裂缝将永远消失，因为土壤在墙的重量下变得完全压实。幸运的是，上埃及常见的由深缝引起的大规模土壤横向位移，在下埃及却并不常见，尽管随着水位上升，土壤膨胀，会出现一些竖向位移。这里的主要问题是地下水通过毛细作用进入墙体，并通过反复的湿润和干燥而导致墙体下部恶化。在混凝土、砖石、砖等专业结构中，公认的做法是在墙体与任何湿土接触面的标高以上约15厘米处铺设防潮层。

附录五 ／ 制砖

土壤的成分和性质因地而异。这种变化可能会反映在由土壤制成的晒干土砖的质量上，这一事实导致建筑师和工程师不愿使用这种砖。

由于土壤的可变性，在任何给定的地点，必须仔细分析用于制砖的土壤的化学和物理性质。

必须对样品砖和样品墙（每种情况下的全尺寸）进行试验和实验室试验，以确定收缩率、承载力、干湿性能和其他物理性能。

在大型项目中，应该分别对完整的建筑单元，如壁龛、穹顶、拱顶、楼梯等进行检测，并对一个完整的房间进行测试。后一种情况下，最重要的检测是加载、润湿和干燥。

应根据这些试验结果，就土壤成分（砂、黏土、淤泥等的比例）、颗粒级配、混合土壤的方法以及制砖方法（模压、手压等）制定规范。重要的是要了解，在这个问题上不能制定通用的规范，因为它们可以用于钢材或混凝土。每一种情况，每一种场地都是不同的，必须制定适合当地土壤的规范。

这里有个重要的提醒。不需要昂贵的稳定方法。一旦砖造得足够坚固，就别管它了。

稻草秸秆在砖和外墙抹灰中的作用有待研究。据观察，在埃及和苏丹，按照农民的方式制作的砖块和灰泥，将稻草和牛粪加入泥中，并让其发酵很长一段时间，似乎能很好地防水。

众所周知，黏土砖需要稻草秸秆作为黏合剂或用至少30%的沙子来稳定，否则它们就会开裂。

　　当砖块在干燥过程中收缩时，稻草纤维似乎把它黏在一起。在用稻草制成的泥浆石膏情况下，观察其防水性能是一件有意义的事情——由于简单的结合作用，抑或由于某些化学变化譬如发酵过程中乳酸的形成，还是由于稻草本身的防水性能，其中有些暴露在灰泥石膏表面。人们注意到，雨后，这种灰泥的黏土表面被冲刷了一部分，稻草在大部分地方的表面露出来。

# 第一节　科尼尔·德布斯实验摘录

在制作砖块的过程中，没有施加任何机械压力，这些砖块是在铸铁模具中填充的，按照通常的做法，使用简单的攻螺纹来填充模具。砖块在实验室里晾干7天，然后拿到室外晾干。

这里选择了三种类型的测试砖：

A组：由不同等级的粉质黏土和砂土组成。

B组：粉质黏土、不同等级砂土、稻草组成。

C组：成分和A组一样，但加了沥青。

表1　A组砖

| | 砂含量% | 7天 | 压强／（千克·立方厘米） | | |
|---|---|---|---|---|---|
| | | | 30天 | 90天 | 180天 |
| 细砂 | 20 | 44.00 | 56.90 | 55.70 | 52.00 |
| | 40 | 38.30 | 44.00 | 38.50 | 34.20 |
| | 60 | 22.90 | 28.30 | 25.25 | 24.00 |
| | 80 | 6.12 | 6.12 | 4.60 | 4.45 |
| 小砂 | 20 | 42.19 | 61.30 | 50.96 | 47.00 |
| | 40 | 33.40 | 42.40 | 36.30 | 29.00 |
| | 60 | 20.90 | 29.45 | 22.67 | 21.00 |
| | 80 | 11.26 | 11.70 | 13.13 | 13.50 |
| 中砂 | 20 | 37.76 | 48.73 | 41.90 | 41.30 |
| | 40 | 27.43 | 35.40 | 29.80 | 26.20 |
| | 60 | 18.53 | 20.75 | 25.10 | 17.00 |
| | 80 | 12.39 | 11.54 | 11.79 | 12.00 |
| 大砂 | 20 | 32.84 | 36.36 | 26.86 | 32.20 |
| | 40 | 17.58 | 19.08 | 21.96 | 17.00 |
| | 60 | 8.47 | 13.06 | 11.88 | 7.35 |
| | 80 | 6.09 | 8.52 | 4.70 | 4.70 |

表 2　B 组砖

| 砂 % | 稻草 % | 7 天 | 压强／（千克·立方厘米） | | |
| --- | --- | --- | --- | --- | --- |
| | | | 30 天 | 90 天 | 180 天 |
| 5 | 1.00 | 34.20 | 53.60 | 48.00 | 47.30 |
| | 1.75 | 33.00 | 48.00 | 43.30 | 45.90 |
| | 2.50 | 30.00 | 45.00 | 40.00 | 42.20 |
| | 5.00 | 28.50 | 40.00 | 37.00 | 35.55 |
| 20 | 1.00 | 32.40 | 44.10 | 40.30 | 40.50 |
| | 1.75 | 37.00 | 48.40 | 46.50 | 47.50 |
| | 2.50 | 32.00 | 44.60 | 37.60 | 39.00 |
| | 5.00 | 25.00 | 27.00 | 35.00 | 34.20 |
| 40 | 1.00 | 30.60 | 36.60 | 34.50 | 35.40 |
| | 1.75 | 32.00 | 37.00 | 36.00 | 35.80 |
| | 2.50 | 34.00 | 39.80 | 38.20 | 36.00 |
| | 5.00 | 22.00 | 32.00 | 30.00 | 28.15 |

## 第二节　穆斯塔法·叶赫亚博士实验摘录

为了使土这样一种经济的材料能应用于建筑，对泥砖小型墙体进行了试验，并对其中一些进行了稳定剂处理，有的抹上不同种类的灰泥，有的使用不同的防潮层。这些墙的基础是用烧结红砖建造的，因为这部分墙体更容易受到干湿以及其他机械和化学因素的影响。

这些墙体砌筑之后，抹一层灰泥，然后晾干。在所有情况下，都使用相同的泥土混合物来制作砂浆，之后，把墙体暴露在连续的干湿循环环境下6周。这种湿润是通过每天两次类似降雨的半小时浇水来完成的，第一次在早上，第二次在6小时之后。

在此期间，观察所有墙体，然后将其加荷载至110千克／米长度单元，并继续湿润循环，直到墙体倒塌。

## 第三节 备注

对两组墙体进行检测。第一组由稻草制成的泥砖砌成四堵墙,每面墙体的砖厚(25厘米),长1米,高1米,如下所示:

1. 双元油处理过的抹灰和沥青防潮层的墙体。
2. 未经处理的泥浆抹灰和带沥青防潮层的墙体。
3. 用未经处理的泥浆抹灰和一层双元油混合物作为防潮层的墙体。
4. 未经处理的泥浆抹灰和没有防潮层的墙体。

第二组由三面墙组成,尺寸与最后一组一致,用稻草和双元油制成的泥砖建造,如下所示:

1. 用一道双元油混合物作防潮层的墙体。
2. 涂有沥青防潮层的墙体。
3. 带双元油抹灰和双元油混合防潮层的墙体。

和之前一样,把这些墙壁暴露在干湿循环中,直至墙体倒塌。

第一组的第四面墙首先倒塌。

1955年12月11日,试验开始,1956年2月16日,未经处理的抹灰和没有防潮层的墙体倒塌。从1956年2月19日开始,其他墙体先后倒塌。

在大多数情况下,墙倒塌是由于荷载偏心,由此弯曲。

## 实验记录

| 日期 | 1.双元油处理过的抹灰和沥青防潮层 | 2.未经处理的泥浆抹灰和带沥青防潮层 | 3.用未经处理的泥浆抹灰和一层双元油混合物作为防潮层 | 4.未经处理的泥浆抹灰和没有防潮层 |
|---|---|---|---|---|
| 1955年12月11日 | 浇水半小时后无明显变化 | 浇水半小时后无明显变化 | 无明显变化 | 无明显变化 |
| 12月12日 | 墙体完全干燥。无侵蚀，浇水持续半小时 | 墙面干燥－无侵蚀－抹灰保持良好－浇水持续1小时 | 稻草开始露出表面。抹灰开始崩解，但已干燥 | 露出的稻草比前一天多。抹灰崩解明显。墙体依旧潮湿 |
| 12月13日 | 同上一天 | 同上一天 | 同上一天 | 不如其他墙壁那样潮湿 |
| 12月15日 | 无变化 | 抹灰略有崩解 | 灰泥继续崩解，但墙壁是干的 | 抹灰几乎全碎，墙体依旧潮湿。其余均干燥 |
| 12月16日 | 无变化 | 墙体干燥，与上一天相比没有明显变化 | 墙体干燥，但抹灰的崩解加剧 | 抹灰几乎全碎，砖块也开始碎裂 |
| 12月19日 | 墙面干燥，抹灰完好 | 墙体干了，但由于抹灰的崩解，部分砖开始裸露 | 随着抹灰的分解，砖块开始裸露 | 墙面潮湿，砖明显崩解 |
| 12月20日 | 同上一天 | 同上一天 | 抹灰几乎瓦解，全部砖块都裸露 | 砖块继续崩解，墙体保持潮湿 |
| 12月22日 | 无变化 | 无变化 | 无变化 | 砖体继续崩解，墙体潮湿 |
| 12月23日 | 无变化 | 无变化 | 用手指磕碰时，砖块开始轻微地碎裂 | 同上一天 |

| | | | |
|---|---|---|---|
| 12月26日 | 无变化，是所有墙壁中最好的 | 抹灰停止崩解，墙面干燥。抹灰的剩余部分不易划伤 | 砖块崩解更明显。磕碰会带来碎片脱落 | 墙体潮湿，手指的磕碰会使砖更易破损 |
| 12月27日 | 同上一天 | 同上一天 | 墙体开始保持一些潮湿 | 同上一天 |
| 12月29日 | 无变化，是所有墙壁中最好的 | 同上一天 | 墙体的下部保持微湿 | 同上一天 |
| 12月30日 | 同上一天 | 同上一天 | 同上一天 | 同上一天 |
| 1月2日 | 同上一天 | 同上一天 | 墙体干燥 | 同上一天 |
| 1月3日 | 同上一天 | 同上一天 | 同上一天 | 同上一天 |
| 1月5日 | 此时，墙体承受100千克／米的均布荷载 | | | |
| 1月6日 | 抹灰上开始出现小裂缝，但仍很牢固，会变干 | 抹灰开始因磕碰而崩解 | 无变化 | 墙体开始微微倾斜 |
| 1月9日 | 同上一天 | 墙体干燥，部分砖墙实体外露 | 墙壁略微倾斜但干燥 | 倾斜增加，墙体潮湿 |
| 1月10日 | 抹灰上开始出现小裂缝，但仍很牢固，会变干 | 墙体干燥，部分砖墙实体外露 | 墙体干燥，但砖块轻微地磕碰会碎裂 | 倾斜持续增加，墙体潮湿 |
| 1月12日 | 同上一天 | 同上一天 | 同上一天 | 同上一天 |
| 1月13日 | 同上一天 | 同上一天 | 同上一天 | 同上一天 |
| 1月16日 | 同上一天 | 同上一天 | 同上一天 | 同上一天 |
| 1月17日 | 停止开裂，情形最优 | 抹灰崩解加剧 | 墙体潮湿，随着磕碰增多，崩解加剧 | 墙体依然潮湿，砖块在崩解 |

| 1月19日 | 停止开裂，情形最优 | 抹灰崩解加剧 | 同上一天 | 墙体依然潮湿，砖块在崩解 |
|---|---|---|---|---|
| 1月20日 | 同上一天 | 抹灰几乎瓦解 | 砖块崩解更多，同时部分保持湿润 | 同上一天 |
| 1月23日 | 同上一天 | 抹灰几乎完全消失，但砖块完好 | 砖的崩解加剧，同时部分保持湿润 | 同上一天 |
| 1月24日 | 同上一天 | 墙体干燥，砖块完好 | 墙体倾斜度增大，部分受潮 | 同上一天 |
| 1月26日 | 无变化 | 同上一天 | 潮湿的部分加剧了砖的崩解 | 墙体依然潮湿，砖块在崩解 |
| 1月27日 | 同上一天 | 尽管抹灰受损，但砖块没有受到影响 | 近1/3的墙体湿透，其余部分有湿斑 | 同上一天 |
| 1月30日 | 无变化 | 砖块开始轻微崩解 | 墙体倾斜增加，潮湿的部分未干 | 墙体依然潮湿，砖块在崩解 |
| 1月30日 | 同上一天 | 墙体干燥，崩解轻微 | 崩解持续 | 同上一天 |
| 2月1日 | 同上一天 | 同上一天 | 崩解达到第4组墙体阶段 | 同上一天 |
| 2月7日 | 继续保持最优——抹灰裂缝并没增加——而且抹灰牢固 | 墙壁倾斜但干燥，砖块几乎完好 | 墙体未干燥，崩解加剧 | 同上一天 |
| 2月9日 | 同上一天 | 墙体干燥无变化 | 同上一天 | 同上一天 |
| 2月10日 | 同上一天 | 同上一天 | 同上一天 | 同上一天 |
| 2月11日 | 同上一天 | 同上一天 | 同上一天 | 同上一天 |
| 2月16日 | 同上一天 | 同上一天 | 同上一天 | 墙体倒塌 |
| 2月19日 | 同上一天 | 同上一天 | 同上一天 | 同上一天 |

注意：最初的三面墙体保持在1955年2月11日所述的状态，无明显变化，直到1956年3月5日，由于偏心荷载和当天刮起的强风而倒塌。

附录六 ／ 项目移交社会事务部之际成本分析

住宅建筑面积　　9499.70平方米

公共建筑面积　　9802.20平方米

　　合计　　　　19301.90平方米


公共建筑包括

　　a. 清真寺

　　b. 男子小学

　　c. 工艺学校

　　d. 可汗客栈

　　e. 集市

　　f. 村务礼堂

　　g. 剧场


　　医务室和社会中心、公共浴室、小教堂和永久性的乡村手工艺品展览馆，在做这份估算的时候尚未建成。


　　期初支出清单：

　　a. 在职固定劳动力　　　　　　　　5159.469埃及镑

　　b. 临时工　　　　　　　　　　　52610.608埃及镑

　　c. 采购材料和设备　　　　　　　23551.096埃及镑

　　d. 卡车和燃料采购　　　　　　　10752.004埃及镑

　　e. 差旅　　　　　　　　　　　　　916.985埃及镑

　　f. 休息室及渡船租金　　　　　　　552.400埃及镑

　　g. 驻场建筑师负责人特别职务津贴　577.800埃及镑

　　　　合计　　　　　　　　　　　94120.362埃及镑

如果我们对存放在仓库中的设备、卡车和未使用的材料作价为20000埃及镑，那么实际支出为：94120.362−20000=74120.362埃及镑。

　　因此，公共建筑和住宅的每平方米建造成本是＝$\dfrac{74120.362}{19301.900}$＝3.8埃及镑，约4埃及镑。

# 术语表

Adze 铲刀，带有拱形薄刀片的刀具，凹面磨尖，做成恰当的手持角度

Amiri 埃米尔式，由埃及总督（khedive）或埃米尔（amir）引荐的用于宫殿和政府建筑的一种建筑风格

Badana 巴达纳，由10～20户家庭组成的关系密切的团体，住在邻近的房子里，有公认的家长

Ballas 巴拉丝，从喷泉取水的埃及陶罐

Birka 伯尔卡水凼，为制砖而挖土后所留下的土坑，时常积水

Brise-soleil 控光板，遮蔽不要的阳光

Cavetto 卡韦托式凹线脚，截面为90°弧的凹线脚

Centering 衬筒，施工过程中用来支撑砖石拱的木材或其他构造

Claustra 泥制花格（工程术语），常用于修饰门窗的泥制装饰线条和花饰窗格

Dorka'a 多尔喀，房子的中央大厅，有穹顶

Dirham 迪拉姆币，旧硬币，价值1个皮阿斯特（1 PT）

Extrados 拱背，拱的外部曲线或拱顶的外表面

Hammam，哈曼公共澡堂

Hammamgi，浴室服务员

Hosha 禾沙圩场，农业用地的堤坝区，由流域系统灌溉

Iwan 壁龛，房子的内缩空间

Ka'a 喀式大厅，房子的大厅

Khan 可汗客栈，外来客商歇脚或旅居的小旅馆

Madyafa，客房

Maktoub 天意，命中注定；天意难违

Malakan，美国

Malkaf 马尔卡夫捕风器，房屋最高处的捕风器

Maziara 马齐拉，房子内部掏空、存放水罐的地方

Moallem 工匠大师傅，大工匠

Morda，游泳池

Mushrabiya 格栅凸窗，带有格栅的凸出建筑主体墙外的窗户

Osta. Master craftsman 大工匠，工匠大师傅

Pendentive 帆拱，拱顶的三角形、球形部分，用以支撑穹顶

Sabras 萨布拉斯细木拼接门，小木板依照原创图案拼接而成的门

Salsabil 醴泉，大厅里的一种大理石喷泉

shadûf 沙杜夫灌溉机，农民用来灌溉的桶和杠杆机器

Sharaki 干涸土，干的、有大裂缝的（土）

Squinch 对角斜拱，支撑（拱门、过梁或其他）在附加质量下穿过房间角落

Tambour 阿基米德式螺旋抽水机，农民用来灌溉的机器

Tesht 特洗盆，一种大号洗衣盆

Voussoir 楔形拱石，拱顶石，形成拱或拱顶的诸多逐渐变细或变成楔形的拱顶构件之一

Zeer 齐尔水罐，用于储水的无釉面大罐

# 插图来源

全书照片由 Hassan Fathy、Hassia 及 Selim Bahari 提供。

# 索引

# 后记

至少有10亿人因不卫生、不经济、不好看的住房而生活悲惨，过早离世。

按常规方法处理这个问题，似乎难有良策。在世界银行的研究中，皮尔森委员会的数据显示，哪怕世上富人拿出其1%的收入扶贫纾困——尽管这也不太可能，全世界还是会有将近1/3的人口继续活在极度贫困线下。在20世纪余下的时光里，世上1/3人口的年均收入，仍将比当前美国工人的周薪还少。今天的美国，为一个贫困家庭提供最低保障的住房，所需资金约2万美元。换言之，一个人职业生涯的大半部分都在为其栖身之所而奋斗。这些数字是准确的，但容易造成误导。住房成本必须分解成各个子项。依我之见，大致有3种，经济的、社会的和美学的。虽然它们密切相关，但应分类关注。

我们被灌输要相信世界经济是一分为二的——富国和穷国。很大程度上，这种划分通过硬通货和软通货的对照来体现。硬通货需要先进的技术，且人人都想得到。软通货则由穷国制造，它们的产品入不了别国的法眼。即使一个国家有足够的机会获得软通货，通常也难以借此获得那些急需或渴望得到的商品和服务。

但是，经济学上还有另一脉分支：乡村的穷人。世上起码有1/3的人口，生活在货币经济圈之外。在他们眼里，硬通货和软通货没什么区别。几乎所有无法以其自身的劳动从他们的邻近地区获得的东西，他们就永远也搞不到了。世上许多地方，人们的平均收入，只有那些贫困小国本就窘迫不堪的人均水平的1/3。亚洲农村，人均年收入非常低，在统计上毫无意义。它近乎维持生计的水平，偶尔还低于这个水平。

就住房而言，这意味着，不仅结构性钢材——它通常是从硬通货地区进口的一种商品，是稀缺的奢侈品，而且那些城里头的工业产品或本国其他地区的物产——水泥、木材、玻璃，也要么弄不到，要么买不起。不得已而使用这些材料的地方，价格太贵就会用得很悭吝。这对住房造成了严重影响，因此，政府主导开发的项目单调乏味，就像钢筋混凝土做的鸡笼。

传统村庄，凌乱、肮脏、拥挤。可外人眼中的杂乱无章，却是社会结构微妙而敏感的呈现。血缘的纽带、敌意的藩篱会以地缘性和结构化的方式显现。无论房屋自身多么糟糕，村民都能从其形式中得到某种慰藉，甚至某种意义。

即便对于与我们相对同质的文化而言，这个问题也并不少见。例如美国黑人的社区，其历史主线一直在不断地被连根拔起。把非洲人贩卖到西非的奴隶中转站，部落社会就断了根。打那以后，他们时常被刻意地混杂在一起，以此破坏其部落的凝聚力。甚至在语言上，奴隶们彼此间的交流，就像奴隶与其白人新主之间那样困难。当然，这杜绝了叛乱的苗头。除了这个决定性因素，还有市场的标准。随处可见的母子分散、骨肉分离，使得原有社会体系支离破碎。美国内战之前，那一刻短暂的安稳，都随着奴隶解放运动被再次打破，虽然解放黑奴是为了更好的追求。美国黑人社区的漂泊无根，是贫民窟、穷困潦倒和技能匮乏的后果。但是，作为群居动物，黑人和白人、棕种人、黄种人一样，也想伸出手来和他们的邻居打交道，也想实现人类的两种基本欲望：地缘意识和社会意识。然而，随着后续战时经济的繁荣被和平时期的萧条所裹挟，移民大规模地向北迁徙，进入城市，再次引发了动荡。这并不是点对点的迁徙，而是一系列临时停靠点之间的不断转移。美国城市里的众多黑人贫民窟，最初只是移民们稍作喘息的中转站，为后续迁徙积攒盘缠，完成从南部农村到北部城市的精神过渡。

然而，上述的每一个阶段，社会中的地缘意识都在勉力维持。即便在父亲缺位、社会动荡时，每个家庭仍想尽力维护邻里关系。这种感觉很微弱，时断时续，但它的表现往往不讨富人喜欢，无论肤色的黑白。

从外部来看，自由、正派、干劲十足的人都想出一份力。其主要方法便是城市更新——从外部来看，是一种基于抽象模式的更好布局。它想当然地认为，贫民窟的房子太糟，解决之道是拆旧建新。人们还会对其具体形式吹毛求疵。对承建商来说这是一笔横财，对建筑师而言是一种浪费，对穷人来说则太奢侈。从城市更新的实际代价来看，这可不是点皮外伤——它可是会让社区根茎全断的啊，这些社区的根基早已伤筋动骨、衰败不堪。邻里之间的关系本就十分薄弱，这个过程会完全瓦解它们，并且迫使每个个体在一个全新的、陌生的，或许好上那么一点的物质环境中重头来过。

但从社会角度来说，环境是否更好呢？高层住宅开发项目一直以来被称为垂直贫民窟。许多项目，甚至是新项目，当然符合这一描述。承租者对领地没有认同感，也不受邻里关系的支配，他们甚至遵循我们从绝望的灵长类动物身上看到的那种模式：污损巢穴。建筑物会很快荒废，犯罪率令人咋舌，那种"发育不充分"的标志性冷漠和阴郁的愤懑异常明显。社会中某些个体越孱弱越贫困，他们就一定离土地越近，这也许是一个事实，我揣测此话不假。不管正确与否，有一点是明确的，人们必须表达相互之间的关系。若其他方面受阻，他们会通过创建街头帮派来实现这一点。一旦这种诉求完全受挫，他们就会陷入绝望。这就是贫民窟的本质。讽刺的是，它最纯粹的形式可能不是庞大的亚洲村庄，而是现代的城市更新。

住房问题的第三个主要方面是美学。头脑冷静的现实主义者或许辩称，美学所考虑的只是一种装饰。从卫生、成本和人均净面积的角度来看，美和丑简直无关紧要。重要的是要挡雨御寒，而且造价我们也可以承受。

从哲学上讲，人需要庇护，也需要美。不管怎样，单纯的生老病死，从子宫到坟墓走上一遭，肯定不是人生的目标。很长一段时间里，这种情绪被低估了，但越来越多证据表明它们才是核心。我们知道，幼年被剥夺了视觉乐趣的儿童，成年后的大脑就不能适当地"编排"处理许多问题。我们在世界各地了解了数十个这样的例子，这些例子中，为开发提供的所有物质装备并没有激起火花，因而彻底失败。事实上，"二战"以来花费一万亿美元的过程中，我们痛苦地认识到，开发建设要么深入人心，要么毫无价值。住房、道路、桥梁、大坝是必要条件，但不是充分条件。缺乏自助的开发是不可能的。但是，身处丑陋环境、贫瘠的人，往往不思进取、萎靡不振。这不是一个帮倒忙的人在空想。任何工厂经理都知道它的真相。在明亮、迷人环境中的工作者，要比在丑陋、单调环境中的人产出更多。人类的精神是我们最宝贵的资源。它的生态是我们最大的挑战。

复杂的经济诉求、对人类社会需求的敏感性和人类精神的滋养——这些问题即使不是压倒性的，也肯定是令人敬畏的。它们能得到满足吗？

肯定没有最终的解决办法，但偶尔会有天才、敏感和道德高尚的人照亮我们的道路。这本书是一座坚实而明亮的灯塔。

哈桑·法赛博士与严峻的贫困作斗争（这种规模的贫困，当世的美国人早已忘却），与麻木不仁的官僚，心存疑虑、技能缺乏、郁郁寡欢的民众斗争，不仅解惑，而且启智。他的解决方案具有世界级的重要影响。他的思想、经验和精神构成了国际性、有分量的智慧。

法赛博士提出了一种新型的合作关系。穷人在合作关系中主要贡献其劳力。在世界上许多地方，他们有可能获得一种建筑材料，一种几乎免费的材料，那就是他们脚下的土地。有了劳力和土地，他们可以大有作为。但是，他们自己解决不了很多问题，譬如技术问题，以及不适用、不美观、价格昂贵等问题。而在这些方面，建筑师颇有用武之地。法赛博士向我们展示了，建筑师可以导控本质上是自发营建或互助建房的项目。建筑师能够以其工程领域的技巧，帮人们轻而易举地盖起屋顶。这本是建房过程中最棘手的问题，而且经常导致额外的需求，诸如对村庄的要求，对昂贵建材的需求。许多地方为了给房子罩上顶盖，建造了大而无当、笨重的屋顶，它们常常会在一场地震或大雨后轰然坍塌。这是土耳其、伊朗在严重地震中遇难人数居高不下的原因。本书中自有其解决之道，法赛博士将逐一呈现怎样操作能更易上手。书中还包含影响卫生、通信、隐私及其他家庭事务的事宜。所有这些，建筑师都能发挥作用，让大家在个人劳作的基础上更多快好省地达成目标，没有建筑师的帮助，情形会大为不同。即便在取土制砖这么简单的事情上，小小的一点规划也可以为村子创造大的收益——建成一方养鱼的池塘。

这一切都离不开合作：没有建筑师的参与，建筑要么难看，要么别扭，要么昂贵。离开人们的合作，项目就不会开花结果，就不会有人喜爱，更别提有人牵挂。更为讽刺的是，当今世上大多数公共住房，都是在没有和建筑师或其他人合作的情况下建成的。承建商承建是一种官僚主义的决策，无论高耸还是低矮的公共住房，即刻之间便会沦为贫民窟。这或许是我们这个时代的终极讽刺，正如法赛博士所言，建造这种丑陋的样式花费更多，我们得建更好、更美的住房，只因我们难以负担其他类型的住房。

法赛博士体现了阿德莱·史蒂文森研究所的意义：为一个深谋远虑、诚实守信的人提供解决重大社会问题的机会。即便失败——法赛博士书中也不乏相关的内容——我们也可以学到很多。还有一点很明确，即使在快慢、体量和抽象的一方小天地里，天才的洞见也无法取代。

威廉·R. 波尔克（WILLIAM R. POLK）
阿德莱·史蒂文森研究所国际事务部主任

# 哈桑·法赛生平年表

| 时间 | 事件 |
| --- | --- |
| 1900 年 3 月 23 日 | 出生于下埃及亚历山大港的一个中产阶级家庭。一门七子，排行老五。父亲祖上来自摩洛哥；母亲是高加索人，来自土耳其 |
| 1908 年 | 举家移居开罗郊区赫勒万（Helwan） |
| 1910—1914 年 | 小学 Mohammed Aly School |
| 1914—1918 年 | 中学 Khediveya School |
| 1919—1926 年 | 开罗吉萨的高等工程学校，建筑学专业（Architectural Section, High School of Engineering, in Giza, Cairo，今为开罗大学） |
| 1926—1930 年 | 开罗市政事务部 |
| 1928 年 | 督造托哈小学 |
| 1930—1946 年 | 开罗大学美术学院任教 |
| 1937 年 | 在曼苏拉举办乡村住宅展"下埃及的乡村住宅" |
| 1940—1941 年 | 受埃及皇家农业学会委托，在埃及 Bahtim 设计了第一座泥砖结构实验性房屋 |
| 1942 年 | 在开罗郊区马尔格修建艺术家哈米德·赛义德工作室 |
| 1945—1948 年 | 受埃及文物部委托，设计建造卢克索新谷尔纳村 |
| 1949—1952 年 | 被任命为教育部校舍司助理司长 |
| 1950 年 | 兼任联合国难民援助组织委派顾问 |
| 1953—1957 年 | 返回开罗大学美术学院任教，1954 年任建筑系主任 |
| 1957—1961 年 | 前往雅典 Doxiadis Associates 担任顾问；雅典技术学院气候与建筑讲师；未来城市研究项目成员 |

| 时间 | 事件 |
|---|---|
| 1958 年 | 获埃及国家建筑奖 |
| 1959 年 | 获美术鼓励奖与金质奖章 |
| 1962 年 | 为开罗文化部设计位于阿斯旺的社会人类学和民间艺术高等研究所 |
| 1963—1965 年 | 任开罗科学研究部住房试点项目主任；开罗旅游部长顾问<br>担任联合国住房问题顾问，联合国沙特阿拉伯农村发展特派团成员 |
| 1964 年 | 发表《新都会和阿拉伯世界》（*The New Metropolis and the Arab World*） |
| 1964—1966 年 | 开罗的爱兹哈尔大学（University of Al-Azhar）城市规划和建筑系讲授哲学和美学 |
| 1965—1967 年 | 为埃及沙漠发展组织设计建造哈尔加绿洲新巴里斯（New Bariz）的试点项目 |
| 1967 年 | 获埃及国家美术与共和国装饰奖 |
| 1969 年 | 出版《谷尔纳——双村记》（*Gourna：A Tale of Two Villages*） |
| 1970 年 | 获埃及国家艺术奖 |
| 1971 年 | 在西迪·克里尔（Sidi Krier）设计建造自宅，全由石头建造 |
| | 发表《中东的城市建筑》（*Urban Architecture in the Middle East*） |
| 1973 年 | 出版《为穷人造房子：一个埃及乡村实验》（*Architecture for the Poor：An Experiment in Rural Egypt*） |
| 1975—1977 年 | 开罗大学农学院讲授农村住房问题 |

| 时间 | 事件 |
|---|---|
| 1976 年 | 参加在温哥华举行的第一届联合国人居会议 |
| | 美国建筑学会名誉会员 |
| 1977—1980 年 | 阿卡汗建筑奖指导委员会成员 |
| 1977 年 | 开罗美国研究中心名誉研究员 |
| | 创立开罗国际适当技术研究所（International Institute for Appropriate Technology） |
| 1978 年 | 法国导演 Borhane Alaouié 和 Lotfi Thabet 为哈桑·法赛拍摄自传体电影纪录片 *Il ne suffit pas que dieu soit avec les pauvres* |
| 1979 年 | 参加在法国科西嘉的阿尔齐普拉图举行的"穷人建筑"学术会 |
| | 获联合国和平奖章（United Nations Peace Medal） |
| 1980 年 | 率一个建筑师团队在美国新墨西哥州设计伊斯兰社区 |
| | 埃及艺术和文学高级理事会成员 |
| | 获第一届阿卡汉建筑奖主席奖（Chairman's Award, the Aga Khan Award for Architecture） |
| | 第一届优质生活奖（The first Right Livelihood Award，非正式地称为"另一个诺贝尔奖"） |
| | 巴尔赞奖（Balzan Prize for Architecture and Urban Planning） |
| 1981 年 | 作品收录于让·德蒂尔（Dethier）策展的"生土建筑或千年传统的未来"（Des Architectures de Terre；ou l'avenir d'une tradition millénaire）展览 |
| | 获国际建筑师协会罗伯特·马修可持续与人道环境奖（Prix Robert Matthew Pour Les Environnements Humains Durables de l'UIA） |

| 时间 | 事件 |
|---|---|
| 1984 年 | 获国际建筑师协会首枚金质奖章（La Médaille d'or de l'UIA） |
| 1985 年 | 获英国皇家建筑师学会名誉会员 |
| 1986 年 | 出版《自然能源与乡土建筑：与炎热干旱气候相关的原则与实例》（*Natural Energy and Vernacular Architecture：Principles and Examples with Reference to Hot Arid Climates*） |
| 1989 年 11 月 30 日 | 逝世于开罗 |

# 译跋

　　建筑师到乡村去，服务那些原本难以享受现代建筑设计服务的群体，对于建筑师个体而言，是一种工作方式的改变，是一种辛苦的付出；对于建筑学科而言，是一种行业的自我救赎，证明了现代建筑学的价值与可能，不仅可以改善物质环境，还可以推动社会的进步。哈桑·法赛的绘画、设计、写作以及后续有关他的争论，是这个过程中的重要组成。

　　为普通人建造体面的居所，是现代建筑师的梦想，是催生现代建筑诞生的缘起之一。建筑师们一直试图引入工业化的建造方式，降低房屋的造价，提高房屋的建造效率，为每一个家庭提供房屋。单纯依赖技术的进步，在城市的探索中遇到了瓶颈。"二战"后，这种尝试由城市发展到乡村。20世纪40年代末期，美国住房署官员科莱恩（Jacob Leslie Crane，1892—1988年）开始在第三世界国家推广美国以金融扶持为主要方式的"互助自建"住宅计划，尝试以社会组织的方式推动贫困地区的住宅发展。

　　1945年，在埃及的乡村，45岁的建筑师哈桑·法赛应埃及文物部之邀，应用他在乡间学习到的拱顶营建工艺、泥砖建造方法，开始了谷尔纳村的实践，试着将现代技术与传统工艺、社区组织、地方特质相结合。1948年，实施3年的谷尔纳实践戛然而止，从此，哈桑·法赛的整村营建之梦再也难圆。

　　谷尔纳实践之后，哈桑·法赛还有几个社区项目。1950年，哈桑·法赛为哈菲兹·阿菲菲帕夏（Hafez Afifi Pasha）的大型农场社区——开罗附近的撒哈拉之珠（Lulu'at Al-Sahara）补充设计了六个住房单元和一座新清真寺，还有一所穆斯林学校。这批落成的公共设施都展示了哈桑·法赛的类型学语言，如庭院、穹顶和拱顶。从撒哈拉之珠到1957年前往希腊，哈桑·法赛没有实现任何重要的住宅项目，只留下三座未建成的小房子。此后，辗转希腊（1957年）、伊拉克（1958年）、巴基斯坦（1959年）乡村实践数载之后，哈桑·法赛回到埃及（1961年末）；1965—1967年开展了新巴里斯村的实践，亦未完全建成。

1969年，年近古稀的哈桑·法赛仍然在思考谷尔纳的问题，出版了由埃及文化部赞助并限量发行的英文版笔记体自传《谷尔纳：双村记》（Gourna：A Tale of Two Villages）。书中以谷尔纳村的实践经历为蓝本，对后期的村庄实践未置一词，明确提醒我们警惕虚假的传统——不加批判地模仿过去与别处，警惕虚构的现代——不理解一方水土一方人而创造的所谓风格。1970年，该书法语版问世，书名为《与民共建：埃及的一段村史》（Construire Avec Le People：Historie d'un Village d'Égypte）。1973年，这本小书由芝加哥大学出版社付梓，更名为《为穷人造房子——一个埃及乡村实验》（Architecture for the poor：an Experiment in Rural Egypt）。英文版的出版引发了广泛的国际关注，也为哈桑·法赛带来极高的荣誉。当然，这个书名并非哈桑·法赛的本意，但此后的各语种版本，如西班牙语（1975年）、意大利语（1986年），阿拉伯语（1993年），葡萄牙语（2009年），希伯来语（2020年）等，都沿用了这一标题。

1980年，首届阿卡汉建筑奖（Aga Khan Award for Architecture）的评审委员会为担任评委的哈桑·法赛专门设立了一个特别的"终生成就奖"；同年，全世界最富盛名的学术奖之一巴尔赞奖（Balzan Prize）授予3人，哈桑·法赛是其中之一，另两位分别是阿根廷诗人、作家、翻译家豪尔赫·路易斯·博尔赫斯（Jorge Luis Borges，1899—1986年）、意大利数学家恩里科·邦别埃利（Enrico Bombieri），1940年—。1974年获数学领域的国际最高奖之一菲尔兹奖）。这一年，首届"优质生活奖"（Right Livelihood Award）也颁发给了哈桑·法赛。"优质生活奖"通常在诺贝尔奖颁奖的前一天，在瑞典首都斯德哥尔摩举行颁奖仪式，被视为诺贝尔奖在环境保护、永续发展、人权领域中的补充。

1981年，国际建筑师协会将可持续与人道环境专项奖（Prix Robert Matthew Pour Les Environnements Humains Durables de l'UIA）的殊荣授予哈桑·法赛。1984年，国际建筑师协会将首枚、三年一度的UIA金奖（La Médaille d'or de l'UIA）——建筑师能从同行那里获得的最高荣誉，授予哈桑·法赛。

20世纪60年代中期，正值现代建筑学彷徨之际。1964年11月，"没有建筑师的建筑：非正规建筑导览"在纽约现代艺术博物馆MOMA开展，乡土被视为一种启示，能为现代建筑学注入活力。能以赞许的目光审视乡土建筑已是不易，几乎没有建筑师会应用现代建筑技术去为乡村带来改变；更鲜有身体力行地与工匠、农夫一起开展实践。而在此近30年前，刚从学校毕业的哈桑·法赛，已经开始构想具有埃及风情的现代建筑，并在开罗和曼苏拉（Mansoura）举办画展展示这种构想（1937年）。1945年，在尼罗河畔的小村谷尔纳，已过不惑之年的哈桑·法赛以我们今天熟悉的在地营建方式将现代建筑的力量注入到乡村的发展中。在谷尔纳村，哈桑·法赛和村民一起防治血吸虫，抗击疟疾，防范洪水；从埃及各地的乡土营建中汲取智慧，并将其转换为解决当代挑战的适宜技术方法。在村子里，哈桑·法赛不仅设计建造房屋，而且思考卫生防疫、景观营建、材料加工、技艺传承、产业转型、文脉赓续、绿色节能等一系列的问题，试图在建筑学的基础之上，以村落为单元，构建乡村困境的系统解决方案。

　　20世纪80年代以后，获得广泛声誉的同时，哈桑·法赛也面临诸多的质疑，包括对其富家子弟的身份，对谷尔纳个案的成败，对具体材料（泥砖）技术（无模板泥砖筒拱与穹顶建造）的可行性等。随着时间的流逝，建造语境的变迁，这些质疑越来越难有具体的答案。而在这些争论与质疑中，谷尔纳村的启蒙价值反而被忽视。作为现代建筑领域中一位堂吉诃德式的人物，在那个年代，哈桑·法赛孤独地直面许多未知的挑战，既没有官方的支持，也难以沿袭地方的传统，还找不到其他地区的现成经验，实施链上的任何微小断裂都有可能摧毁整根链条。但哈桑·法赛依然将大量的时间与精力投入到这种难以善终的项目之中。

　　为农夫建造殿堂，哈桑·法赛是这一领域的先行者。在谷尔纳实践的十余年后，特纳（John F. C. Turner，1927— ）来到秘鲁开展灾后的乡村重建（1957年）；劳里·贝克（Laurence Wilfred Baker，1917—2007年）开始了他在印度的在地实践（20世纪60年代）；而亚历山大（Christopher Alexander，1936—2022年）在1976年才带领团队在墨西哥卡利，应用模式语言的方法，完成低成本住宅设计建造实验。与哈桑·法赛的遭遇相似，这些乡村实践，过程的价值远比建成的结果重要。聚落的发展与民居的建设是一个连续、持续、开放的过程，很难用某个具体的形态总结、标识、评价特定的乡村发展项目。生活富足起来，技术流传开去，而建筑师慢慢被遗忘，村民才是村子永远的主人和真正的设计者。

自2000年以来，中国乡村的发展吸引了大量的建筑师参与，也为建筑师的成长提供了沃土。一大批青年建筑师在乡村精致、前沿的探索吸引了媒体与业界的关注，也为乡村发展带来活力。2022年3月15日，普利兹克建筑奖颁给投身非洲乡村发展的建筑师迪埃贝多·弗朗西斯·凯雷（Diébédo Francis Kéré，1965—　），进一步推动了这种热情。凯雷作品中的被动技术、社区参与，以及泥砖、直筒拱、捕风塔的应用，都有哈桑·法赛的影子。凯雷在为《为穷人造房子》2021年西班牙语版撰写的"前言"中（Madrid：Ediciones Asimétricas，2021:15），慷慨地表达了对哈桑·法赛的敬意。

开罗，萨拉丁城堡脚下的一处民居屋顶上，清真寺的穹顶和宣礼塔之间，俯瞰混沌的城市、嘈杂的人群，年届八旬的哈桑·法赛身着棕袍，来回踱步，喃喃自语："我是一位阿拉伯建筑师，失去了阿拉伯社会的每一个参照点，失去了我的阿拉伯性（arabité）。我要寻找一种建筑与都市的特性，找啊找，想要找到我失去的阿拉伯性。"

面对现代社会发展的洪流，1978年拍摄的纪录片中，哈桑·法赛仿佛还是那个在曼苏拉办画展的小年轻，踌躇满志又满腹疑虑。乡土与现代，文化与技术也一直都是激发建筑师的创作原点，也是困扰当代建筑师的一份命题。哈桑·法赛一生的设计有100多个，其中落地的只有35个左右；除了设计，他的精力主要投入于教学和著述之中。他的奋斗与实践，给了我们一个自我审视的视角，究竟有多少建筑基于技巧和野心，又有多少基于情感、责任、奉献和倾听。

很高兴能在清华大学出版社的支持下完成本书的版权引进和翻译，感谢刘一琳编辑的敦促，也感谢陆秋伶在哈桑·法赛生平年表编辑以及其他事宜上的工作。

哈桑·法赛，吉萨，1967 年